杨义先趣谈科学丛书

密码简史

穿越远古 展望未来

杨义先　钮心忻 ◎ 著

电子工业出版社

Publishing House of Electronics Industry

北京·BEIJING

内 容 简 介

在人类的历史长河中，密码始终给人一种神秘的印象。在相当长的时期内，密码与政治和军事斗争密不可分，无论是在古代战场，还是在现代战争中，密码都扮演着重要的角色，是交战双方加密、破译、传递、获取情报的重要手段，也因此成为许多影视剧特别是谍战剧中的重要元素。在当前信息网络时代，密码被广泛地应用于政治、经济、社会各个方面，密码不仅是维护网络空间安全的重要法宝，也是构筑网络信息系统免疫体系和网络信任体系的基石。甚至可以说，密码直接关系国家政治安全、经济安全、国防安全和信息安全，不仅是保护国家和人民根本利益的战略性资源，还是实现国家治理体系和治理能力现代化的重要支撑。

本书是一部关于密码的科普著作。读者不但能从书中了解到外国古典密码、中国古典密码、近代密码、一战密码、机械密码、二战密码、现代密码等通信密码的前世今生，更能站在符号系统的全新高度，向前回顾密码对人类"占据并稳居生物链顶端"所做出的巨大贡献，向后展望量子密码、抗量子密码、量子计算机和 DNA 计算机等未来密码；不但让读者体会密码破译的精彩游戏，还提醒了密码研究的两个重要方向，即"抗 DNA 计算密码"和针对特定人或事的密码"通用"破译系统。

图书在版编目（CIP）数据

密码简史：穿越远古 展望未来 / 杨义先，钮心忻著 . —北京：电子工业出版社，2020.11
（杨义先趣谈科学丛书）
ISBN 978-7-121-39871-1

Ⅰ . ①密⋯　Ⅱ . ①杨⋯ ②钮⋯　Ⅲ . ①密码学 – 普及读物　Ⅳ . ① TN918.1–49

中国版本图书馆 CIP 数据核字（2020）第 211374 号

责任编辑：李树林
印　　刷：三河市华成印务有限公司
装　　订：三河市华成印务有限公司
出版发行：电子工业出版社
　　　　　北京市海淀区万寿路 173 信箱　邮编　100036
开　　本：720×1 000　1/16　印张：24.25　字数：372 千字
版　　次：2020 年 11 月第 1 版
印　　次：2021 年 10 月第 3 次印刷
定　　价：99.00 元

凡所购买电子工业出版社图书有缺损问题，请向购买书店调换。若书店售缺，请与本社发行部联系，联系及邮购电话：（010）88254888，88258888。

质量投诉请发邮件至 zlts@phei.com.cn，盗版侵权举报请发邮件至 dbqq@phei.com.cn。

本书咨询和投稿联系方式：（010）88254463，lisl@phei.com.cn。

序

密码者，密之码也！这里的"码"，泛指所有可能的、有含义的人为符号，包括但不限于声音、文字、数字、图画、徽章、标识、手势、视频、动作等。这里的"密"，意思是不知道，确切地说是不知道符号的准确含义；所以，"密"既是相对的，又是绝对的。

之所以说"密"是相对的，那是因为对任何人为符号而言，一定有人知道其含义。比如，该符号的编制者本人肯定知道其含义，祖传秘方就是这种情况；或者信息的收发双方知道其含义，机要通信就是这种情况；或者某一类人知道其含义，各族语言或文字就是这种情况，尽管每种语言的创造初衷是为了便于交流而非保密；或者某种特殊人群知道其含义，各学科的科学成果就属于这种情况，如数学家们驾轻就熟的公式对普通百姓来说，几乎就是天书。而密码的魅力就在于，在本来不知密的人群中，总有一批人，千方

密码简史

百计想知道那些本不属于自己的秘密信息，毕竟信息就是财富，信息就是力量；知道了别人的秘密，就有可能夺取别人的财富，或者在博弈中打败别人，以增强自己的综合竞争力。另外，密码编制者及其友方，有时也要千方百计阻止其他人知晓其密码的含义，毕竟人都有自己的隐私，都不想与别人分享自己的秘密，更不用说事关重大的机密了。

之所以说"密"又是绝对的，那是因为，一方面，任何符号及其含义，都可以完全彼此独立，这也是人类拥有众多语言和文字的根本原因；换句话说，同一个符号，随时随地都可能拥有无穷多种含义，其准确含义不可能被所有人知晓，哪怕符号的编制者满世界地广而告之。另一方面，人与符号是密不可分的，人的思想、行动、交流等所有活动都离不开符号；更准确地说，人与所有动物的主要区别，其实就是能否创造和使用符号系统；甚至可以说，人是被符号系统控制的唯一生物，这也是为什么人能被骂死的根本原因。更进一步地说，所有密码，其实都是某种符号系统；反过来，所有符号系统，从某种意义上来说，也都具有密码功能。由此可见，密码与人类的关系是多么紧密；所以，各位读者朋友，无论您在哪个行当工作或学习，其实都有必要了解一些密码知识，也都有必要阅读本书。

实际上，若从符号系统的高度来看，密码所涉及的范围非常广泛，因为它甚至可以和符号系统画等号，几乎所有人类文明的进步，都可以归结为某种符号密码系统的进步；概括起来可以说：密码乃人类之源，胜负之泉，进步之路，智慧之巅。因此，本书在选取内容时，就必须忍痛割爱，大刀阔斧地做减法。比如，人类的所有科研活动，无论是自然科学、社会科学或哲学和数学等思维科学的活动，其实就是在创造相应的、能描述尽可能多的新规律的符号系统；换句话说，是科学家们在扮演密码破译者的角色，在试图揭示不曾知晓的相关秘密；这些内容，显然不可能都包含在本书中。其实，本书将聚焦于通信密码；当然，这里的通信也包括存储，因为常规的通信是从A地到B地的信息传输，而存储则可看成从当前时刻到未来时刻的通信。换句话说，本书的重点是信息加密和破译，而非信息的传输，所以就忽略了信息的载体问题。

　　人类为啥要对信息进行加密或破译呢？这就涉及人的本性是善是恶，这也是个颇具争议的问题。《三字经》等认为"人之初，性本善"；而许多宗教的立足点则是"人性本恶"，且每个人都带有"原罪"。本书当然不想介入这样的争议，但有的时候，人类确实是自私的；否则就不需要密码了，当然也就更不需要密码破译了。幸好，最近生物学家从基因角度出发，给出了一些旁证，即所有生物的基因都是自私的！其逻辑推理可详见《自私的基因》，简要说来：生物的个体和群体，只是基因的临时载体；只有基因才是永恒的，基因既是遗传的基本单位，也是自然选择的基本单位；基因的本质是自私的，基因控制了生物的各种活动和行为，其目的就是为了使基因本身能更多、更快地复制，只要能达到这一目的，基因甚至可以不择手段或制造若干假象。比如，不同基因组合在一起，是基因之间的一种互相利用，目的也是为了更好地复制和延续。不同的生物承载着不同的基因组合，以图更加适应外部环境，使得承载这些基因组合的生物更加兴旺发达，儿孙满堂，从而使得其所包含的基因也能成功扩增。如果某种基因组合不适应外部环境，那将导致承载这些基因组合的生物衰败甚至灭绝，从而使得其所包含的基因很难扩增。因此，生物的演化史，本质上就是自私基因的一种统战策略，是基因实现自身万寿无疆的手段之一。又比如，动物照料后代，从生物个体角度来看，虽是一种利他行为；但是，正是由于基因控制着这种表面上的利他行为，才完成了基因自身的复制，从而使基因得以生存和延续。因此，所有生物个体的利他行为，其实都是基因自私的结果；基因唯一感兴趣的事情，就是不断重复拷贝自身，以便在演化过程中争取最大限度的生存和扩张。由于基因掌握着所有生物的遗传密码，每个基因都有各自的利益，基因之间、基因和生物个体之间也会产生利益冲突；所以，一切生命的繁殖演化，最终都归结于自私基因的演化，基因才是自然选择和自我利益实现的基本单位。

密码简史

　　由自私基因控制的生物，也是自私的；他们都有一种趋利避害的本能，即使是生物间偶尔会出现一些利他行为，但其出发点仍是为了自身利益；换句话说，帮助他人是为了得到回馈。比如，某些小虾与大鱼之间，便会出现这样的互利行为：大鱼张开大嘴，让小虾游入其嘴中为它剔牙，清理鱼鳃，小鱼借此也可美餐一顿。这种共生现象，就是生物界的互助行为，其初衷显然是双方的自私本性，甚至是在以"小舍"换取"大得"。因为，那些只想吃掉清洁虾的大鱼，最后也许会死于口腔的寄生虫感染；而那些不做清洁工作，却趁机占大鱼便宜的小虾，也可能被惹急的大鱼吃掉。经过长期演化，彼此博弈，最终只有互相合作的鱼虾个体才得以代代繁衍，生存至今；换句话说，生物凭借自私的本性，演化出了利他行为。与此相反，许多表面上看是害他的行为，实际上是想利己；比如，病毒进入宿主的根本目的，肯定不是想杀害宿主，而是想与宿主和平共处，长期生存，只是由于"经验不足"，才会"失手杀害宿主"，但为此它们也会付出同归于尽的代价。

　　人类作为生物链最顶端的生物，当然也不可能时时都大公无私，实际上：早在原始人类之前，人类就已造成了无数物种的灭绝，而且至今还愈演愈烈；在智人阶段时，人类甚至灭绝了包括尼安德特人、直立人、梭罗人、弗洛里斯人、丹尼索瓦人、鲁道夫人和匠人等在内的人类自己的多类近亲；到了现代人阶段，随着脑容量和智商的不断提高，人类自私的本领也越来越大，国家之间相互残杀的各类战争连续不断，各族之间的尔虞我诈比比皆是，甚至亲朋好友之间也会经常为了一己私利而反目成仇；如果聚焦到本书，那么，所谓密码，其实就是确保信息自私的一种手段，即相关人群自己独占相关信息的手段。而这一点非常重要，因为这种自私，几乎占据了自私领域的半壁江山；实际上，世界是由物质、能量和信息组成的，而根据爱因斯坦理论，物质和能量又是可以相互转换的，所以，世界其实是由物质和信息组成的。特别是随着信息社会的发展，信息与物质相比，将变得越来越重要；以通信密码为代表的信息保密，也会变得越来越重要。

通信密码是专门为保密通信而设计的一种人为密码系统，也是最狭义的一种密码。在通信密码系统中，相关人员可分为三类：第一类是密码编码者，简称加密者或发信方，他们的任务就是将可懂的明文信息，变换成不可懂的密文信息；第二类是密码解码者，简称解密者或收信方，他们是编码者的友方，其任务是根据事先约定的规则，即在已知密钥的情况下，从密文中轻松恢复出加密前的明文信息；第三类是密码破译者，他们是编码者和解码者的对手，其任务是截获收发双方的密文信息，然后在不知密钥的情况下，千方百计获取密钥或从密文中读出被隐藏的信息，恢复出加密前的明文。

在通信密码系统中，解密者和破译者的最大区别在于前者拥有密钥，而后者则没有。所以，解密者在进行解密运算时非常容易，而破译者在进行破译运算时将非常困难，甚至在实际上不可行，包括：时间上的不可行，比如，战争结束后，才破译了对方的密码；经济上的不可行，比如，破译对方密码的成本大于收益；等等。当然，必须指出的是，从理论上说，任何算法类通信密码，都不是绝对安全的，都是可破译的。加密、解密和密码破译，从来就是战争工具：无论是公开战争中的战场消息保密，还是隐蔽战争中的间谍暗中较量，双方的密码专家都在进行着特殊的博弈，即用自己的加密信息指挥军队，或者努力窃取敌方的信息。通常，若对手的硬实力太强，那就只能依靠智取，依靠破译敌方的密码来四两拨千斤。

当然，在具体的通信密码系统中，编码者、解码者和破译者将以不同的面貌出现，密文和明文的载体也可以千奇百怪，加密、解密和破译所使用的工具和思路也会与时俱进，密文信息传递的渠道更是五花八门，所有通信渠道都可以用于密码传递；总之，通信密码的历史，其实就是攻守双方相互博弈的演化史，也是各方水涨船高的历史，相关的淘汰规则与生物进化的适者生存，或者不适者死亡并无实质区别。换句话说，在历史上，通信密码的演化与通信手段密切相关：随着通信技术的不断进步，通信密码也遵从维纳定律；即在"反馈、微调、迭代"的进化过程中，在"基因"突变的刺激下（比如，

密码简史

计算机的突然诞生和普及等），沿着博弈系统论的轨迹（实际上是攻守双方的博弈，可参考2019年电子工业出版社出版的《博弈系统论——黑客行为预测与管理》），历经古典密码、机械密码、电子密码，直至量子密码、"抗量子密码"和"抗DNA计算密码"等阶段。

本书将重点介绍通信密码发展史上的代表性成果、思路和人物。具体来说，首先在序和前言中，我们将首次站在符号系统的高度，把古往今来的所有通信密码，统统归结为符号系统的交际功能。读者也许会惊讶地发现：天哪，原来人类起源于密码，人类的生存和发展，一刻也不曾离开过密码。实际上，密码还是人类文明史上几乎所有重大突破的导火索和发动机，比如，承载认知革命的语言是密码，承载农业革命的经验也是密码，承载科技革命的各项重大发现更是密码；至于电子计算机、量子计算机和DNA计算机的发明，则无一不是起因于密码，然后又广泛应用于密码。然后，本书将用7章的篇幅，分别介绍外国古典密码、中国古典密码、近代密码、一战密码、机械密码、二战密码、现代密码等历史上曾经扮演过重要角色的各种通信密码，以及相关的人物和精彩故事等；这部分是全书的主体，读者从中可以了解已有各种密码的前世今生。接着，在第8章的"未来密码"中，不但客观展望了量子密码、抗量子密码、量子计算机和DNA计算机等热门话题，更提出了未来密码的两个重要研究空白，即"抗DNA计算密码"和密码"通用"破译系统，希望对业内读者随后的科研选题，特别是密码领域的博士生和青年才俊们有所帮助。再接着，在第9章中，首次介绍了许多非常有趣的汉字密码新破译，由此可见，密码其实是一个很好玩的学科，破译密码真的可以像玩游戏那样有趣。最后，本书的结语也很重要，它再次回到符号系统的视角，将作者意犹未尽的密码观，进行了更深入的阐述：不但涵盖了过去、现在和将来的所有密码，更借鉴"通用外语翻译系统"的思路，在符号系统的基础上，提出了一种针对特定人和事的密码"通用"破译思路；因此，可以形象地说，本书用符号系统这根金线，将所有密码珍珠串成了一条项链，但愿大家能喜欢。

身为中国密码学会的首任副理事长，我一直都在努力，希望撰写一部关于密码的科普图书，使它能达到"外行不觉深，人人能读懂；内行不觉浅，专家能受益"；但因能力和水平有限，数次动笔都半途而废，创作思路也一改再改，素材筛选更是反复取舍。终于，这次咬牙坚持写成，到底是否及格，还请各位评委亮分。

本书成型于曹雪芹当年创作《红楼梦》的茅庐邻里，定稿于2020年的新型冠状病毒肆虐期间。但愿疫情早日结束，但愿此类灾难不再重现；但愿人类早日破译新冠病毒的密码，尽快研制出相应的疫苗；祝愿抗疫成功！

杨义先

2020年3月12日于北京西山温泉茅庐

密码学的起源到底该追溯到多远，这主要取决于将密码学的相关定义确定得多么宽泛；当然，这也是一个仁者见仁，智者见智的事情。但是，有两个极端是非常明确的：

其一，本书前7章介绍的密码，肯定是最狭义的密码，它们的主体，特别是近代密码、一战密码、机械密码、二战密码和现代密码等，干脆就是为保密通信而量身定制的加密和解密技巧；无论如何，它们都是正宗的密码，所以，有关它们的简史，将以述事、说理、讲故事为主。

其二，将以全新的角度，介绍最广义的密码，即所有符号系统都是密码，而狭义密码，显然也都是不同的符号系统；反过来，每种符号系统，其实也都可当成特殊条件下的通信密码。特别需要强调的是，语音密码肯定是人类最早的密码，因为在语言诞生前的人类，还不能称为"现代人"；文字密码虽然晚于语音密码，但是，

密码简史

从今天的狭义密码学角度来看，文字密码和语音密码可看成同一种通信密码。具体来说，说话或写字相当于加密，语音和文字就等同于密文，而听话和读书可以看作解密；不懂交流者的语种的人，若想试图听懂别人的交流，那他就相当于破译者等。

该前言可能是本书最有特色的部分之一，建议大家认真阅读。比如，对密码专业的专家来说，建议先按正常顺序阅读一遍，然后，在读完全书后，再回过头来阅读一次，以便对人类所有密码的符号学特性有一个更深入的理解，从而有助于今后新型密码的设计和破译；而对普通读者来说，如果初读前言有困难，也可以先跳过该前言，待到读完本书后，再将前言与最后的结语一起阅读，从而理解整个人类密码史的统一、完整和系统性。

密码的起源

人类的密码起源于语言，或者说，语言是最早的密码。为什么会有如此之说呢？首先，人与动物的最大区别就在于人有语言，或者用专业术语来说，人能进行符号思维；所以，从认知角度来说，没有语言的古猿，压根儿就不能算是人，至少不是"现代人"。既然不是人，当然就谈不上人类密码了。其次，"一战"和"二战"的实践已表明：语言（特别是罕见的原住民语言）确实可用作通信密码。另外，动物的若干本能行为，如叫声、肢体动作等，虽然是相关动物自己的密码，但不是人类的密码，所以不属本书内容范围。当然，在生物进化过程中，人类之所以能战胜其他动物，其主要原因恐怕就是：人类能破译动物的密码，知道它们的某种声音或行为的含义，从而可采取相应的对付措施；而动物却不能破译人类的密码，故只好被动挨打，任由人类宰割。这一点将在接下来的内容中详述。当然，情况也有例外，比如，由于人类还未破译新型冠状病毒的密码，所以，在2020年春节期间，人类一时显得比较被动。总之，上述正反两方面的事实，再一次表明了破译密码的重要性。

语言密码不仅是所有人类密码之源，还是使用期最长的密码；即使到今天，几乎所有人，每天也都仍在频繁使用语言密码。除非不张嘴说话，否则，即使是语言障碍者或婴儿，他们也都在使用语言密码，只不过一般人不能完全破译而已。

人类是从何时开始说话的呢？这当然不是要问"你是啥时说话"的，否则，你妈妈肯定知道准确答案；而是想问，人类作为整体，何时开始使用语言的。这个问题虽无标准答案，但下列说法却很有说服力。

从生理结构角度来看，人类大概在30万年前，就具备了清晰发出多音节语素的解剖学结构，即喉结下移到第4至第7颈椎之间，声带上方有一个扩大的咽腔；在这里，人类可对想发出的各种复杂声音进行自如的调整。据说，人类能发出超过二百种的声音，而每种语言所用到的发声，不过区区数十种而已，这便是许多语种听起来完全不同的主要原因。而其他哺乳动物（包括尼安德特人）的喉结，都在更高处，都不能发出复杂的声音，只能用口腔对声音进行简单调整，因此，不具备说话的生理结构。但是，动物的这种喉部结构却有一个优势，那就是可同时进行吞咽和呼吸；人类婴儿刚出生时，其喉结的位置跟黑猩猩差不多，但到两岁左右时，喉结便降低到正常位置，才能发出复杂声音。换句话说，此时的人类就已具备说话的"硬件"了。

从考古角度来看，早在25万年前，人类的运动性语言中枢，即负责说话的所谓"布罗卡氏区"神经中枢，就已非常发达并接近现代人了。换句话说，此时的人类就已拥有说话的"指挥系统"了。

从基因角度来看，大约在20万年前，人类位于7号染色体上的FOXP2基因发生了一次突变，而该基因关联着脑神经元的语言协调功能和其他认知功能；换句话说，此时的人类，终于拥有说话的"软件"了。科学家是如何发现FOXP2基因的这种功能的呢？原来，他们在英格兰发现了几个语言功能障碍的家族，他们说话虽没问题，却无法掌握语法；经认真筛查后发现，原来该家族所有成员的FOXP2基因都不正常。那为什么又是20万年前呢？原来，英国牛津大学遗传学家安东尼·玛纳克等，在《自然》杂志上公布了他们的发现：在老鼠和所有灵长类动物身上，都有一种FOXP2基因。而在生物进化史上，当人类、

密码简史

黑猩猩跟老鼠"分道扬镳"之前的13亿年中，FOXP2蛋白质只改变了一个氨基酸。在人类和其他灵长类动物"分手"的400万到600万年间，有两个语言基因中的氨基酸在人类身上发生了突变，并最终成为遗传性基因；但在这同时，其他灵长类动物却未受此影响而发生基因变化。对人类语言起决定作用的"FOXP2基因突变"，发生在12万至20万年前；这恰恰与智人的人口猛增时间相一致。因此，科学家猜测，正是由于人口密度的增大，才促进了语言交际能力的增强和持续发展，并最终形成语言系统。另外，通过分析化石和DNA，比较有说服力的观点认为，人类起源于东非且出现在20万年前。而这又刚好与语言的产生时间相吻合；由此可见，没有语言之前的类人动物，还真不是真正意义上的人。

总之，人类能熟练掌握并使用语言的时间，肯定不会早于20万年前；但到底是哪天呢？这确实无法精确回答，毕竟，即使"软件"、"硬件"和指挥系统均已万事俱备，这也不等于人类就能用语言彼此交流信息（说话）了，因为还欠一股"东风"。这股"东风"就是一套语言密码的诞生。而建立一套完整的语言符号系统并加以灵活运用，绝非一件简单的事情，至少得花费数万年时间；毕竟，在人际交流并不频繁的智人时代，仅仅语言的约定俗成过程就会相当漫长。那么到底花费了多长时间来创造语言呢？答案是：不超过12万年。因为大约在7万年前，人类就开始认知革命了，而认知的载体正是语言。

智人胜于密码战

在弱肉强食的残酷生物演化竞争中，人类的祖先智人，为啥能战胜各种猛兽，甚至战胜脑容量更大的同类尼安德特人等，并最终登上生物链的顶端呢？需要知道仅仅在7万年前，人类还只处于生物链的中下游哟。人类获胜的秘密，肯定不是基因好，因为任何动物想要依靠基因突变的方式来达到生态链顶端的话，至少得花费好几百万年的时间；实际上，从密码角度来看，人类获胜的原因，可能会吓你一跳：原来，这主要因为智人发明了一种更高级的密码，一种其他动物完全无法破译的密码，即人类语言，也即人类认知革命的主要载体！从战略上来说，语言这种密码能把许多人团结起来，为一个共同目标而奋斗，而尼安德特人在这方面就处于下风了。从战术上来说，语言这种密码可以现场灵活调动兵力，对敌人形成局部优势，实施各个击破的有效打击，若仅靠现场比画或狂叫显然会输于语言。看来，"密码胜则竞争胜"的铁律，不但在"一战"和"二战"中有效，还早在生物演化中，就已多次发生过奇效了。

具体地说，大约135亿年前，宇宙物质、能量、时间、空间有了现在的样子，形成了物理世界；大约在38亿年前，分子结合形成了有机体这样的精细结构，从而出现了生物；大约250万年前，类人生物出现了，它们就是黑猩猩和人类的共同祖先；大约200万年前，出现了至少13种不同的人种，包括智人、东非的鲁道夫人、东亚的直立人、欧洲和西亚的尼安德特人等；但是，除智人外，后来其他人种先后灭绝，比如，尼安德特人的最终灭绝时间，大约在4万年前；直到大约1万年前，就只剩下现在人类的祖先智人了。这是为啥呢？原来，大约7万年前，智人开始创造了一种更为复杂的密码，一种符号系统；即出现了交谈思考的新方式，采用了全新的语言来相互沟通，从而开启了认知革命。

智人的认知能力突变，主要归因于大脑内部结构的改变，即脑容量的大幅度增加。这可能是智人DNA的一些较小突变，使得大脑原先分离的两部分连接到一起，从而产生了新的认知能力。比如，60千克重的哺乳动物，其平均脑容量仅有200立方厘米；而早在250万年前的类人动物，其脑容量就已达600立方厘米了；现代人的平均脑容量，更高达1200～1400立方厘米。

人类脑容量为啥要增大呢？原来，人类直立行走后，就可扫视草原，解放双手，彼此传递信号，交换密码；因而，就越来越需要发展神经，并对手掌和手指的肌肉进行不断修正，终于使得人类可以使用复杂工具。当然，变大的大脑也为颈椎带来了额外负担，成为人类的苦恼。对于女性来说，直立行走使产道宽度受限，且由于婴儿头部逐渐变大，所以就只好进化出了更短的孕育周期，以降低生育难度；比如，相对于一出生就能奔跑的小马来说，人类简直就是早产儿。另外，为了获得足够的食物养育后代，人类就需要整个部落的协同，这又促使人类进化出了社交技巧，相同的社交技巧也可看成相同的密码；同时，再由于婴儿脱离子宫时进化得还不完全，这就使得人类有更强的可塑性，可以用教育和社会化等方式大加改变，包括对密码编制和使用能力的增强等。

大约7万年前，继第一次走出非洲被灭后，智人第二次走出了非洲；这一次，他们不但把尼安德特人和其他人类赶出了中东，甚至还赶出了世界，使得自己的领地逐渐到达欧洲和东亚。大约4.5万年前，他们越过海洋，抵达澳大利亚。大约3万年前，他们发明了船、油灯、弓箭、针等；同时，也有确切证据证明，人类当时还创造了另一种符号系统——宗教，用专业术语来说，宗教其实是一种"互为实体"的虚构；此外，商业和社会分层也开始出现，不同群体所使用的密码也开始细分。直到农业革命前夕，地球上已有500万～800万名狩猎采集者，几千个独立部落，形成了很多不同的语言和文化等密码，这也是认知革命的重要成就。

复杂语言、社交能力、虚构故事，是认知革命的三个重要维度，也是智人能征服世界并成为顶端动物的最关键步骤，它甚至是一条分界线，标志着人类的正式诞生。因为在认知革命之前，智人其实只是一种普通动物，所有发生在智人身上的故事，都可照搬其他生物模型和理论；然而自从认知革命以后，若仍限于生物学角度那就不够了，还得再考虑各种虚构故事，特别是编制人为密码的故事；实际上，只有建构历史的叙述，才能为智人做过并依旧在做的事情作出解释。

认知革命的核心，显然是复杂语言。因为语言这种密码使得智人能传达更多的身边环境信息，比如，智人语言具有更强的灵活性，而其他动物的"语言"，只能传达单一信息；智人语言可通过简单词语的重组，产生无数有意义的句子，让智人可以传递更多更详细的信息，规划并执行更复杂的计划，如躲开狮子、猎捕野牛等；而这又催生了另一个密码副产品，即让智人学会了社交。社交能力使得整个群体更趋于稳定，使得智人能组织更大、更有凝聚力的社会团体，并让智人学会了更多的协作；而协作就是智人强大起来的关键秘诀。社交为啥能使一个族群稳定和协作呢？因为社交可让智人相互信任，而信任的基础就是相互了解，语言的不断沟通就是智人相互了解的过程。

比如，社交让彼此知道谁更强壮，谁值得相信，谁会耍赖，谁更聪明，谁有啥八卦新闻等。关于这些信息，智人都可在采集打猎或饭后，通过各种社交活动而获得。当然，单凭社交能力还不足把智人推上顶端，因为社交造成的协作能力也有局限性；比如，它只能维持最多150人的稳定和有效协作，因为人数太多，密码信息将无法分享到整个族群，信任的基础也就缺失了。这时想象力就出场了。

想象力的作用是什么呢？嘿嘿，就是虚构故事，它能让智人说出不存在的事物，还能促进社会行为的快速创新等。别小看了智人虚构故事的能力，它可是智人最终称霸全球的秘诀哟。设想一下，猴子在碰到老虎来袭时，也许只能发出"有老虎，快跑"的信息，但智人却可以说"那头老虎是部落的守护神"。今天我们都知道，所谓守护神，其实压根儿就不存在；但只要让部落成员都相信了同一守护神，那么，这个部落就能因共同的信仰，而团结协作；这就突破了"社交理论"的150人界限，因为不论多少人，只要大家相信的东西都一样，他们就拥有了相互信任的基础，就可以协作。比如，所谓的宗教、国家、公司等概念，其实都是专业术语称之为"互为实体"的虚构想象，但它们却能将数千到数十亿的各类人群团结起来，朝着同一个目标努力。

总之，认知革命的发生，让智人产生了全新的密码沟通方式和思维模式。语言的灵活性与智人的社交行为，让智人获得了更多密码信息，更好的信任基础，学会了协作。而以虚构故事为代表的想象力，特别是大家一起想象的能力，让智人可以共同编制一些虚构故事，从而使得智人彼此间不但能灵活合作，还能与许多陌生人进行大规模合作，这种合作所产生的力量是如此之大，以至最终让智人统治了世界。

既然以语言为代表的符号密码，对人类有如此重大的贡献；那么下面将从密码学的角度来介绍一些符号知识。

符号的密码功能

什么是符号呢？简单地说，符号就是代表某种事物的其他事物。若用学术语言来说，符号就是外在形体与内容含义之间的某种对应关系，即符号形体所代表的思想感情或意义。在符号系统中，由形体和内容构成的对应关系，就好比是一张纸的正反两面，形体和内容处在不可分离的统一体中，虽然它们可以看起来完全不同。比如，在语言符号系统中，"形体"就是语言符号的"音响形象"，内容就是语言所表达的含义。又比如，通信密码也可看成一种符号系统，只不过此时的"码"就是"形体"，而"密"则是"意义"；而形体和内容之间的对应关系，就表现了加密和解密的过程。

符号对人类的重要性，远远不止帮助人类成为地球的主宰。实际上，符号化思维和符号化行为是人类最有代表性的特征。人是符号世界中的人，符号世界也是人的世界。人类生活在自己创造的符号世界中，并在符号世界中谋生存，求发展，搞竞争。人类在创造符号的同时，也在有选择性地使用符号；反之亦然。因此，人也可以定义为"符号动物"。

人为啥要不断创造和使用符号呢？根据马斯洛需求理论，"人是永远都有需求的动物"；要想满足这些需求，人就要认知世界，就要彼此交往；而符号便是满足这些需求的、必不可少的工具。比如，口头交流的需求，就催生了语言符号；记录语言和事物的需求，就催生了文字符号；行车安全的需求，就催生了交通符号；信息保密的需求，催生了通信密码；审美的需求，催生了艺术符号；等等。总之，在各种需求的推动下，人类的符号系统也越来越完善。比如，远古时，人们用图腾仪式、结绳、象形文字等最原始的符号来进行交流；如今，取而代之的早已是各种音频、视频等先进的多媒体符号系统了。人类创造的符号系统非常丰富：画家用线条和色彩去描绘事物，音乐家用旋律和节奏去愉悦人心，建筑师用结构去设计蓝图；至于各领域的科学家们，也都有自己独特的、让外人"谈之色变"的符号系统；反正，语言、神话、宗教、艺术、历史、公式等，全都是人类符号活动的产物。

既然符号是为满足需求而创造的，那么符号就一定具有满足需求的功能；甚至可以说，与符号功能的"实"相比，符号本身其实只是"名"而已。人类之所以要使用符号，其实是在使用符号的功能。那么，符号的功能又是什么呢？概括说来，符号的功能就是"依靠消息来传播思想"，其核心就是认知和交际。为突出重点，此处聚焦于符号的交际功能，即密码功能；关于符号的认知功能，将后移到本书结语部分。此外，关于符号的其他功能，我们就忽略不述了，有兴趣的读者可自行查阅相关书籍（如《机器文学》）；不过，建议工科学生也多多关注一下本该是文科生课程的"符号学"，相信一定会受益匪浅。比如最近，人工智能专家竟基于符号学，研发出了通用语种的翻译软件。若仅埋头于具体语种，那绝对不可能创造出通用翻译系统；只有站在更高的语言符号学巅峰，才能完成如此惊人之举；这一点也值得密码学家借鉴，因为从某种程度上来说，翻译也是一种破译。相关细节将在本书结语中再述。

在介绍密码的交际功能前，我们再强调一下符号系统与密码的等价性：一方面，任何密码都是一种符号系统，无论它想多么保密，也得实现至少两个人（收信方和发信方）之间的无障碍沟通和交流，即交际；另一方面，任何符号系统也可在特殊情况下，被当作密码来使用。实际上，虽然人类的主观初衷，是借助符号载体来实现彼此间的信息交流，但在客观上，在实践中，任何符号系统都不可能实现全人类的无障碍交流；对于那些被排除在某种符号系统之外的群体来说，这种符号系统的形体便是密文，他们若想掌握这种符号系统，就得想办法努力破译这种密码。所以，符号的交际功能与密码的交际功能几乎是一回事，符号系统和密码并无本质区别，只是被沟通的群体规模不同而已，因此，下面将密码的交际功能和符号的交际功能，合二为一，统称为交际功能。

虽然交际并非人类独有，比如，小鸟的歌唱、蜜蜂的舞蹈等都是交际；但是，动物间的交际只是一种低级的、浅层的、本能的行为，比如，求生、择偶、觅食、报警等，完全不同于人类交际，因为"人在本质上就是一种交际动物"。人的交际不可能凭空产生，必须借助于一定的载体，而这个载体就是符号。因此，准确地说"人是运用符号进行交际的动物"，人类运用符号传情达意，进行人际间的信息交流、共享和协调。人类交际的特点主要有四个：

第一，通过交际能使想象得以产生和延伸。借助符号这个载体进行交际时，就会想到"载体加诸感觉的印象之外的某种东西"。比如，两个陌生人见面时，若谈到"今天天气真好"，其实此时他们并非对天气感兴趣，而是在想法联络感情。同一事物在符号交际过程中，将产生同质的、合理的想象与延伸，比如，通过诗句"飞流直下三千尺"，你可能就会将想象延伸到李白。此外，同一种符号，在不同的时间或地点进行交际时，将会产生不同的想象和延伸，这是所有其他动物永远也无法企及的；比如，同样是前面的那句诗，若你刚好身临一挂瀑布时，你也许会联想到其他美景等。

第二，人类通过交际进行信息交流，实现信息共享，从而扩大了信息的知晓范围。这也是信息区别于物质的重要特性，即信息越被分享，就会变得越多。

第三，人类的交际，是协调行动的符号行为。社会就像一张网，人人都是网中的一个节点，都在这张网里生活，不但要处理网内（社会）与网外（自然）的关系，还要处理各网结间的关系，通过相互沟通、理解和协调等符号行为，建立一个和谐稳定的社会。每个人都会扮演很多角色，也会建立多种关系，比如亲人关系、师生关系等；每种关系的变化，都会直接或间接影响全网的秩序与和谐，因而，妥善处理人际关系，将有利于社会的健康发展。所以，作为协调行动的交际符号，大家每天都在自觉或不自觉地使用着它们。

第四，人类的交际行为是可传授的。小鸟的歌唱只是一种本能，不需要传授；但人类从小就被传授了许多交际符号，比如各种礼节等。这些符号并非天生带来的，而是需要传授才能习得的。交际行为的习得，与学习者所处的客观环境密切相关，这便是"近朱者赤，近墨者黑"。

在交际过程中，人人都会运用符号来传达信息；这其实是一个从表达到理解的过程，也是一个从编码到解码的过程。当编码时，表达者把信息符号化，并呈现给理解者。若再细分，编码包括制码和发码两阶段。其中，制码使信息符号化，比如，唐伯虎向秋香示爱时，他可把这个信息编码成"我爱你"三个字；而发码则是符号形体的呈现，即发信人将携有信息的符号载体，发送给收信人，以便让对方理解并达成共识，比如，唐伯虎对秋香大声表白："我爱你！"

人类最重要的交际符号是语言，每种语言都有自己的一整套规则。首先，语言必须遵循大家约定的句法、语义、语用规则；其次，无论口语还是书面语，信息符号化的制码过程和发码过程，都必须是线性的，即按时序进行。不过，语言的制码过程，在多数情况下，都是隐性行为，也就是说，通常在大脑中，根据经验和知识，根据约定的规则，进行系统思考、组织，从而使语言符号在大脑中以线性序列排好，以便在发码时，也呈线性依次发送出来；当然，有时在制码过程中也会喃喃自语，不断调整、修正语言符号的排列等。语言的发码过程，则是外显行为，人们在说出或写出一个词或一句话时，这些信息将以符号串的形式，按先后顺序被发送；否则，交际就成了一团乱麻。

纵观人类的交际工具，语言固然重要，但还有许多非语言的符号表达方式。实际上，语言符号经常与众多非语言符号交织在一起，以共同完成交际任务。据估计，当两人在交际时，约有65%的"社会含义"是通过非语言符号来传送的。非语言符号的种类繁多，主要包括体态符号、触觉符号、服饰符号等，这些符号和语言符号一样，也都有各自的一套编码规则。编码规则不同，传达的信息也不同，这主要取决于各种约定性，比如，民族约定性、行业约定性、地域约定性和时代约定性等。在非语言符号中，其编码过程就不再仅限于线性了，它可以是多维的和立体的，比如，同时收发有关着装、体态、触觉和距离等方面的信息。

除编码外，在符号交际过程中，还有一个解码过程，即理解者把符号形体还原为信息的过程。解码者必须根据编码的符号形体，进行一定的联想和推理，才能获得编码符号所指的信息；所以解码其实是一种再创造过程。在对同一符号进行解码时，不同的理解者，可能会联想到不同的内容。比如，对同一幅画，不同观众获得的信息当然不同。除联想解码之外，还有推理解码，此时，理解者会结合不同的符号情境，基于推理，给出符号的含义；"推理"在语言解码中尤其重要。不同的人，对于同一个符号，当然会有不同的推理结果，从而得出自己所理解的信息内容，这与当时的认知语境密切相关。比如，主人大骂自家小狗的行为，无论语言是什么，在客人听来，也许这都是在下逐客令。当然，联想解码和推理解码并非完全独立：联想中有推理，推理中也有联想，它们相互作用。

解码是编码的逆过程。编码即信息符号化，它以表达者为中心；解码即符号信息化，它以理解者为中心；因而，编码和解码有时也并非完全等同，尽管解码总是力求逼近编码，但却很难完全如愿；比如，除最理想的完全正确理解之外，还可能出现不解、别解、误解、多解、缺解等情况。

以时间、地点、个性、心理等为代表的符号情境，在交际中也会发生重要作用。这主要包括：限制作用，即符号在编码时所受的限制，比如，给外行讲物理时，就只能使用科普语言；解释作用，即在一定的符号情境中，对同样的符号可以给出不同的解释，反过来，对不同的符号也可能给出相同的解释，比如，同样的符号E，在英语课上它解释为字母，在物理课上它解释为能量符号，在数学课上它则是公式里的变量等；创造作用，即在符号的使用过程中，创造出新的符号或给旧符号赋予新含义。这种新含义起初只是临时的，但若多次使用，就可能被固定下来。比如，某部热门电影中一句台词的隐喻，可能就会成为今后赋予该台词的一种新含义了。当然，在交际过程中，符号的限制作用、解释作用和创造作用，也经常共同发力。

总之，符号的交际功能，赋予了符号世界更强大的生命力。人与人之间都需要交际，符号在交际中获得了生命；其实，符号与人一样，也是一种社会存在，也具有社会属性。符号现象从人类诞生时就已开始：最初，人类符号交往大概只是一些复杂的身姿手势，同时伴随面部表情和呼叫等；后来，便创造出了语言符号系统，人类才开始发生质的飞跃。难怪，爱因斯坦会说："要是没有语言，我们就和其他高等动物差不多。"

目录

第1章

外国古典密码

虽然任何符号系统都具有交际功能，而任何交际的范围其实都是有限的，因此，任何符号系统也就都具有密码功能，都可在特定情况下当作密码来使用。但是，若想将交际范围压缩到最小，比如，只有某两人之间才能交际；那么就必须为此专门设计相应的符号系统，它们就是从本章开始将要介绍的狭义通信密码。又比如，只有某人自己才能独立交际，即现在的自己与将来的自己进行交际；那么，就必须为此设计相应的信息保密系统，它们与通信密码并无本质区别，只是将甲与乙的交际，变成了今天与明天的交际而已。

人类文明史上的密码成就肯定很多，但一方面由于信史资料的缺乏（主要针对古典密码），再加篇幅所限（主要针对现代密码），还由于要回避过于专业的内容，所以本书不得不做一些取舍，这也是为啥我们的书名叫《密码简史》而不敢叫《密码史》的重要原因。

1.1 古埃及密码

纵观历史，人类总想把自己的知识保密；因为知识就是力量，剥夺了别人的知识，便能使自己更强大；保住了自己的秘密，哪怕这个秘密其实啥也没有，就保住了自己的竞争优势。在各民族的发展过程中，"拥有秘密知识的第一批人"几乎都是巫师；所以，最先研究信息加密的人是巫师，他们将"神的指示"加密成普通百姓完全不懂、却倍感神秘的咒语，然后以某种特别的顺序或特殊音节念出，或者以特殊的舞蹈或肢体语言演出，或者以神奇方式变出相关"魔药"，从而形成神秘的表现效果，最终达到自己的既定目标。最先研究信息解密的人，当然是巫师的继承者，他们从师傅那里掌握了相关秘密，然后，再一代代传给后人。最早研究密码破译的人，仍然是巫师，或者各门各派的巫师创始人；这些创始人，无论是依样画葫芦还是干脆自创一套巫术，反正，只要能达到有人愿意出资请他们消灾免祸就行了。幸好，如今巫师几乎绝迹，毕竟面对现代科学技术，巫术的竞争力早已荡然无存了。

除巫师外，还有另一批人也很早就拥有了自己的秘密知识，他们就是起源于古埃及并遍及世界各地的炼金术士。顾名思义，所谓炼金术就是试图将"贱金属"转变为"贵金属"，比如，将铜和锌制成合金，可以在外观和硬度上很接近黄金；或炼制长生不老的仙丹，或变出包治百病的万能神药等。由于炼金术的目标听起来实在太诱人，以至过去五千多年来，炼金术士在美索不达米亚（两河文明）、古埃及、波斯、印度、中国、日本、朝鲜、古希腊和古罗马等地都受到过高度重视，甚至被奉若神灵，或被视为具有超能力的魔法师；直至19世纪，炼金术士的许多玄幻目标，才最终被科学理论彻底否定。不过，炼金术还是为人类文明做出了不可替代的贡献，它不但促进了古代冶金工艺的发展，还催生了化学等现代学科，更发展出了一种典型的密码体系，即一套惊人的象形符号体系，把古希腊哲学思想、宗教隐喻和神秘主义等融入了其中。炼金术士正是基于这套神奇的密码，形成了自己的生态圈，在全球各地神秘地延续了数千年，甚至让牛顿这样的伟大科学家，也都为之着迷。

有文物可考的最早专用密码符号，是公元前1900年左右，纵向镌刻在古埃及贵族、克努霍特普二世墓壁上的若干罕见特殊符号，它们代替了普通的象形文字，是目前已知的、最古老的替换密码例子。当时的贵族，为啥不用普通象形文字，而要用特殊的密码来撰写自己的墓志铭呢？其原因就是，他们想借此来彰显自己的才能，展示某种荣耀，或标榜某种高贵身份等；正如许多著名科学家，要用自己发明的、最得意的数学公式作为墓志铭一样，看来密码专家历来就是"聪明人"的代名词呀。果然，经过后人的不懈努力，克努霍特普二世的墓志铭终于在保密了近4000年后，于1906年被考古学家布里斯特德初步破译了；又经过了近百年，直到1994年，该墓志铭的较完整破译版本才基本完成。原来，该墓志铭共有竖排的222列，全面赞颂了墓主的光辉一生，比如，其中第1至第3列说："（墓主）克努霍特普二世，乃世袭贵族，地方州长，国王的朋友，神所宠爱的人，东部沙漠总管。（他是）正义的奈赫里之子，地方州长之女、正义的房屋主人巴克特所生。"幸好，该墓碑上的密码只是简单的替换密码，否则今人还真难完成其破译工作，更难知悉古埃及第十二王朝时期，地方贵族势力和中央政府之间的关系。虽不知考古学家们到底是如何破译该密码墓志铭的，但可以肯定的是，该破译过程相当漫长和艰辛。首先，至少早在19世纪末和20世纪初，两位考古学家葛芮菲斯和塞斯就分别对该墓志铭进行了拓录和破译尝试。接着，另两位考古学家蒙泰特和布克，又分别对原文的破损处进行了填补和部分破译。后来，众多古埃及考古专家，比如克斯、詹姆斯、蒙泰特、伽丁内尔、弗兰克和莱德弗德等，先后加入了对该铭文的破译队伍。终于，在经过了一百多年的努力后，破译工作才总算宣告结束。

随着埃及文明的不断发展，密码编制者也互相攀比，做出了更复杂的替换密码；以至相应的密写越来越神秘，阅读者必须足够聪明，才能猜到相关墓志铭的含义。到了15世纪，埃及的密码研究已颇具规模，比如，早在1412年，埃及数学家加勒卡尚迪，就在其14卷的启蒙

密码简史

百科全书《盲者曙光》中（*Subh al-a'sha* 或 *The Dawn for the Blind*，遗憾的是此书没有中文版本），给出了同时使用替换和移位的密码，而且还首次使用了为每个明文字母进行多次替换的密码。该书中还给出了破译密码所需的字母频率表，以及不能在同一单词中同时出现的字母集合等；特别是，书中还将当时已知的密码，简捷地归纳为七大类：

（1）用一个字母替换另一个字母。

（2）把一个单词的字母逆序书写。

（3）交换相邻的字母。

（4）用数字代替字母，然后用阿拉伯数字写出密信。

（5）多重替换，比如，用两个字母代替一个明文字母。

（6）用一个字母代替某人的名字或某个单词。

（7）用一组月亮符号代替字母；或者按一定顺序，使用国家、树木、水果等名字，替换字母；或者按一定顺序，用小鸟或其他生物图案，代替字母；或者简单发明一种新的符号体系；等等。

当然，除较系统的密码知识外，《盲者曙光》还涵盖了地理、政治、自然史、动物学、矿物学、宇宙学和时间的度量等内容，广泛介绍了埃及和叙利亚的历史、国家的构成和行政机构、书法和藏书等知识，更收集了许多诗歌和散文，尤其从早期一直到作者所处时代的作品。此外，该套百科全书的自身结构也很好，虽然那时还没有现代意义上的书目总索引，但书中大量的各级标题等编码方式，仍使得该套巨著的查阅非常方便；而"编目索引"其实也是一种密码技巧，至今在间谍行业还常常使用。该书作者更是一个全才，他名叫艾哈迈德·加勒卡尚迪，大概于1355年出生在一个拥有阿拉伯部落血统的贵族之家。青年时，他在亚历山大港和开罗接受了古典教育；中年时，被任命为埃及"马穆鲁克苏丹巴尔库克法院"书记员，并在此工作了整整十年，取得了很好的业绩，比如，严谨分析了官员成功所必需的各项技能和知识等；退休后，直到1418年去世前，他都热心于著书立说，比如，前后花费了十年时间编撰《盲人曙光》，从而为人类留下了一部难得的里程碑式的经典百科全书。

1.2　古印度密码

作为"四大文明古国"之一的古印度，从地域上看，它包括了如今的印度、巴基斯坦和孟加拉等地；从文化上看，它则是一个大熔炉，包含了从远古到现代、从西方到东方、从亚洲到欧洲等多种文化潮流；从时间上看，虽然直到1922年它才被首次发现，但它起源于公元前2300年的"印度河文明"。在历史上，古印度这块土地上的文明盛衰，发生了多次大起大落：在第一次兴旺发达了几百年后，古印度文明逐渐衰落，甚至于公元前18世纪惨遭灭亡；随后，来自中亚地区和南俄草原上的游牧民族，雅利安人入侵了印度，并创立了更为持久的文明，直到公元前6世纪初，才又被分裂成至少16个国家。其间，从公元前6世纪中期到公元前518年，该地区还遭到了波斯帝国的居鲁士和大流士一世的入侵。古波斯人统治印度西北部将近两个世纪之久，直到公元前4世纪后期，才一度被来自马其顿的亚历山大所征服。后来，当地人旃陀罗笈多，领导了反马其顿的斗争；经过长期的兼并战争，终于在公元前3世纪，建立起了古代印度最为强盛的王朝——孔雀王朝，并在阿育王时代发展到全盛时期。经过多年征战，阿育王将其版图扩展到了包括今天的印度、巴基斯坦和孟加拉国等地。可惜，阿育王死后不久，印度再次陷入分裂；直到公元前187年，孔雀王朝的最后一个国王终于被推翻；此后，印度半岛就再也没统一过了。

古印度密码的高峰，也刚好出现在古印度的最强盛王朝——孔雀王朝；这可能并非碰巧，实际上，历史事实多次证明：密码强，则国力强；或者更准确地说，密码弱，则国力就很难强。孔雀王朝的密码到底有多强呢？至少有两本大谈特谈密码的古书，可以给出参考答案；更意外的是，其实这两本书本该与密码无关，由此可见，在孔雀王朝时代，当时的密码不但很强，而且还很普及。

第一本书名叫《政事论》，它是孔雀王朝的开国君主旃陀罗笈多，令其宰相考庇利耶撰写的治国安邦之作。全书分为两部分：前一部分包括内阁的构成，国家的主要内政外交政策，农业、税收、行政等政府各部门的职能，处理各种纠纷和冲突的规定，甚至还有类似于现代民法和刑法的相关内容；后一部分，则主要谈及外交策略和军事战略战术等。全书包含了丰富的政治、经济、法律、军事、外交思想；该书主张中央集权，国王掌握国家的最高权力；但意外的是，书中还有专门章节，指导相关官员在国家管理中，如何运用密码手段来从事特务活动，而且还认为"密码破译其实是一种情报搜集方式"，甚至还罗列了若干具体方法，比如"观察乞丐、酒鬼、疯子等的言谈举止，或偷听相关人员的梦话，或审察他们在寺庙朝圣时留下的痕迹，或破译和解读他们留下的画作及密写文档等"。《政事论》虽未详述相关密码及其破译方法，只是提到要将部分元音变为辅音，但它却是最早提出"把密码破译用于政治"的书籍。

第二本书名叫《爱经》，也是成书于公元前3世纪的孔雀王朝时期，也本该与密码无关。《爱经》本来是一本关于性爱、哲学和心理学的奇书，虽然该书完成于2000多年前，但书中那些引诱技巧，却似乎很现代，简直令人不可思议。《爱经》分7部分，以哲学的形式诠释了性爱方面的许多知识等。但是，这样一本很容易被误解的读物，竟然也对密码进行了详细介绍，甚至认为"密写是一个女人应该知道的64种技巧之一"，还指出："将单词用一种特殊方式书写，并读懂它们，这是一门精巧的艺术，它有很多方法，比如，改变单词的拼写形式，或改变单词的头尾字母，或在每个音节之间添加不必要的字母，等等。"虽然《爱经》的正文并未直接描述密写方法，但在注释中，却给出了两种密写方法的细节：其一，叫"考底利耶密写法"，它将所有元音按约定的表格变为辅音，其他字母保持不变；其二，是上述方法的一种简化，名叫"杜布达哈密写法"。

此外，在古印度还有一部享誉世界的叙事史诗《摩诃婆罗多》，书名的意思是"伟大的婆罗多族的故事"。该书共有10万诗节，其汉语全译本约有500万字，不但规模宏大，其内容也很庞杂，既有大量的传说，又有宗教、哲学以及法典著作，更有长篇英雄史诗。该书的成书时间，大约从公元前4世纪至公元4世纪，历时八百余年；成书方式，则是长期以口头方式创作和传诵，不断扩充，层层累积。这部史诗以印度列国纷争时代为背景，描述了婆罗多族的两支后裔，为争夺王位而展开的种种斗争，最终导致大战，双方将士几乎全部捐躯。然而，在这样一部惊世史诗中，也花费了不少篇幅，介绍了当时流行的几类替换密写法，称为"莫拉德维亚法"或"古达哈克牙法"，它按某种约定表格变换字母；当然不同的使用者，会使用不同的约定表格；而且，书中还谈道：该密写法曾被间谍、商人和小偷等广泛使用。由此再一次说明密码在当时是多么普及。

其实，在《圣经》中，也多次出现了这类替换字母的密写法；但为了避免不必要的误解，本书就不涉及宗教方面的内容了。

1.3 古罗马密码

在古罗马，虽然流传下来的密码资料并不多，但对后世的影响却很大，特别是以恺撒命名的"恺撒密码"，甚至开创了至今仍有价值的一大类密码——"移位密码"。

恺撒，史称恺撒大帝，罗马共和国末期杰出的军事家和政治家；他以其卓越的才能，成为了罗马帝国的奠基者。恺撒的全名是盖乌斯·尤利乌斯·恺撒，公元前100年7月13日生于罗马。其父担任过财政官、大法官等职务，还曾出任过小亚细亚总督；其母来自显赫的贵族之家，其外祖父曾任当时的执政官。少年恺撒就读于专门培养贵族子弟的学校，他天赋异禀，十几岁就发表了自己的文学作品《赫库力斯的功勋》和悲剧《俄狄浦斯》。他酷爱古希腊文化，特别是希腊的古典文学；还喜欢体育运动，精通骑马、剑术等；他肌肉发达，体魄强健。成年后，历任过财务官、祭司长、大法官、执政官、监察官、独裁官等职。在处理军事政务时，他沉稳内敛，认真严谨；在与他人商讨事务时，他言谈得体，颇有风度；在为人处世时，他宽厚仁慈，开朗大度；但他喜欢独断专行，渴求知识，醉心于开创伟业。公元前60年，恺撒与庞培、克拉苏秘密结成三巨头同盟，随后出任高卢总督，并在8年时间里征服了高卢全境（今法国一带），还袭击了日耳曼和不列颠。公元前49年，他率军占领罗马，打败庞培，集大权于一身，实行独裁统治，还制定了《儒略历》。公元前44年3月15日，恺撒被暗杀，享年56岁。恺撒死后，其甥孙（也是其养子）屋大维，开创了罗马帝国，并成为首位罗马帝国皇帝。

恺撒密码的加密原理很简单：把每个英文字母，用其随后的第三个字母来代替，比如，A变成D，B变成E，……，X、Y、Z变成A、B、C；于是，明文"A dog"加密后，就变成了密文"D grj"。解密时，也很简单，只需把密文中的每个英文字母，用其前面的第三个字母来代替就行了，比如，A，B，C分别变成X，Y，Z，……，D变成A，E变成B，等等；于是，密文"D grj"就被解密成了明文"A dog"。

据说，"恺撒密码"备受恺撒青睐，以至他在日常信件中，也都要使用这种加密方法；所以，恺撒在战争中占尽优势，以至他的敌手读不懂他的任何机要信息，最后只好纷纷扔下武器，乖乖投降。猛然一看，"只将字母按顺序进行3个位移"好像很平凡；但在英文字母表中，可做从1到25之间的任意移位，每个字母也可用任意其他字母来代替，只要收信人知道原来的密钥，即那个事先约定的变换表；这就意味着，在简单的替换密码中，存在着的变化可能性达到天文数字的403 291 461 126 605 635 584 000 000种！根据古代的计算水平，假设测试一个可能的替换需要1秒钟，那么，试图通过穷举法，来破解该替换密码所需要的时间，将超过宇宙年龄的10倍！

恺撒密码还有一种扩展型，称为仿射密码，其原理是：将a,b,…,z这26个英文字母，分别用0,1,…,25这26个整数表示；于是，加密算法的数学公式就是这样一个仿射变换$C=(aM+b)\bmod 26$。其中，$(X)\bmod 26$表示模26运算，即X除以26后的余数；a是与26互质的任何一个整数，即除13之外，在0到25之间的任何一个奇数；b也是任何一个0到25之间的整数；(a,b)便是密钥，特别是当$a=1$、$b=3$时，它所对应的仿射密码，就刚好是恺撒密码。相应的解密算法便是$M=a^{-1}(C-b)\bmod 26$。仿射密码的安全强度，远远大于恺撒密码，当然也肯定经受不起现今计算机的穷举攻击。

关于恺撒与密码的故事还有很多，有兴趣的读者，建议阅读恺撒亲自撰写的报告文学《高卢战记》。该书比较平实地记述了恺撒许多事迹，特别是他在"恺撒密码"的帮助下，按时间先后顺序所经历过的各次主要战争，包括：针对厄尔维几人的战争，针对日耳曼人的战争，针对比尔及人的战争，针对文内几人的海战和对日耳曼人的报复，入侵不列颠的战争，镇压高卢大叛乱和阿来西亚之战等。此外，书中还记述了恺撒的作战心得和在高卢的外交活动，当然这些都离不开"恺撒密码"的暗助。其中，阿来西亚之战是全书最为精彩的章节，也是高潮之所在。初战时，双方骑兵冲杀，恺撒果断派出日耳曼骑兵，击败高卢骑兵；敌方主将战败后，躲进阿来西亚城，闭门不出。恺撒便在城外构筑防御工事，严密封锁阿来西亚。高卢各邦得知主将被困阿来西亚后，便迅速组建了一支联军，共八千骑兵和二十五万步兵前来驰援。高卢人企图通过内外夹击，消灭恺撒的军队。恺撒则临危不乱，他把全体步兵分别布置在工事两侧，拼命防守，然后命令骑兵出战。恺撒再次使用日耳曼骑兵，击溃了高卢人，使得形势逐渐好转；于是，恺撒下令，四处追赶撤退中的外围敌军，使他们无法重新集结；同时，又将从困城中冲出来的敌人再次逼了回去。此后，恺撒又多次击退了外围高卢援军，双方互相拉锯，损失惨重。再后来，高卢人针对恺撒防御工事的一个薄弱点，发动了绝地偷袭。总之，此役战线很长，双方陷入胶着；关键时刻，恺撒身先士卒，只身投入战斗。士兵们在其勇敢精神的鼓舞下，奋力拼杀，终于彻底击溃了高卢人。敌方主将眼见外援基本被歼，败局已定，只好投降。至此，高卢战事基本结束，恺撒也巩固了罗马在高卢的统治地位。而所有这些战场战术的调兵遣将命令，都得益于恺撒密码的神助，否则，他可能早就被对手"包了饺子"。

若用今天的标准去评判，恺撒密码确实算不上先进；但在当时，它却相当超前。比如，恺撒的继承者，罗马帝国的首任皇帝屋大维，在密码方面就远远逊色于恺撒大帝，因为屋大维在需要加密文件时，竟然只是简单地把a写为b，把b写为c，……，把z写为a等；其安全性显然远远劣于恺撒密码，若真被敌方破译了，肯定会吃败仗。

关于恺撒密码被长期广泛使用的情况，还有这样一个真实的现代事例：在意大利有一个黑社会老大。他在经历了40多年的逃亡生活后，终于在2006年被捕入狱，而其失手的原因竟是：他在与其同伙进行保密通信时，仍傻乎乎地使用了恺撒移位密码！只不过不是用D代替A，而是用4代替A，用5代替B，以此类推。这位黑社会老大一直担心手机不安全，所以，他坚持用笔记方式来经营和管理其犯罪集团；当这些笔记落入警局后，很快就被破解了，其犯罪集团也被一网打尽。

1.4 古希腊密码

在古希腊，密码痕迹更是随处可见。比如，在美索不达米亚地区的塞琉西亚遗址，就出土了一小块大约公元前1500年的石片，其上刻有楔形文字，用一种简单的编码方式，记录了为陶瓷上釉的配方。

公元前4世纪所写的一本名叫《包围圈中如何逃生》的书中，也专门用了一章的篇幅来介绍消息加密，所给出的方法更是千奇百怪。比如，在一份文件中，用小圆点在某些字母上标出记号，而这些字母则拼出秘密消息；或者将秘密消息缝在鞋衬内；或者将秘密消息写在树叶上，再把树叶隐藏在伤兵的绷带中；或者将秘密消息写在铅片上，然后把铅片做成饰品，佩戴在身上；或者在木片上钻孔，来代表24个希腊字母，并用一根细线依次穿过明文消息的每个字母，然后，在收信端，友方顺着这根细线，就可把秘密消息恢复出来等。

如果某位叛徒想要携带一封密信，投敌叛变到附近敌营中，那又该咋办呢？在《包围圈中如何逃生》一书中，竟然也给这样的叛徒出了一个好主意：即把密信缝在叛徒的铠甲边缘，等待对方某队士兵巡查而至；当敌兵在近前搜查时，叛徒假装从马上跌落，然后便被俘虏；待到成功抵达敌营，见到长官后，那封密信也就送到了。

在公元前2世纪，希腊人波利比奥斯，还发明了这样一种数字加密系统：把24个希腊字母放入一个事先约定的、如今被称为"波利比奥斯方块"的5×5棋盘格中,于是,每个字母便可用一个数对(x, y)来表示,其中,x和y都是1至5之间的某个整数。如果发信方想将棋盘中第x行y列中的那个字母告诉友方,那么,他只需左手伸出x个指头,而右手伸出y个指头就行了;若敌方不知道那个事先约定的棋盘格,他就完全读不懂这些手势的含义。

波利比奥斯设计上述密码的动机,显然也与战争密切相关,这一点从他的坎坷经历便能够看出。实际上,波利比奥斯生于公元前203年的古希腊,当时古罗马和古迦太基正为争夺地中海西部统治权而展开一场著名的战争,史称第二次布匿克战争。古迦太基的主帅汉尼拔,率6万大军穿过阿尔卑斯山,入侵罗马。罗马则出兵马赛,切断了汉尼拔的补给;此时迦太基国内矛盾激化,汉尼拔回军驰援,罗马乘机进攻古迦太基,使后者丧失了全部海外领地,被迫交出了舰船,并向罗马赔款。大约在37岁左右,波利比奥斯作为政治犯,与其他人质一起被送到了罗马,并在罗马知道了许多有关第二次布匿克战争的情况。大约在54岁左右,波利比奥斯又亲历了第三次布匿克战争,并被罗马主帅小西庇阿带到了非洲战场;这次是罗马以强凌弱,长期围困迦太基城;迦太基不甘被攻,奋起反击。可惜,最后迦太基战败,惨遭屠城,其领土终于成为罗马的一个省份——阿非利加行省;后来,波利比奥斯也成了罗马公民。除设计密码外,波利比奥斯一生还完成了许多重要的经典著作,比如,长达40章的《通史》,以及业已失传的《论战术》《罗曼提亚战争史》《菲罗波门传》等;直到公元前121年,波利比奥斯才以82岁的高龄去世。

此外,古代亚述人和巴比伦人,也经常使用变形的楔形文字,在黏土石碑上签名和标注年代,以此炫耀其知识。在伊拉克的乌鲁克地区,在公元前1世纪,当时的密码专家们把自己的名字加密成一串串数字。在伊拉克的苏萨地区,也发现了不少疑似密码本的碎片,其上出现了一些数字与楔形符号的对应表，可用于完成相应的替换加密。

隐写术也是古希腊人常用的一种加密方法。比如，《历史》一书中，就记载了公元前5世纪，希腊与波斯的一场战争。书中讲述了一位名叫德马拉托斯的希腊流亡者，如何成功躲过敌方警戒，把消息传回祖国的故事。其办法便是：流亡者先刮去一块木片上的石蜡，并将秘密消息写在木片上，然后再用新的石蜡覆盖住消息；于是，这些木片就看似一片空白。当这些木片送回祖国后，收信者再把石蜡刮掉，就轻松读出了木片上的秘密消息。最终，希腊人据此情报，组建了一支船队，在萨拉米斯战役中打败了波斯人。

在另一个传说中，隐写术用得更巧。首先，剃掉信使的头发，然后将秘密消息写在光头上，待到信使的头发重新长出来后，他就可以空着手，安全抵达目的地；然后，再剃掉头发，秘密消息就显现了。

后来，在公元1世纪，又有人发明了一种奇特的隐形墨水：用某种植物液汁做成的一种乳液，用该乳液在白纸上写好秘密消息后，将纸张晒干，这时字迹就会变得透明不可见；但是稍微加热纸张，乳液便被烤焦变成棕色。其实，现在已经知道，任何富含碳的有机液体，都具有这种功效；所以，经常有些间谍，在情急之下，甚至干脆拿尿液当隐形墨水。到了15世纪，意大利科学家波尔塔，更设计了一种隐写妙法：他把明矾溶解在醋里，制成墨水；然后，把消息写在煮熟的鸡蛋壳上，墨水就会渗透蛋壳，浸入凝固的蛋白上，而在蛋壳上却只剩一片空白。当该鸡蛋被送到合法的收信方后，只需剥去蛋壳，消息就清晰地显现在蛋白上了。

除了隐写术，古希腊人还喜欢使用另一类密码，如今称为"置换密码"，它将明文中的字母，按一定规则进行位移，即对明文字母做一个置换。比如，把前后每对字母进行交换，那么，明文消息"The bus"，在忽略了其中的空格后，就被加密成了"Htbesu"；解密时，接收方只需反转这个过程即可。还有一种叫"栅格"的置换密码，它将明文字母按序排成两行，并且按列的顺序写入；比如，消息"The bus"就排成：

TEU

HBS

然后，再将它们按行排序出来，就得到加密后的消息TEUHBS；解密过程，则反向进行便可。当然，这里的"两行"，也可以是三行或更多行；只要收信方和发信方都使用同样的行数，那么消息解密便可轻松完成。其实，此处的"栅格"可以是双方约定的任何维度的网格。

在古希腊的众多密码中，对今天影响最大的，可能要数公元前700年左右，古希腊军队使用的、由斯巴达人发明的一种如今叫作"斯巴达棒"的密码，它用圆木棍来进行保密通信。其使用方法是：把长带状羊皮纸均匀缠绕在圆木棍上，然后在上面按正常顺序书写文字；最后再解开羊皮纸，于是，纸上就只有杂乱无章的字符，这就完成了加密操作。在合法的接收端，解密者再次以同样的方式，将密文纸带均匀缠绕到同样粗细的棍子上，于是就能看出当初加密前所写的文字内容了。而对破译者来说，由于他不知道棍子的粗细，所以，即使是他将该纸带缠绕在其他圆棍上，照样也读不懂加密信息。

斯巴达棒也许是人类最早使用的文字加解密工具，其加密原理属于密码学中的置换法，因为它的加密操作，仅仅基于文本中字母阅读顺序的改变，准确地说，也是某种二维矩阵"栅格"。

1.5 阿拉伯密码

前面介绍的都是加密和解密方法，而关于它们的破译，则最早归功于阿拉伯学者，特别是在替换密码的破译工作中，他们更能出奇制胜。原来，他们发现了替换密码的一个致命弱点，那就是：无论怎么替换，明文信息中各字母的出现频率都保持不变。而在自然语言中，单个字母的出现频率、连续两个或三个字母组的出现频率等，都是相当稳定且可预先计算出来的；于是，通过密文的频率分析，就能得到相关线索，帮助重构明文，这种破译方法称为"字母易位破译法"。

据说，早在公元8世纪时，学者阿布·哈利勒（718—786），就撰写过一本名叫《密语》的专著；虽然该书早已失传，但书中的一个故事却流传了下来，即哈利勒曾利用频率分析法，成功破译了拜占庭皇帝的一份希腊文密码，而其突破口竟是一个常规习惯，那就是：信件的头一句，几乎肯定是："以上帝的名义。"这位哈利勒为啥能破译密码，准确地说是破译替换型密码呢？如今看来，其奥妙在于，他是一位天才的语言学家，拥有超强的语感，故能从被替换的符号中猜测出密文的原意；因为无论是语言学，还是密码学，它们其实都是符号学，都有许多相通的地方。确实，哈利勒生于阿曼，后来移居巴士拉，并在那里教书，还一度成为大臣秘书。他虔诚地生活在一个芦苇小屋里，撰写了第一本阿拉伯语词典《字母书》，以及另一本重要的语言学著作《韵文书》。此外，他还精通天文、数学、法律、音乐理论和宗教传统等，他对后世的阿拉伯密码学家产生了巨大影响。他的死因也很奇特，据说，他正在构思一个记账系统以防止其女仆被菜贩欺骗时，心不在焉的他竟撞翻了清真寺台柱，结果被倒下的柱子砸死了。

到了公元9世纪，又出现了一位密码学家阿布·哈金迪（801—873），他因致力于在阿拉伯世界推广希腊文化和希腊哲学体系，而被誉为阿拉伯哲学之父。哈金迪生于巴士拉，在巴格达接受教育，并被当时的哈里发委以重任：在巴格达负责监督将希腊科学和哲学著作翻译为阿拉伯文。哈金迪的论著涵盖了多个学科，包括但不限于玄学、伦理学、逻辑学、心理学、医学、药理学、数学、天文学、占星术、光学、香水、刀剑、珠宝、玻璃、染料、动物学、潮汐、镜子、气象学和地震等。在引入印度数字的过程中，他也起到了关键作用，特别是他首次使用了0这个数字符号。据说，在13世纪的一次蒙古入侵事件中，由于图书馆被毁，哈金迪的很多作品从此便失传了。

哈金迪在一篇题为"破译加密通信"的论文中，详述了如何通过频率分析来破解替换密码。他写道：若已知密文的语种，破译工作便可这样展开。首先，想办法找到足够多的同语种自然文本消息，然后计算出每个字母出现的频率；接着，把出现最多的字母叫"第一个"，第二多出现的字母叫"第二个"，第三多的叫"第三个"，以此类推，直到对所有不同的字母都计算完毕为止。然后，再来分析待破译的密文，也计算出其中每个字母出现的频率；找到频率最高的那个字母，并把它用前面的"第一个"替换，出现频率次之的那个字母用"第二个"替换；以此类推，直到计算完密文的所有符号为止。当然，频率分析法还必须借助其他额外信息，才可能最终完成或部分完成破译工作；比如，元音会更多地出现在辅音之前或之后，而辅音则较少出现在另一个辅音前后。哈金迪还发现：在阿拉伯语中，字母ﺍ和ﻝ出现的频率最多，而字母"ﺝ"出现的频率最低，其出现频率只相当于其他字母的十分之一。

频率分析法虽不适合中文信息的破译，但对英文等拼音语种，却相当有效。比如，在英语中，"e"是出现最频繁的字母，其次是"t"，然后是"a"。因此，在某封密文信件中，如果"p"是出现最多的字母，那么"p"就很可能代表了明文中的"e"；同样，如果密文信件中出现第二多的是字母"x"，那么这个"x"很可能就代表了明文中的"t"。此外，连字"ee"很常见，而"aa"却很罕见；同样，"ea"要比"ae"更常见；另一个常用字母是h，也很容易被定位，因为它经常出现在e之前，而几乎不会出现在e之后，经常出现在t之后，而极少出现在t之前等。当然，英文的字频也并非一成不变的，比如，从报纸和小说中统计出的结果，肯定不同于专业文献中统计出的频率；不过，其破译思路却始终都是有效的。

首次全面系统研究"字母频率统计分析密码破译法"的学者，名叫伊本·阿杜拉姆，他于1312年生于伊拉克北部城市摩苏尔。童年时，他父亲就去世了，并留下一大笔遗产。成年后，他先去了大马士革，后来又去了开罗，并在那里投资贸易。他曾为马穆鲁克苏丹效力，但在1347年却被流放到大马士革，还失去了大部分财产；次年，他再次被流放到阿勒颇。若干年后，他终于从开罗收回了部分财产，并在大马士革的阿玛威清真寺当了一名教师，并为财务部门工作。后来，他又开始参与政治，结果又被流放；这次他被流放到非洲东部的阿比西尼亚，并于1361年死于流放途中，年仅49岁。幸好，在他短暂的一生中，他编纂了20余本著作，广泛涉及密码、宗教、科学、阿拉伯语、相面术、谜题和猜谜等，而且还创作了许多优美的诗歌。

在阿拉伯世界中，还有一位著名的密码学家——伊本·赫勒敦；他在1377年完成的代表作《历史绪论》中，明确指出："有时候，技巧娴熟的秘书虽非密码的发明者，但却能凭其智慧，发现密码的组合规律，并巧妙地使用密码。"换句话说，他们可以破译从未见过的密码；只可惜，作者赫勒敦并未详述其密码破译的方法和思路；更可惜的是，这位密码学家的一生，总也逃脱不了政治牺牲品的命运。实际上，赫勒敦出生于突尼斯的一个难民家庭。为躲避基督教征服西班牙的战乱，赫勒敦的父母从塞尔维亚逃到突尼斯。17岁那年，由于"黑死病"，赫勒敦成了孤儿。20岁时，得益于所受的良好传统教育，赫勒敦开始为突尼斯宫廷服务；三年后，成为摩洛哥苏丹秘书。他曾因涉嫌煽动叛乱而被捕，平反出狱后被派往格拉纳达，并与西班牙北部的一个国王成功签署了和平协议。后来，他又作为一次政治阴谋的牺牲者，被赶回了北非；在那里，他成为布日伊苏丹手下的总理。总之，赫勒敦曾服务于多位君王，并担任过多项重要的政府官职，直到再次获刑。终于，在脱离政治之后，他开始撰写自己的代表作《历史绪论》和自传，直到74岁时去世。

不过，非常奇怪的是，替换类密码的频率破译法虽然诞生于阿拉伯世界，但却并未在这里引起重视，甚至压根儿就未被普及。比如，1600年，摩洛哥苏丹的密使从英国发回一封重要加密信件，结果，收信人花了整整15年时间，才将它破译出来；其实，若使用频率破译法的话，只需几个小时就够了。

除密码破译的杰出成就之外，阿拉伯人在密码设计方面也有所建树。比如，有一种名叫"奇美"的密码就发挥了重要作用，它是一种专门的密码模式，主要用来加密税务文件，保护与国家收入等有关的敏感信息。在这种密码体系中，阿拉伯字母被简化，且重音和辅音符号等也被舍弃。字母的主体被缩小，拖尾被拉长，单词也被缩写；而且，多个字母还被混合叠加等。这种密码系统曾于16世纪在埃及使用过，然后奥斯曼帝国的税务部门接管了它；此后，它一直在埃及、叙利亚和伊斯坦布尔等地使用，直到19世纪末期奥斯曼帝国衰落为止。该密码不但成功保护了相关国家的财政秘密，还维护了纳税人的隐私；但是，该密码却从未被用于军事场合或间谍活动。

与欧洲的"黑暗中世纪"类似，在密码发展史上，也有一个几乎同步的"黑暗时代"；其间，密码研究几乎停滞不前，直到文艺复兴后，密码才跃入了近代密码时期，密码技术也才真正获得了实质性的改进。甚至在整个文艺复兴期间，密码也还没登上大雅之堂，密码研究者甚至被误认为是"魔法师"，或被鄙视为"恶魔联盟成员"。

第2章
中国古典密码

本书之所以要专门开辟一章来介绍中国古典密码，当然不仅仅因为作者是中国人，主要原因有两个：其一，虽然第1章中的替换和移位加密思路照样也可用于中文信息，但是频率破译法却完全无效，所以，中国古典密码确实有自己的方块字特色，需要单独介绍；其二，中国古典密码内容虽然不少，但有些零散，需要用较大的篇幅来理清头绪。对于一些零散的密码术，有时也免不了通过简单罗列的方式来介绍。

2.1　商朝密码

中华文化历史悠久，许多优美的传说更是神奇动人；但为严谨起见，本书将尽量采用信史材料，所以对传说中的人文三祖（炎帝、黄帝和蚩尤）及夏朝的密码，我们将忽略不述，否则，至少黄帝就该是中国最早的密码专家之一了；因为，在上古传说中，黄帝既聪明又能干，还特能指挥打仗，自然会创立相关的军令密码系统。他精通天文，制定了中国最早的历法，这是对天体运行密码的破译。他熟悉医术，和神医岐伯搞出了一套诊治方法，被后人编成最早的医书《黄帝内经》；而在远古时代，巫与医是一回事，因此，黄帝也应该是最早的密码专家。另外，当时的古人受饮水限制，居者只能靠河流，牧者

密码简史

只能逐水草，很不方便；于是，黄帝发明了水井，从此人们才能四处安家。古人不会盖房子，只能穴居野处，构木为巢；于是，黄帝发明了"伐木构材，筑作宫室，上栋下宇，以避风雨"；为了打仗，黄帝发明了兵器和指南车；征服了若干小部落后，黄帝又开始教人种地，并发明了器具和井田等。黄帝身边还有一大批能工巧匠，从某种意义上说，他们也都是早期的密码专家。比如，文字学家仓颉，造出了象形文字，文字当然是典型的密码；音乐家伶伦，分出了十二音阶，并谱出了乐曲，音乐其实也是一种密码；精通数学的隶首，制定了各种度量衡，数学更是密码，甚至还是密码的基础。特别是黄帝的妻子嫘祖也很不得了，这位出生于四川省盐亭县的圣母，教会了人民养蚕，总结出了一套喂蚕、缲丝、织帛的经验，它们仍然是密码；后来，人们才学会了裁衣、作冕、制鞋，才彻底改变了穿树叶和披兽皮的原始习惯。

抛开古老的神话和传说不谈，中国最早的有文字可考的密码出现在商朝晚期，即公元前1300年左右，那就是商朝王室用于占卜记事而契刻在龟甲或兽骨上的文字，故称为甲骨文；其实，所有文字都具有密码功能，中文更不例外，虽然它并非为加密信息而设计，但至今也还有许多甲骨文未被破译；在本书第9章中，我们将利用密码破译思路，借助现代计算机，在纯粹推理基础上对甲骨文的考古提出一些有趣的猜测。实际上，从1899年甲骨文首次被发现起，据统计共出土了至少15万片甲骨，其上刻有的单字约4500个，迄今已破译了约2000个，当然有许多重复字。当时为啥有那么多甲骨可用呢？原来，那时人们已经驯服了牛和马等大型动物，并发明了马车和牛车等；自然就能得到许多牛马之骨了。

如果单看创作时间，其实还有比甲骨文更早的文字，比如，岩壁图文、陶文、陶符文、陶刻文、骨甲刻文等，它们也是密码；当然，也还有比甲骨文更晚的文字，比如，铭文、金文、木椟竹简大篆文、木椟竹简隶书文、木椟竹简小篆文、石刻文、汉隶书文、魏晋楷书文等，它们仍是密码。但是，从系统角度来看，甲骨文则是中国最早的完整而成熟的文字，已兼有象形、会意、形声、假借、指事等多种造字方法。从字体结构上来看，甲骨文的字形虽有变化，大小也不一，但整体上比较均衡对称，还显示了稳定的格局。从章法上来看，虽受骨片大小和形状的影响，但仍表现出了镌刻的技巧和书写的艺术特色。从书法角度来看，甲骨文已具备了书法的用笔、结字、章法等基本三要素。其用笔线条严整瘦劲，挺拔爽利，曲直粗细均备，笔画多方折，对后世篆刻的用笔、用刀产生了明显影响。就结字而言，甲骨文的外形多以长方形为主，间或也有少数是方形，具备了对称美或一字多形的变化美。此外，甲骨文的结构，方圆结合，开合辑让；个别字形更具明显的象形图画痕迹，表现出了文字发展初期的稚拙和生动。从章法上来看，甲骨文的卜辞全篇行款清晰，文字大小错落有致。每行上下、左右、虽有疏密变化，但全篇能行气贯串、大小相依、左右相应、前后相呼；并且字数多者，全篇安排紧凑，给人以茂密之感；字数少者，又显得疏朗空灵，总之，都能呈现出古朴而烂漫的情趣。

如果与商代晚期的发展史相对应，从盘庚迁殷到商纣王共约273年的时间里，晚商共经历8世12王，相应的甲骨文发展也有先后之分，共划分为五个时期。第一期，又称雄伟期，对应于盘庚、小辛、小乙、武丁的统治期，持续约一百年；期间受到武丁之盛世影响，甲骨文的书法风格宏放雄伟，为甲骨书法之极致，大体而言，起笔多圆，收笔多尖，且曲直相错，富有变化，不论肥瘦，皆极雄劲。第二期，又称谨饬期，对应于祖庚、祖甲的统治期，持续时间约为四十年；期间的甲骨文书法，大抵承袭前期之风，但恪守成规，新创极少，已不如前期的雄劲豪放之气。第三期，又称颓靡期，对应于廪辛、康丁的统治期，持续时间约十四年；此期可谓殷代文风凋敝之秋，虽然还有不少工整的书体，但篇章的错落参差，已不那么守规律，而有些幼稚、错乱，同时错字屡见不鲜。第四期，又称劲峭期，对应于武乙至文武丁的统治时期，持续时间约十七年；由于文武丁锐意复古，力图恢复武丁时代之雄伟，所以书法风格转为劲峭有力，呈现中兴之气象，在较纤细的笔画中，带有十分刚劲的风格。第五期，又称严整期，对应于帝乙至帝辛的统治时期，持续时间约八十九年；期间书法风格趋于严谨，与第二期略近；篇幅加长，谨严过之，无颓废之病，亦乏雄劲之姿。

根据已经破译的甲骨文可知，甲骨上所载的内容主要有四项：其一，经加工和刮磨的龟甲和兽骨，由专门的卜官保管，其边缘部位刻写着这些甲骨的来源和保管情况，故称"记事刻辞"。其二，卜官占卜时，用燃着的紫荆木柱烧灼巢槽，使骨质正面裂出"卜"状裂纹，称作"卜兆"，并由此推断卜问事情的吉凶；在较早的甲骨卜兆下面，还刻有占卜的顺序数字，这种数字称为"兆序"。其三，甲骨文的主体部分是卜辞，即占卜活动结束后，记录占卜情况与结果的刻辞。其四，以天干和地支相配，组成的六十个干支名称的干支表，这也是我国最早的日历。此外，甲骨文中还有一些当时学习刻写卜辞的习作，称为"习刻"。甲骨文的大部分内容，都是殷商王室占卜的记录，这也许是因为商朝特别迷信鬼神，大事小事都要卜问：有些占卜问天气，有些问农作收成，也有些问病痛，还有些问生子；而打猎、作战、祭祀等大事，更是必须卜问了！所以，通过破译甲骨文，便可隐略知悉商人的生活情形和商朝的历史发展状况等。

另外，甲骨文与古老建筑的造型很接近；实际上，建筑记载也是甲骨文的一大起源。从甲骨文中许多有关建筑的字形上，可以了解中国远古时代建筑的结构形式及其发展脉络，这也可算作是另一层意义上的密码破译吧。比如，从甲骨文的"高"字的字形上，便可推断在商代已有一种建造在土台上的建筑：土台的下部还挖有地窖，这是私有制初期和家庭出现后的一种建筑方式；土台的上部，是一栋既有屋顶又有墙身的建筑。又比如，甲骨文的"宫"字，可看成大屋顶下罩着两个室内空间的房子；这是一种专供头领使用的、十分讲究的高大建筑物。

有文字记载的中国最早密码专家之一，可能是道家学派的创始人、夏末政治家、思想家、商朝的三朝开国元老伊尹，其主要证据有两点：第一，在第 1 章中我们已说过，巫师是人类最早的一批密码专家；而伊尹则是最重视鬼神和占卦的商朝的大巫师，甚至是最大的巫师，当然也就称得上是当时的密码专家了。第二，伊尹是中国历史上第一位使用间谍的人，他甚至提出了"上智为间"的谋略。虽然以密码为代表的间谍情报战，在现代战争中早已司空见惯，但在伊尹之前，则从未有过。甚至还有两次，伊尹本人亲自以到夏任官的名义，打入夏王朝内部开展情报工作：第一次赴夏，是为了侦察夏王朝的政情民情，以便制订灭夏计划；第二次赴夏，不仅要了解情况，还利用所掌握的情报，联络夏臣和当时已失宠于夏桀的妺嬉，以扩大敌人内部的矛盾，削弱敌方实力，为随后的灭夏战争做准备。

伊尹绝对是中国历史上的一大奇人，且各方面都很出奇。他的寿命长得出奇，生于公元前 1649 年，逝于公元前 1550 年，并以天子之礼葬于亳都（今河南商丘市）；换句话说，他活了整整一百岁！他的治国理念怪得出奇，竟采用厨师的"以鼎调羹""调和五味"理论来治理天下，这便是《道德经》中"治大国若烹小鲜"的典故出处；其实，他本来耕作于有莘国（今河南洛阳），后经商汤"三顾茅庐"后出山，辅助商汤打败夏桀，为建立商朝做出了重大贡献，并被拜为丞相；随后，他积极整顿吏治，洞察民心国情，推动经济繁荣和政治清明；他历事成汤等五代君主，辅政五十余年，为商朝富强兴盛立下了汗马功劳。

伊尹的身世，也曲折得出奇。生母本为有莘国的采桑女奴，可就在他出生后的第二天，母亲就死于洪水；幸好，他被另一位采桑女救起，交由一位既能屠宰又善烹调的家奴厨师收养。伊尹从小就非常聪颖，勤学上进；虽耕作于田野，却喜欢尧舜之道；既掌握了烹调技术，又深通治国之道；既是奴隶主的厨师，又是贵族子弟的"师仆"。由于他的德行远近闻名，以至求贤若渴的商汤，至少有三次携厚礼登门聘他出山辅政；甚至由于有莘国的国王不同意伊尹离开，商汤只好娶了有莘王的女儿为妃，为此，伊尹才以陪嫁奴的身份来到商汤身边，开始教导商汤效法尧舜，以德治天下，并制定了救民伐夏的方略；所以，伊尹是中国首位帝王之师，也是中国第一个见之于甲骨文记载的教师。

伊尹的攻夏策略，巧得出奇。为了灭夏，伊尹首先通过各种渠道，包括广泛使用间谍等密码破译手段，知悉了夏朝内部的许多重要情报。为了测试夏桀王的主力部队——"九夷之师"的忠诚度，伊尹劝说商汤停止给夏桀王贡纳。结果夏桀大怒，起"九夷之师"攻汤。伊尹见"九夷之师"仍听命于夏桀，就马上献计商汤暂时恢复纳贡，同时也暗地里积极准备攻夏。大约在公元前1601年，伊尹决定再次停止向夏王纳贡；夏桀虽然再次起兵，但"九夷之师"不起，使夏桀在政治和军事上完全陷入了孤立无援的困境。伊尹见时机已到，便协助商汤立即下令伐夏。夏桀战败南逃，汤在灭掉夏王朝的三个附属国后，又挥师西进，很快就灭掉了夏朝。

伊尹的训帝之法，更是严得出奇。商汤死后，伊尹又历经了两任君王，并做了汤王长孙太甲的师保。传说，这位太甲不遵商汤之政。为了教育太甲，伊尹甚至将太甲发配到汤王的墓葬之地桐宫，而由他本人与诸大臣代为执政，并著《伊训》《肆命》《徂后》等训词，教育太甲如何为政，如何继承商汤法度，哪些事可以做，哪些事不可以做等。三年后，太甲追思成汤功业，深刻反省，终于认识到了自己的过错。当太甲改恶从善后，伊尹又亲自到桐宫迎接太甲，并将王权重新交还给他。在伊尹的耐心教育下，复位后的太甲"勤政修德"，继承商汤之政，果然表现良好，商朝的政治又出现了清明局面。

伊尹的医学成就，也高得出奇。其实，除丞相之职外，伊尹最重要的身份是巫师。商朝是非常崇信鬼神的朝代，国家大小事务皆要占卜，因此，巫师的地位非常崇高。伊尹是商代第一大巫师，而那时巫与医合二为一，巫师本身就兼有医病的功能，并且在伊尹的领导下，那时的巫师就已能医治20余种疾病了，包括疾首、疾目、疾耳、疾口、疾身、疾足、疾止、疾育、疾子、疾言等；伊尹还发明了汤药，有效提高了药品的疗效，并著有《汤液经法》等重要医书。甲骨文就是由巫师主持祭祀鬼神，占卜吉凶的记录，而且在甲骨文中还有不少有关后代祭祀伊尹的内容。

伊尹的厨艺，更是好得出奇，直到现在他仍被尊为"中华厨祖""厨圣"等；而且，"伊尹"两字也成了比喻技艺高超的大厨的专用名词。在烹饪界，有关伊尹的成语也很多，比如，伊尹煎熬、伊公调和、伊尹负鼎、伊尹善割烹、伊尹酒保等。在烹饪方面，无论是理论，还是实践，伊尹都很全面；比如，在实践上，传说他烹调的天鹅羹，很受商汤青睐。在烹饪理论上，伊尹更是建树卓著，不但提出了权威的"五味调和说"与"火候论"等，还留下了许多流传至今的烹饪名言，比如，在揭示食材的自然性质方面，他说"夫三群之虫，水居者腥，肉玃者臊，草食者膻"；在美味的烹调方面，他说"凡味之本，水最为始"；在掌握火候方面，他说"五味三材，九沸九变，火为之纪，时疾时徐。灭腥去臊除膻，必以其胜，无失其理"；

在调味的微妙方面，他说"调和之事，必以甘酸苦辛咸。先后多少，其齐甚微，皆有自起"；在如何观察锅中的变化方面，他说"鼎中之变，精妙微纤，口弗能言，志弗能喻。若射御之微，阴阳之化，四时之数"；在评估精心烹饪而成的美味方面，他说"久而不弊，熟而不烂，甘而不哝，酸而不酷，咸而不减，辛而不烈，淡而不薄，肥而不腻"等。总之，伊尹确实是少见的奇人。

商朝还诞生了另一样具有密码功能的东西，那就是音乐。其实，自商代起，中国音乐就进入了信史时代。民间音乐和宫廷音乐，都有长足进步；另外，由于农、牧、手工业的发展，青铜冶铸达到了很高的水平，从而使乐器的制作水平突飞猛进，大量精美豪华的乐器也随之出现。乐舞是宫廷音乐的主要形式，可考证的乐舞至少有《桑林》和《大护》等，相传均为伊尹所作。当时，从事音乐专业工作的，主要有巫师、音乐奴隶和盲人等三种人。有关商朝民间音乐的材料很少，不过，《周易·归妹·上六》和《易·屯·六二》都是商代民歌。

此外，在数学方面，商朝已有了明确的十进制、奇数、偶数和倍数等概念；当然，这些数学知识还远远不够设计复杂的算法密码。但是，在光学方面，已出现了微型凸面镜，能在较小的镜面上照出整个人面；这意味着，商人已具备"镜面反光"这种远程密码通信的基础了。在天文方面，商代日历已有大月和小月之分，规定366天为一个周期，并用年终置闰来调整朔望月和回归年的长度；商代甲骨文中，还记录了多次日食、月食和新星等信息。

在艺术方面，商代的陶器已有各种颜色，有些为轮制，有些则使用了泥条盘筑法，陶器上还常有压印花纹，它们也都有不同的密码。所知最早的中国釉料，也出现于商朝；此时还出现了大理石及石灰石雕刻的真实与神话动物，中国建筑风格也已基本形成，更有多个奢华的宫殿。

最后，商朝还发明了另一个非常著名的密码系统，那就是烽火；不过，由于最精彩的烽火故事发生在周朝，所以，此处只点到为止，将在本书2.2节中详细介绍。

2.2　周朝密码

谈及周朝的密码专家，首当其冲的，当然该是周文王及其第四子周公；若允许再宽泛一点的话，那就还有春秋末期的孔子。为啥要穿越数百年将孔子也硬塞在这里呢？主要原因有三：其一，文王、周公和孔子等，共同合作完成了中国历史上最重要的密码系统——《易经》；其二，孔子虽然身居春秋末期，但他的心却从来就属于周公，他是周文王的铁杆粉丝，对恢复周朝礼制更是念念不忘；其三，也是最关键的一点，本书希望内容更加紧凑，毕竟《易经》的创作过程延续了数百年之久，如果分散逐段介绍的话，那就会显得太零乱，更少不了一些无法回避的重复。幸好，这三位密码专家的名声早已如雷贯耳，所以下面就只介绍他们的密码系统——八卦；而且，与过去所有文献不同的是，我们将以密码语言而非八卦语言来展开叙述。

本书序中已经说过，所有符号系统都可当作密码；同样，所有密码也是某种符号系统。与前面介绍过的密码系统不同，《易经》其实是基于图像符号的密码系统。具体来说，相传在上古时，人们"仰则观象于天，俯则观法于地；观鸟兽之文与地之宜；近取诸身，远取诸物，始作八卦，以通神明之德，以类万物之情"；于是，伏羲氏创造先天八卦，神农氏创造连山八卦，轩辕氏创造归藏八卦。由于那时还没文字，所以，古人只好用画图方式，直接绘出如今众所周知的八卦卦象：用"—"代表阳，用"- -"代表阴；用一套所有可能的8种三组阴阳，构成完整的符号体系，其实也可看成最早的文字表述符号。实际上，若用1代表阳，用0代表阴；那么，从数学上看，八卦的卦象就等价于0到7这八个阿拉伯数字的二进制表示，或所有可能的三维二进制向量，每个向量就代表一个卦，向量中的每个比特就代表爻，1是阳爻，0是阴爻。从形式上看，八卦成列，象在其中；刚柔相推，变在其中。从功用上看，古人希望用八卦中的阴阳变化规律，来模拟万事万物自身的变化规律；甚至希望用这些模拟的规律，去预测人间吉凶祸福；用简单的图像和阴阳的对立变化，来阐述纷纭繁复的社会现象，以少示多，以简示繁。

关于这些卦象及爻的含义，那就相当热闹了，过去数千年来，无数绝顶聪明的中国人都做了不少很有价值的研究工作，以致将八卦演绎成了形而上的哲学体系，乃至与人们的日常生活都密切相关。八卦的玄妙之处数不胜数，本书不打算重复这些深奥的内容，只是想强调：其实，任何一个符号系统，都可被注入无穷多的含义；八卦系统的含义，也是若干精英人士，经过数千年时间，从不同的角度，以不同的方式，注入不同的卦和不同的爻中；所以，八卦的含义其实相当杂乱，既有精华，也有糟粕，既有虔诚的信徒，也有混饭吃的骗子，反正，八卦这个密码系统变得越来越复杂，其破译难度也不断增大；不过，试图破译该密码的智者却从未间断过。

以周文王为代表的密码专家，就是首批试图用文字这种符号系统，去破译或解释八卦图像系统的学者。但是，客观地说，这种思路虽然会取得许多重要成果，但却永远也不会完全成功；实际上，试图用一种符号系统去解释另一种符号系统的做法，几乎都不会彻底成功，因为不同的符号系统之间，天生就具有一些数学上不等价部分，否则，它们就是同一个系统了。比如，任何一幅世界名画，即使是最权威的品鉴专家，甚至是画家本人，也都无法用文字将该画的全部含义表达出来，肯定会留下许多"只能意会，不可言传"的遗憾；而且，不同的人，甚至同一个人在不同的时间欣赏同一幅画时，也可能产生不同的意境。但是,如果给这张画取个名称,比如叫"日出",那么观众的注意力就能明显聚焦了;如果再配上适当的文字简介,那么普通观众也许就能基本看懂了;如果再有专家进行详细讲解,当然也是用文字符号系统来讲解,那么观众能体会到的奥妙就更多了。

针对八卦这种图像符号系统,周文王的破译工作主要包括:首先,给每个卦象取了一个文字名称,分别称之为"乾(☰)、震(☳)、坎(☵)、艮(☶)、坤(☷)、巽(☴)、离(☲)、兑(☱),或用歌谣表述为"乾三连,坤六断,震仰盂,艮覆碗,离中虚,坎中满,兑上缺,巽下断。"其次,对每个卦给出了卦辞(比如,乾、元、亨、利、贞等),这相当于对每幅作为图像的卦象给出了一个简介。接着,将八卦扩展为64卦,即6组阴阳构成的全部符号系统,或所有可能的六维二进制向量,每个向量就代表一个卦,向量中的每个比特就代表一个爻;于是,便有总计64卦,384个爻。最后,周文王还给所有这64个卦都分别取了卦名,给每个卦名相应地配上了简要的卦辞。由于64个卦辞的内容太多,无法在此复述;不过,卦辞的主要内容,无非涉及四个方面:(1)自然现象变化;(2)历史人物事件;(3)人事行为得失;(4)吉凶断语。卦辞的通例为,先举出暗示意义的形象,或举出用于隐喻的事例,然后写出吉凶的断语。具体可分为:先叙事而后断吉凶,先断吉凶而后叙事;单叙事而不言吉凶,单言吉凶而不叙事;或叙事、断吉凶,再叙事,再断吉凶等不同体例。卦辞涉及狩猎、旅行、经商、婚姻、争讼、战争、饮食、享祀、孕育、疾病、农牧等事项,还记载了西周初期以前的历史事件,如殷宗伐鬼方、帝乙归妹等故事。不少卦辞具有深刻的哲理。

再后来,周文王的第四子周公,还嫌父亲的破译不够彻底;于是,对所有384个爻,再加乾卦和坤卦的各一个用爻,共386个爻,都分别取了爻名；比如，初九、九二、九三、九四、九五、上九、用九，初六、六二、六三、六四、六五、上六、用六等。其中，每个爻名都由两个字组成：一个表示爻的性质，阳爻记为"九"，阴爻记为"六"；另一个表示爻的次序和位置，自下而上，分别记为初、二、三、四、五、上；比如，"初九"就表示最底端的一个阳爻，而"初六"则表示最顶端的一个阴爻等。接着，周公又给每个爻也配上了简短的爻辞，比如，乾卦的初九爻的爻辞就是"潜龙勿用"，乾卦特有的"用九"爻的爻辞就是"见群龙无首，吉"，坤卦特有的"用六"爻的爻辞就是"利永贞"。爻辞的体例内容、取材范围等与卦辞相似，许多爻辞都富有哲理，比如，"无平不陂，无往不复"（泰卦，九三爻），"三人行则损一人，一人行则得其友"（损卦，六三爻）等。至此，《易经》的《经》部就基本成型了。

又过了500多年，孔子觉得光有卦名、卦辞、爻名和爻辞，仍不过瘾，"普通观众仍看不懂这些名画"；于是，又对周文王和周公创立的《经》，给出了更加详细的解释，这便是如今名为《传》的部分，它是解释《经》部的最原始、最权威的文字。《传》由七篇文章组成，分别是《彖传》《象传》《系辞传》《文言传》《说卦传》《序卦传》《杂卦传》，加上另外四篇合成"十翼"。其中的《系辞传》最具道家特点，它总论了《易经》的大义，解释了卦爻辞的意义及卦象爻位，所用的方法有取义说、取象说、爻位说；还论述了求卦过程，解释了《经》的筮法、卦画的产生和形成，给出了4种圣人之道：察言、观变、制器（也叫成器）、筮占等。《传》的部分，内容太多，此处无意复述，但是必须指出的是，《传》的某些内容，确有夸大之嫌；比如，声称"《经》有太极，是生两仪，两仪生四象，四象生八卦，八卦定吉凶，吉凶生大业"，这显然是不可能的。不过，截至孔子的破译工作之后，八卦图像符号系统的文字符号解释，即《易经》就基本成型了。在接下来一直到今天的数千年中，众多各界人士就前赴后继地对《易经》进行了更加丰富且与时俱进的解释，当然，也仍然是用文字符号系统来解释，所以就产生了无穷多的歧义，甚至始终没有且永远也不会达成完全的共识。所以建议大家今后读《易经》时，千万别照搬任何人的一家之言；实际上，每个人每次读《易经》时，也都会有不同的感觉。

　　既然不可能用文字去完整解释作为图像符号系统的八卦，那么过去三千多年来人们的努力难道就真的白费了吗？当然不是！实际上，整个人类一直就在追求根本不可能实现的目标，比如，长生不老或无所不能；但是，在追求目标的过程中，却取得了许多有价值的阶段性成果，比如，炼金术士虽未能真的炼出黄金，但却创立了化学等现代学科。同理，中国人在追求用文字解读八卦图像的过程中，也取得了许多重要成果，以至使得《易经》成了中华文明的源头活水、安邦治国和修身养性的典籍、中国古代杰出的哲学巨著、群经之首、设教之书和"大道之源"等。《易经》改变了中国古代的文化发展轨迹，决定了今天的文化基质，奠定了中华文化的重要价值取向，对中国几千年来的政治、经济、文化等各个领域都产生了极其深刻且不可替代的巨大影响：无论是孔孟之道，老庄学说，还是《孙子兵法》，抑或《黄帝内经》和《神龙易学》等，都无不和《易经》有着密切的联系。总之，《易经》已成为中华民族智慧与文化的结晶；甚至，以八卦为代表的易学文化，还渗透进了东亚文化的各个领域，开创了东方文化的特色。

　　除周文王和周公之外，周朝初期还有另一位不可忽略的密码学家，他就是商末周初杰出的政治家、军事家、韬略家、兵家鼻祖、武圣、百家宗师、周朝开国元勋、周文王的军师姜子牙。这位生于公元前1156年左右，卒于公元前1017年左右，寿年高达约139岁的奇才，绝对是世间少见。他的先祖曾辅佐大禹治水有功，被封在申地，并姓姜；可经过夏、商两代后，姜姓后代逐渐沦为平民；待到姜子牙出世时，家境早已败落，所以，年轻时的姜子牙既当过宰牛卖肉的屠夫，也当过店小二，甚至经常无米下锅。但姜子牙人穷志不短，始终坚持学习天文地理、军事谋略；认真研究治国安邦之道，期望有朝一日能施展才华，可直到70岁时仍然一无是处，闲居在家。72岁那年，姜子牙在渭水钓鱼时，偶遇了外出狩猎的周文王；两人一见面，刚聊几句，文王就大喜过望，认定自己终于找到了盼望已久的"圣人"，于是，赶紧用自己的专车，把姜太公接回了王府，并尊为太师；这便是典故"姜太公钓鱼，愿者上钩"的来历。

为了早日灭掉商纣王，姜子牙辅佐周文王积善修德，明道行仁；对外促使文王笼络对纣王不满的其他诸侯国，并保持对商纳贡，以使纣王放松警惕；对内施爱民之策，行惠民之事，提倡生产，训练兵马。终于使得天下三分之二的诸侯国，都归心向周。周文王死后，周武王即位，并尊姜子牙为"师尚父"。军队出师之际，姜子牙左手持黄钺，右手握白旄誓师，命令说："苍兕苍兕，统领众兵，集结船只，迟者斩首。"于是，兵至盟津；各国诸侯不召自来者，有八百之多。诸侯都说："可以征伐商纣了。"但武王和姜子牙却说："时机未到，速班师而还。"又过了两年，商纣杀死了比干，囚禁了箕子，荒淫暴虐到了极点。姜子牙见时机成熟，就向武王建议，通告诸侯共同伐商。发兵时武王占卜不吉，行军途中又遇暴风骤雨，众人曾一度动摇；但姜子牙却力排众议，坚定了武王伐纣的信心。很快，周军就到达商都朝歌郊外70里处的牧野，商纣王也集结了70万兵马赶至牧野。战幕一揭开，姜子牙就亲率精锐先锋在前面挑战，随后武王率大队人马从后面攻击商军。商军虽然人多势众，但士卒与纣王离心离德，纷纷倒戈。纣王见大势已去，急忙逃回朝歌，登上鹿台，自焚而死。姜子牙引武王进入朝歌，诏告天下：商朝灭亡，周朝诞生。武王灭商后，同姜子牙等人商议，把全国分成若干侯国，由周天子分封给在灭商大业中做出贡献的姬姓亲族和有功之臣建都立国，充当周朝统治中心的屏障，即所谓"封建亲戚，以藩屏周"。姜子牙功勋卓著，被首封于齐地营丘（今淄博市）建立齐国，以稳定东方。

中国古代的兵论、兵法、兵书、战策和战术等一整套的军事理论学说，就其最早发端、形成体系、构成学说来说，都始自齐国，源自姜太公，所以说姜太公也是当之无愧的兵家宗师、齐国兵圣、中国武祖，更是密码大家。若无姜太公的军事理论及其所建立的齐国兵家，则不会有如此博大精深、智谋高超、理论完整、源远流长、绵延不断、影响巨大的中国兵学理论学说。中国古今著名的军事家孙武、鬼谷子、黄石公、诸葛亮等都吸收了姜太公的《六韬》精华；总之，姜太公的文韬武略，至今还在影响着全球的政治、经济、管理、军事、科技等。

现有文字资料显示，中国最早的保密手段就出现在姜太公的《六韬》中，其中最有代表性的密码，就是所谓的"阴符"。据说早在公元前11世纪的周武王时期，姜太公就经常使用阴符来传递机要情报。所谓"阴符"就是一种符节，由通信双方事先约定不同长度的符节所代表的意思，比如，长1尺为"大胜克敌"，长9寸为"破军擒将"，长8寸为"降城得邑"，长7寸为"敌军败退"，长6寸为"士众坚守"，长5寸为"请求增援"，长4寸为"败军亡将"，长3寸为"失利亡士"等。当然，从理论上说，阴符长度的含义，可由通信双方事先任意约定；正如任何符号系统中，符号形体所对应的含义可以事先任意约定一样。

阴符的发明过程也很有传奇色彩。据说，有一次，叛军包围了姜子牙的周军指挥大营，情况危急；姜太公令信使突围，回朝搬兵；他既怕信使遗忘机密，又怕周文王不认识信使，耽误军务大事，就将自己珍爱的鱼竿折成数节，每节长短不一，各代表一件军机，令信使牢记，不得外传。信使几经周折回到朝中，周文王令左右将几节鱼竿合在一起，亲自检验，果然那鱼竿是姜太公的心爱之物，于是文王亲率大军到事发地点，解了姜太公之危。劫后余生的姜太公，拿着那几节折断的鱼竿，突然妙思如泉涌，便将鱼竿传信的办法加以改进，发明了"阴符"。

后来，阴符的用途又得到了进一步发展；比如，阴符被用于帝王授予臣属兵权和调动军队的凭证，成了兵权的象征。一符从中剖为两半，有关双方各执一半；使用时两半若互相扣合，则表示验证可信。阴符的使用盛行于战国及秦汉时期。凡率兵出征的统帅，或带兵屯守边疆的将领，都由国君任命。在任命时，把阴符的一半交给将领，另一半留于君主。平时将领只负责带兵，用兵时必须在验证了"国君的那半个阴符与将军所掌握的那半阴符完整扣合"之后，才能生效；否则，任何人都不得擅自调动军队。历史上广为流传的"窃符救赵"故事，就是一个例证：窃得了敌方阴符的另一半，也就等于掌握了敌方的相关军队。

《六韬》中还记载了另一种信息保密手段，名叫"阴书"，它其实是"阴符"的一种改进版本，它将一封竖写的密信，横截成3段；然后，分别委派3人各执一段，于不同时间、不同路线分别出发，先后送达收件者。收件者获得了所有3段残片后，只需重新拼接，便能悉知密信的全部内容；万一某位信使被截，敌方也难知悉全部密信内容。

阴书的思路一直被全世界沿用至今，且不说司空见惯的金库钥匙管理方案，即由三人各自保管钥匙的一部分，只有三人同时到场时，才能一起合作打开金库，任何1个人或2个人都只能"望锁兴叹"；甚至在现代密码学的理论中，也仍然能看到阴书的痕迹，比如，在著名的"秘密共享算法"中，核心密钥被从逻辑上拆分为n个部分，并将它们分散给不同的管理者，使得只有当这n个保管者中的至少k

（k<n）个人同时协作，才能恢复出那个核心密钥，否则，任何其他人都不可能获得有关该核心密钥的任何信息。当然，这里的拆分是逻辑上的，而非物理上的，比如，假若核心密钥是一个数 c，那么，就可以将 c 看成某个 $k-1$ 次多项式 $f(x)$ 的常数项；然后，任选 k 个不同的数 $x_1, x_2, \cdots, x_k$，计算出函数值 $f(x_i)$，并将它分配给第 i 个保管者。于是，当任何 k 个保管者贡献出他的函数值后，大家便可得到 k 个独立的线性方程，从中便可求解出函数 $f(x)$ 的所有系数，当然也就包括那个作为核心密钥的常数项 c。秘密共享是一种将秘密分割存储的密码技术，其目的是阻止秘密过于集中，以达到分散风险之月的，是信息安全和数据保密中的重要手段。

周朝最著名的密码故事，也许要算"周幽王烽火戏诸侯"了。这位周幽王是西周的第十二任，也是最后一任君主。原来，早在商朝时，就出现了另一种同时具有通信报警和保密功能的东西，那就是妇孺皆知的烽火：白天放烟，夜间举火。烽火所表示的含义至少有六种，不仅包括有无来犯之敌，还包括敌人的数量，进犯的方向，甚至还有军情误报的处理等。其实，烽火只是一种符号，它的含义可以事先任意约定。

"周幽王烽火戏诸侯"的故事是这样的：相传，3000多年前，周朝幽王性情残暴，喜怒无常。自从绝代佳人褒姒入宫后，幽王便终日被其美色所迷，但褒姒却从来不笑，这使得幽王颇感美中不足。他曾绞尽脑汁想逗褒姒一笑，但都失败；于是，幽王下了一道圣旨：凡宫内宫外之人，若能使褒姒一笑者，赏黄金千两。奸臣虢石父想了一计，他告诉幽王："先王在世时，因南戎强盛，唯恐侵犯因此在骊山设置了二十多处烽火台，又设置了数十架大鼓。一旦发现戎兵进犯，便放狼烟，让烟火直上云霄，附近诸侯见了，就发兵来救。若要褒姒一笑，不妨带她去游骊山，夜点烽火，众诸侯一定领兵赶来而上个大当，褒姒看后必定发笑。"幽王一听，立即备了车仗，同褒姒来骊山游玩。

当时有一个诸侯，名叫郑伯友，听到此事，大吃一惊，赶紧劝阻周幽王道：先王设置烽火台是为应急之用，若无故点火，戏弄诸侯，一旦戎兵侵犯，再点烽火，有谁信之？那时何以救急？幽王不听，并令立即点火。附近诸侯看到烽火点燃，以为京都有敌进犯，个个领兵点将前往骊宫；待到骊山下时，却不见一个敌兵，只听宫内弹琴唱歌，便议论纷纷。这时幽王正和褒姒饮酒作乐，听得诸侯到来，便派人去向诸侯道谢说："今夜无敌有劳各位。"诸侯听了面面相觑，只好带了兵卒，恨恨离去。这时褒姒在楼上见众诸侯白忙一阵，不觉拊掌大笑。幽王狂喜，当即重赏虢石父。

幽王的所作所为，触怒了申国侯。申国侯便联结南戎三面包围了京都。虢石父赶紧面奏幽王："情况紧急，快派人去骊山点燃烽火，召集诸侯以御敌兵。"幽王立即派人点了烽火，但由于上次失信，各个诸侯认为天子又在开玩笑，都按兵不动。幽王等不到救兵，只好带着伯服和褒姒逃走，半路上被戎兵捉住，戎主杀了幽王、伯服，但见褒姒容貌美丽便没杀她。这就是"一笑失江山"的典故。当然，有关周幽王烽火戏诸侯的故事，目前史学家还有争议；另一种观点是：这个故事是后人杜撰的，实际上是周幽王主动侵略别人，结果兵败身亡。

2.3 宋元密码

为啥要从上节的周朝突然穿越约2000年，直接跳到宋朝呢？这当然绝不意味着春秋战国、秦汉、三国、隋唐等朝代就没有密码专家，比如，诸葛亮、曹操、司马懿等所有著名的军事家都可算作密码专家；也不意味着这期间就没有密码进展，比如，《孙子兵法》《孙膑兵法》等所有著名兵书，也都或多或少地涉及信息保密。又比如，汉朝时就发明了一种旗语密码，即利用旗帜发送秘密信号：不同的旗帜，代表战场上的不同军队。直到今天，旗语还在广泛使用；比如，利用旗帜在海上传递消息和区分船只的国籍或功能等。当然，系统性的旗语，是在拿破仑战争时期，由英国人发明的，它可实现船与岸间的消息传递。今天所用的国际海洋旗语，是1932年确立的。

但是，从纯粹的密码技术角度来看，从周朝到宋朝之间的密码突破确实不多，至少未留下任何文字方面的证据；当然，在前人基础上所做的相应改进还是非常突出的，比如，伊尹虽是使用间谍的第一人，但《孙子兵法》的第13篇"用间"，才把间谍的作用发挥到了极致。可惜，限于篇幅，本书只关注密码方面的原创技术。

比如，若从兵法角度看，《孙子兵法》的影响肯定远远超过另一本兵书《武经总要》；但是，后者却是中国最早的、涉及密码的官方著作，该书完成于北宋时期，其作者为宋仁宗时的文臣曾公亮和端明殿学士丁度；二人奉皇命于康定元年至庆历四年（1040—1044），花费了整整5年时间，才最终编成。《武经总要》是宋仁宗下令编纂的中国第一部官方兵书，成书之时距宋朝立国已有60多年，但为防止武备松懈，为提倡文武官员研究历代军旅之政及讨伐之事，便编纂了一部集当时及更早期兵器之大成的、内容广泛的军事教科书，仁宗皇帝甚至亲自核定了此书内容，并为它写了序。该书包括军事理论与军事技术两大部分：第一部分共20卷，详细反映了宋朝的军事制度，包括选将用兵、教育训练、部队编成、行军宿营、古今阵法、通信侦察、城池攻防、火攻水战、武器装备等，特别是在营阵、兵器、器械部分，每件都配有详细的插图；第二部分也按卷辑录了历代用兵故事，保存了不少古代战例资料，分析品评了历代战役战例和用兵得失等。

需要特别强调的是，《武经总要》中介绍的一种信息加密方法，叫作"字验"，它的加密、解密原理是：首先，事前约定某首五言律诗，共40个汉字。比如，约定的五言律诗是王勃的《送杜少府之任蜀州》：城阙辅三秦，风烟望五津。与君离别意，同是宦游人。海内存知己，天涯若比邻。无为在歧路，儿女共沾巾。其次，再事前约定，分别用1到40代表40种情况和要求；比如，用"1"代表"粮食将尽，请求增援"，用"2"代表"大获全胜"等。于是，若前方战场缺粮时，指挥官就根据事先约定，找到那首诗的第1个字，即"城"；然后随便写一封无关痛痒的家信，只要其中含有"城"字，并在"城"字上做一个标记。当该家信抵达后方时，收信方先找出带标记的那个"城"字，然后找到该"城"字在那首诗中的字序，即"1"；最后，再根据事先约定便知："1"代表"粮食将尽，请求增援"，于是，赶紧响应。当然，如果收到前线来信标记的字是"阙"，即诗中的第"2"个字，那么，就该准备庆功了。在"字验"密码中所用到的五言律诗，可以随时更换，只要收发双方事先约定就行了；而五言律诗多如牛毛，所以敌方很难破译该密码。

除信息加密外，《武经总要》还介绍了另外两种密码方法，它们专用于身份验证，分别称为"符契"和"信牌"。这里的"符契"，其实是"阴符"的一种改进。所谓"符"，就是皇帝的调兵凭证；共有5种符，其中虎符最为知名，它一般由铜、银等金属制成，背面刻有铭文，以示级别、身份、调用军队的对象和范围等。各种符的组合，表示调兵的多少；每个符，分左右两段：右段留在京师，左段由各路军队主将收掌。使者带着圣旨和由枢密院封印的相应右符，前往军队调兵；主将听完使者宣读的圣旨后，须启封使者带来的右符，并与自己所藏的左符进行验合，如果左右两段确实吻合，才能接受命令；然后用本将军的官印，重新封好右符，交由使者带回京师。所谓"契"，就是主将派人向镇守各方的下属调兵的凭证；共有3种契，它们都是鱼形，可分为上下两段。上段留在主将处收掌，下段交各处下属收掌。契的使用方法，类似于上述的符。符契的思路，其实一直沿用至今，比如，近代间谍史上，也还常有人把纸币钞票一撕为二，作为接头联络的工具。所谓"信牌"，就是两军阵前交战时，派人传送紧急命令的信物和文件；比如，北宋初期使用的信物，是一分两半的铜钱，后来又改成木牌，上面可以写字，它们其实就是今天各类身份证件的最初样式。

为了纪念《武经总要》对密码的贡献，在此介绍一下该书的两位作者曾公亮和丁度，毕竟他们的名气还不够大，甚至许多理工科读者都没听说过他们；而且他们在密码方面的成就应该充分肯定，不该被遗忘。

曾公亮，公元999年出生于福建省泉州市。他虽是"官二代"，但自少时起就颇有抱负，气度不凡，为人"方厚庄重，沈深周密"。23岁那年，受父命进京祝贺宋仁宗登基，深受皇帝器重，并被破格任命为大理评事；但他却立志要"从正途登官，不愿以斜封入仕"，故未赴任。果然，两年后，就考中了进士甲科及第，被授为越州会稽知县。由于受父亲"以权谋私案"的牵连，曾公亮在29岁左右，被贬到湖州酒厂任监理；数年后，才又咸鱼翻身，入京任国子监老师，后改任诸王府家教，不久升任了一大堆令人眼花缭乱的官职，比如，集贤殿校理、天章阁侍讲、知制诰兼史馆修撰等；甚至，仁宗皇帝都当面赐给他一件金紫衣，并拍着他的肩亲切道："朕于讲席赏赐你，是由于尊重宠爱儒臣。"再后来，他又升为郑州的长官；其治理才能之高，以至盗贼全都逃窜到其他州县，辖境之内竟"夜不闭户"。曾有外地高官在郑州境内丢失财物，状告到曾公亮处时，他自信道："我郑州无贼，恐怕是你随从作案吧。"结果，曾公亮真的说对了！62岁那年，曾公亮升为宰相，曾大力支持王安石变法；还代表病弱的英宗皇帝宴请辽国使者，几杯酒下肚后，就圆满解决了双方的边界纠纷；70岁时，曾公亮升为鲁国公，80岁寿终正寝。神宗闻讯后，临丧哭泣，为这位影响极大的三朝元老辍朝三日，追赠太师、中书令，谥号"宣靖"，并准其配享宋英宗庙廷。到下葬时，神宗亲自为曾公亮的墓碑题词："两朝顾命定策亚勋。"其实，除《武经总要》外，曾公亮还著有许多其他著作；比如，编撰了《新唐书》250卷、《唐兵志》3卷、《唐书直笔新例》等。曾公亮的家族，更是宋朝少见的豪门，他父亲当过刑部郎中，儿子又是右丞相；到了南宋，又有两位四世重孙位极人臣；总之，他一家几代共出了四位宰相和一位状元，人称"曾半朝"或"一门四相"。

《武经总要》的另一位作者，是北宋大臣、训诂学家丁度。他于公元990年生于河南开封，但祖籍却为河北邢台市，因为他祖父当年被契丹人俘虏，后又逃回，并徙居开封祥符县。丁度从小就努力求学，喜读《尚书》，曾草拟《书命》十余篇。21岁那年，丁度荣登进士榜眼，并被任命为大理寺评事。在官场上，他本来顺风顺水：通判通州，监齐州税，太子中允，改直集贤院，调吏部南曹，最终官至端明殿学士。但他的后半生却意外坐上了"过山车"：先是56岁时，被升为枢密副使，57岁官拜参知政事，相当于副宰相；但不久便被降职为中书舍人，数月后，又官复原职；58岁时，再被罢职，后改任观文殿学士。丁度性情淳厚，不故作威仪之态，为人讲求诚信；生活简朴，陋居十余年，身边竟无姬妾服侍；他喜欢议论国事，长年为仁宗讲解经史，以至皇帝只称他为"学士"，反而不呼其名。他不信鬼神，一次仁宗询问他对占卜的看法，他则回答说："卜筮虽是圣人所为，但只不过是一种技术而已，不如借鉴古代的治乱兴衰案例。"他与皇帝心灵相通，一次仁宗端起水杯说："朕要用中正公平的方法来统治天下。"丁度则答："臣更愿事奉陛下不会倾斜。"63岁时，丁度去世，被赠吏部尚书，谥号"文简"。除《武经总要》以外，他的主要作品还有《备边要览》《庆历兵录》《赡边录》；此外，他还参编了《礼部韵略》《集韵》等典籍。

对了，宋朝还有另一项重要的密码成果，即证明了著名的孙子定理，国际上称为中国剩余定理。该定理甚至已成为现代密码学的核心分支，公钥密码学的数学基础定理之一；但在当时，大家并不知道该定理与密码间的关系，仅将它看成是一个纯粹的数学结论。准确地说，它是中国古代求解一次同余式组的方法，也是数论中一个重要定理。它首次出现在公元5世纪的数学著作《孙子算经》卷下的第26题中，名叫"物不知数"问题，其原文为：有物不知其数，三三数之剩二，五五数之剩三，七七数之剩二。问物几何？即一个整数除以三余二，除以五余三，除以七余二，求这个整数。《孙子算经》不但首次提出了同余方程组问题，还给出了特例求解法，因此在中文数学文献中，便被称为孙子定理。到了宋朝，数学家秦九韶于1247年在其《数书九章》的《大衍类》中，对"物不知数"问题做出了完整而系统的解答。明朝数学家程大位，更将秦九韶的求解法编成了朗朗上口的《孙子歌诀》：三人同行七十稀，五树梅花廿一支，七子团圆正半月，除百零五使得知。该歌诀给出了模数为3、5、7的同余方程的秦九韶解法。意思是：将除以3得到的余数乘以70，将除以5得到的余数乘以21，将除以7得到的余数乘以15，全部加起来后减去105或其倍数，得到的余数就是答案。比如，在"物不知数"问题中，按歌诀求出的结果就是23。

最后，作为宋朝密码的结尾，简单介绍一下秦九韶，其详细介绍可见拙作《科学家列传》第一册的第29章"宋元数学四大家，混战乱世皆奇葩"。秦九韶是南宋安岳县人，公元1208年出生，他与李冶、杨辉、朱世杰一起，并称为"宋元数学四大家"。就在他出生那年，发生了三件影响中国历史走向的事件：一是宋朝与金朝签订"嘉定和议"，宋朝试图坐山观虎斗，怂恿元金两国鹬蚌相争；果然，金朝第6位皇帝驾崩，无能的绍宗继位，于是，成吉思汗在次年，立即挥戈金朝。二是忽必烈的前任、蒙古大汗蒙哥诞生。三是十字军战争的积极分子、阿拉贡国王海梅一世也紧随诞生。

秦九韶的一生很奇葩。首先，他做事很奇葩。从23岁中进士开始，终生都在当官，先后在湖北、安徽、江苏、浙江等地，当遍了诸如县尉、通判、参议官、州守、同农、寺丞等各种官职。那么，他的众多科研工作是何时做出的呢？一部分是在政务之余和抗击元朝的战争间隙，更主要的是在37至40岁时，为其母亲守孝期间完成的；因此，他的科学巨著《数学九章》完成于1247年。如果此君多有几段类似的长期空闲时间，也许会出更多、更高水平的数学成果，也许中国数学的国际地位会大幅度提高。

其次，更主要的是，这家伙做人很奇葩！当然，这并非指他是官二代，虽然他父亲也确实是南宋的大官，也不是指他本人是官迷，而是指他是一个名副其实的贪官！他在和州当官期间，利用职权贩盐，强行卖给百姓，从中牟利；在定居湖州期间，生活奢华，用度无算；在守孝结束后，又极力攀附和贿赂当朝权贵，并在51岁时，担任琼州长官，于是害得当地百姓"莫不厌其贪暴，作卒哭歌以快其去"，用白话翻译出来的大意就是："恨不能让这个贪官早点去见阎王"；离开琼州后，他又投靠了另一贪官吴潜，并得到赏识，两人狼狈为奸，关系甚密。反正，当祖国正处于内忧外患，战乱不断，随时都可能被元朝吞并的紧要关头；当老百姓在水深火热之中挣扎时，秦九韶却热衷于贪污腐化，一心谋求官职，追逐功名利禄。终于，在南宋高官的尔虞我诈斗争中，他的靠山吴潜被罢官，秦九韶也受牵连，并在53岁时，被贬至梅州，直到公元1268年郁郁而死，享年61岁。时年忽必烈采纳了刘整的计策，取襄阳以灭宋；于是，南宋的灭亡就进入了倒计时。

最后，秦九韶的历史待遇也很奇葩。如此著名的科学家，在《宋史》中竟然无传！这绝非摇摇欲坠的南宋不重视科学家，而是这位贪官捡了芝麻，丢了西瓜。

2.4 明清密码

中国的另一部密码古籍，是明末清初著名军事理论家揭暄所著的《兵经百言》，它独树一帜地通过一百个字条，继承并发展了历史上的兵家思想精华，并将之贯穿起来，构成一个较为完整的体系。该书由三部分组成：上卷智部，28个字条，主要论述了设计用谋的方法和原则；中卷法部，44个字条，主要论述了组织指挥及治军方法和原则；下卷衍部，28个字条，主要论述天数、阴阳和作战中应注意的问题等。该书提倡先发制人，故把"先"字放在通篇之首，并将先发制人的运用艺术分成四种境界：调动军队应能挫败敌人的计谋为"先声"；总比敌人先占必争之地者为"先手"；不靠短兵相接而靠预先设下的计谋取胜为"先机"；不用争战应能制止战争，战事未发应能取胜为"先天"。书中强调，"先为最，先天之用尤为最，能用先者，能运全经矣"，并研究了"致人而不致于人""兵无谋不战""不战而屈人之兵"和"先发制人"的内在联系，充分体现了在战争中积极进取的强烈竞争意识。

《兵经百言》提倡朴素的军事辩证思想，力主灵活用兵，认为"事变幻于不定，亦幻于有定，以常行者而变之，复以常变者而变之，变乃无穷。"书中用"生""变""累""转""活""左"等字条，从各个方面阐述了变与常的辩证关系，强调了敌变我变的权变思想。其中"转"字条里提出了反客为主，以逸待劳的转化思想；这在兵法的单独词条中，当属首创。该书理论明确，深入浅出，篇中百字，可谓字字珠玑。百字内容，相互贯通，互为表里，互相对应，互相补充，先看后看，都给人启迪，有茅塞顿开之感；其中的哲理警句，也耐人寻味。

《兵经百言》的思想内容很丰富，且不杂抄硬拼，语言也很简练。首先，它科学地解释了古代的天文术数，认为风雨云雾是一种自然现象，天意或与鬼神等术数无关，但人们可以利用这些现象为自己服务。书中认为，恶劣气候往往是进攻的好时机；战争胜负与术数无关，是人决定"气数"，而非"气数"决定人。它既主张以人事和时务来制定战争决策，又主张假借鬼神而用兵，以鼓舞军心，沮丧敌人士气。其次，它明确提出了军事相关事物既彼此对立又相互依存的思想，比如，在论述以计破敌时，强调我用计，敌亦用计，我变敌亦变，只有考虑到这一点，才能高敌一筹，战而胜之。最后，认识到事物之间的相互变化，主张以变制变，活用兵法。认为"动而能静，静而能动，乃得兵法之善"。阴阳、主客、强弱都处在不断变化中，指出用兵要善于随机应变，因敌之巧拙，因己艺之长短，因将之智愚，因地之险易而灵活用兵。

《兵经百言》特别重视信息保密，强调"谋之宜深，藏之宜密"；而且，还专门有一字条"秘"，论述了密码的重要性，其原文是："谋成于密，败于泄。三军之事，莫重于秘。一人之事，不泄于二人；明日所行，不泄于今日。细而推之，慎不间发。秘于事会，恐泄于语言；秘于语言，恐泄于容貌；秘于容貌，恐泄于神情；秘于神情，恐泄于梦寐。有行而隐其端，有用而绝其口。然可言者，亦不妨先露以示信，推诚有素，不秘所以为秘地也。"其大意是：保密是军务的重中之重，泄密必败。一人知道的东西，不能让两人知道；明日才能公布的消息，今天不能泄密；密事易于被言语泄露，密言易于被外貌泄露，密貌易于被神情泄露，密情易于被梦话泄露。行动不能暴露端倪，功用也不宜乱说。即使对可讲之人，也不妨先试试他是否可信。

《兵经百言》中的"传"字条里，更总结了古代军队的保密通信方法。其原文是："军行无通法，则分者不能合，远者不能应。彼此莫相喻，败道也。然通而不密，反为敌算。故自金、旌、炮、马、令箭、起火、烽烟，报警急外；两军相遇，当诘暗号；千里而遥，宜用素书，为不成字、无形文、非纸简。传者不知，获者无迹，神乎神乎！或其隔敌绝行，远而莫及，则又相机以为之也。"其大意为：军队分开行动后，若相互间不能通信，就会打败仗；若能通信，却不能保密，也要被敌人暗算。所以，除用锣鼓、旌旗、骑马送信、燃火、烽烟等联系外，两军相遇时还要验对暗号，即口令。当军队分开千里之遥时，宜用机密信件进行通信。机密信分为三种：改变文字的常规书写或阅读方式，比如，替换或置换；隐写术，让敌方看不见保密信息在哪里；把文字写在出人意料之处，比如，写在服饰或人体上等。总之，要采用保密的通信方式，甚至使得信使都不知道信中内容，但收信人却可以根据事先的约定，读懂秘密信息。

《兵经百言》的作者名叫揭暄，1613 年生于广昌。这位奇才从小就立志高远，既慷慨又任性，特别喜欢谈论兵法。早在学生时代，就精研了诸子、诗赋、数术、天文、军事、岐黄等百家内容，且非常留心世事，常常闭门独自精思，探求事物要妙，被誉为"才品兼优，德学并茂"。揭暄既善于借鉴和继承前人经验，又善于另辟蹊径将它们总结发展，推陈出新。作为军事理论家，他发现，过去的兵法，有传无经，支离破碎；特别是，许多军人死抱前人兵训，祖传阵法，不知权变。于是，便以一百字，将各种兵法思想和作战方法等进行归纳，将其精华融会贯通，写成了前无古人的《兵经百言》。作为抗清名将，当清军攻陷南京后，他与父亲举兵抗清；那时，父子二人赫赫名声，响震江闽之间，与南明兵部侍郎的抗清大军互为犄角之势。抗清期间，他还向明唐王建言了许多有关天时、地势、人事，以及攻、守、战、御、机要等方面的重要策略，均被采纳，并被授予兵部职方司主事；一年后，又前往江西安抚阎罗总诸营；可到瑞金后，揭暄惊闻父亲殉难，遂悲痛而归。此后便隐居不出。其间，清康熙屡召他入仕，他则以年迈推辞，只潜心研究，考据精核。比如，为精察辨明宇宙的奥秘，他博览群籍，日夜观察天象，精心考据，于康熙二十八年（公元1689年）著成《璇玑遗述》10卷，不仅阐发了天文方面的惊人创见，还独立提出了天体自转的思想，更体现了渊博的数学知识。作为科学家，他绘测了月面图，测定了潮汐起落时间，并提出了宇宙无限说等，其真知灼见，为海内外学者所推崇。此外，揭暄的非军事著述还有《性书》《昊书》《二怀篇》《道书》《射书》《帝王纪年》《揭方问答》《周易得天解》《星图》《星书》《火书》《舆地》《水注》等，这些经典著作广泛涉及天文、地理、历史、哲学、数学各个领域。1695年，揭暄抑郁而终，享年82岁。

到了明清时代，密码已在民间的商用中开始逐渐普及了；所以，作为本节的结尾，我们再介绍一个真实的、比较系统的密码故事，即山西票号的密码故事。所谓票号，其实就是银两的远程汇兑机构：某商人欲从甲地汇银两到乙地，他首先到某票号在甲地的店铺中存入银两，然后店铺掌柜就给该商人出具一张票据；最后，该商人自己或其亲友，便可前往该票号在乙地的某个店铺，并凭借该汇票取出自己的银两。如果骗子造出了一张假汇票，并凭此取走了银两，那么该票号就亏了；所以，票号就必须想办法杜绝假票。

中国第一家票号——日升昌，诞生于清道光三年的山西省平遥县。当时的平遥，商铺林立，票号通达，唯日升昌的创立，才使山西逐渐形成了一个强大的票号商家集团。日升昌的兴盛与发展为当时的中国金融领域开辟了一条安全、便捷的流通之路。日升昌的独到之处在于，它运用了密码手段来保障异地远程兑取汇票的安全性，避免骗子以虚假汇票来套取银两。

日升昌采用了两种密码措施：一是生理特征密码。为防止假冒，接收汇款的票号要根据顾客的要求，在写给承兑款项的分号的信中，要标明持票前往承兑人的年龄及相貌特征，以便兑付时识别。二是笔迹特征密码。由于模仿笔迹很困难，故票号要用专人书写汇票，其笔迹要通报各分号，并让各分号都能熟悉辨认。如果更换了书写汇票的人，则必须立即通知各分号笔迹，以便辨认。

更绝的是，日升昌利用诗歌当密码，把汇兑的银两数字，巧妙地隐藏在其中：首先票号经营者创造了以汉字代表数字的密码，即用汉字代表数字的10个数字及一年12个月和每月30天的代码。比如，全年12个月的代码为"谨防假票冒取，勿忘细视书章"。每月30天的代码为"堪笑世情薄，天道最公平，昧心图自利，阴谋害他人，善恶终有报，到头必分明"。代表银两10个数目的代码为"赵氏连城壁，由来天下传"或"生客多察看，斟酌而后行"。代表万、千、百、两的数字单位为"国宝通流"。

所以，票号在5月15日汇银300两，加密后的代码就是：冒利连通流。若不知此秘密的伪造者，即使他通过外貌和笔迹等关口；如果他直接在汇票上写明"5月15日汇银300两"，那么，他也照样露馅了。

最后，作为明清密码的结尾，下面介绍一个可作为反面教材的图像密码，即所谓的"中华第一大预测奇书"——《推背图》。传说该书是唐太宗李世民为推算大唐国运，下令由当时两位著名道士李淳风和袁天罡编写的。全书共有60象，每象以干支为序号，主要包含：一个卦象、一幅图像、谶语和"颂曰"律诗一首，共四个部分。它声称能预测从唐开始之后数千年，一直到未来世界大同，即将发生的重大社会历史事件；而且，更搞笑的是，明末清初的著名文学家、文学批评家金圣叹，还真的花费了大量精力和时间，以"事后诸葛亮"的方式，针对几乎每一个象，在全球的历史事件中找到了"能与各象对应得天衣无缝"的事件。猛然一看，绝对唬人，以为世上真有如此神奇的卦图密码；但是，若从符号系统的角度来看，这纯粹是一种游戏。换句话说，一方面，图像符号系统，不可能用文字符号系统来完整解释，这一点我们在《易经》那节中已经解释过；另一方面，随意乱涂一幅画，肯定都能找到现实生活中的某一件事，使得能够用文字将这幅画和这件事的某些情节，天衣无缝地关联起来。于是，算命先生便可声称，画中隐藏的密码，就精准预测了那个现实事件；其实，这种歪解并不难，当然要想解得像金圣叹先生那样美妙，也肯定不容易。当然，这也从另一个侧面说明：若用图像密码去隐藏文字密码，那绝对是游刃有余。

2.5　游戏密码

本章前面各节所介绍的各种密码，都有比较准确的来源考证；但在中国历史上，还有许许多多虽然众所周知，但却无从考证其根源的密码，特别是那些基于文字处理技巧的密码；它们便是本节的主角。实际上，无论国内还是国外，密码与文学都有千丝万缕的联系，毕竟，文字是几乎所有密码的载体；虽然没人能说清它们的来龙去脉，更不知相关发明人，但下面还是分别对它们做一些简要介绍，各位读者就当是课间休息，享受一下古人的聪明智慧吧。

字序加密：汉字作为典型的方块字，字序的调整便成了一种有趣的加解密方法。比如，对普通人来说，肯定读不懂下面这 20 个汉字：
"春生此国物多君豆愿红，枝来采发南几最相撷思"。但是，对王维
的粉丝来说，他几乎立即就能完成解密工作；实际上，只需简单地移
位，这 20 个字就恢复成了唐代著名诗人王维的代表作《相思》：红豆
生南国，春来发几枝？愿君多采撷，此物最相思。

反切法加密：它是一种语音加密手段。所谓"反切"，是汉字
的早期注音方式，现在已不再使用了，所以这里也不打算费笔墨来
复述，否则就容易跑题或把读者搞糊涂了。反切法加密的原理就
是：将待加密的每个汉字（比如 X），拆分成两个汉字（比如，Y 和
Z），使得 X 和 Y 有相同的声母，同时 X 和 Z 有相同的韵母；而收信方
在收到两个汉字 Y 和 Z 后，只需将 Y 的声母与 Z 的韵母重新拼读，就知
道了明文 X 的发音。虽然单个字的发音可能会出现歧义，但一长串明
文字的发音都知道了后，也就能直接把明文恢复出来了。曾经，反
切法加密在民间很普遍，甚至还被用于军事活动中；比如，传说戚
继光在福建领兵抗倭时，就曾以反切法加密当地的方言，来传递保
密信息。

析字法加密：这是一种利用中文特殊字形的加密手段。实际上，
汉字的构造方法主要有六种：象形、指事、会意、形声、转注、假
借。汉字可分为音、形、义三种。因此，自古就出现了一种名叫"析
字格"的游戏式隐语，即加密手法。比如，《后汉书·五行志》就用
"千里草，何青青；十日卜，不得生"这样一首诗，来暗骂董卓；
因为，"董"字拆开后就是"千里草"，而"卓"字拆开后就是"十
日卜"。又如，宋代《世说新语·捷语》中，就用"黄绢幼妇外孙
齑臼"这八个字，来暗喻"绝妙好辞"四个字。具体的解法是：实际
上，"黄娟"是色丝，即为"绝"字；"幼妇"为少女，即为"妙"
字；"外孙"为女子，即为"好"字；"齑臼"为受辛，就是古字

"辟（辞）"。此类加密法，在古代军政活动中，也有真实的运用案例。比如，传说唐中宗即位后，武则天以皇太后名义临朝听政，不到两个月又废掉唐中宗，立李旦（唐睿宗）为皇帝；但朝政大事，却均由武则天自己专断。因此，引发众怒：徐敬业聚兵10万，于扬州起兵，反抗武则天；裴炎则在朝中，为徐敬业做内应，并以析字法加密，为徐敬业传递秘密信息。后因有人告密，裴炎被捕，其未发密信落到武则天手中。而这封密信中，却只有"青鹅"二字，群臣对此大惑不解。最后，武则天破解了"青鹅"的秘密："青"字拆开来就是"十二月"；而"鹅"字拆开来就是"我自与"。密信的意思是让徐敬业等率兵于12月进发，裴炎在内部接应。"青鹅"被破译后，裴炎遂被杀；接着，武则天派兵击败了徐敬业等的武装反抗。

隐语法加密：这是一种词汇加密手段。实际上，隐语也称暗语，把秘密信息变换成字面上有一定含义，但又与该秘密信息完全无关的话语。这是一种沿用时间很长，应用范围很广的自然语言保密方法。比如，至今每年元宵节的众多灯谜、夜间联络口信、土匪黑话等，其实都是隐语加密的结果。《左传·宣公十二年》也记载了春秋时期的一则隐语加密实例：传说，楚子欲攻打弱小的萧国，萧国大夫还无社，赶紧向楚国大夫申叔展求计。为避免被偷听，申叔展用隐语"麦麴"、"山鞠"和"风湿病"等，从多个侧面提示对方"藏在井里"；果然，第二天萧国惨败，申叔展救出了藏在井中的还无社。

藏头诗密码：在中华诗歌百花园里，除常见的正体诗词以外，还存在大量的异类诗歌，比如，回文诗、剥皮诗、离合诗、宝塔诗、字谜诗、辘轳诗、八音歌诗、藏头诗、打油诗、诙谐诗、集句诗、联句诗、百年诗、嵌字句首诗、绝弦体诗、神智体诗等40多种。这些杂体诗各有特点，虽然均有游戏色彩，但几乎都可在某种程度上被用作密码。不过，为简洁计，下面只介绍基于藏头诗的几个密码例子。

《水浒传》中，梁山为了拉拢卢俊义入伙，"智多星"吴用和宋江便生出一段"吴用智取玉麒麟"的故事来，利用卢俊义正为躲避血光之灾的惶恐心理，口占了四句卦歌："芦花丛中一扁舟，俊杰俄从此地游。义士若能知此理，反躬难逃可无忧。"而该卦歌中，每个诗句的头一个字放在一起，便组成了"芦俊义反"；后来，卢俊义真的就被迫造反了。

当然，藏头诗并非只是藏头，还可以有多种藏法。实际上，藏头诗的形式至少还有：散文藏头诗、叙事藏头诗、五言藏头诗、七言藏头诗、哲理藏头诗、自然藏头诗、古代藏头诗、现代藏头诗、祝寿藏头诗、生日藏头诗等。相关诗例，此处就不一一罗列了。

字谜藏密：由若干字谜，也可隐藏信息。比如，悔意无心空对，就是"每"；大哥头上有条，就是"天"；接受又离友来，就是"爱"；单身贵族尔相，就是"你"；朝夕相对盼夕，就是"多"；情人别离影孤单，就是"一"；二人相逢在此处，就是"些"。将上述字谜的谜底合起来，便是"每天爱你多一些"。

字序藏密：利用字序，也可以隐藏秘密信息。比如，《赏荷》一诗，按正常顺序读出来便是："扬歌轻舟藏处远，影红缀流映青天。香荷沃野遍翠绿，翔鸭戏水荡风闲。"但是，如果将该诗从后到前，反序读出，它便是另一首诗："闲风荡水戏鸭翔，绿翠遍野沃荷香，天青映流缀红影，远处藏舟轻歌扬。"

句序藏密：利用句序，仍可以隐藏秘密信息。比如，若按正常顺序阅读，那么，你将从下面的对话中，看到一对如胶似漆的热恋鸳鸯。

女：你真的爱我吗？

男：当然，苍天做证！

女：我会失望吗？

男：不，绝对不会！

女：你会尊重我吗？

男：绝对会！

女：你不会说话不算数吧？

男：不要太疑神疑鬼了！

但是，同样是这几句对话，如果你从最后一句开始，逆序读到第一句；那么，你将发现，这对男女其实正在进行着分手前的骂架呢。

环形回文诗：将下面的20个汉字"云霾痛惊漫贫毒风隐叹吟哭胸心断病雾黑尘烟"首尾相连，排成一个环形；然后，从该环中的任何一个字开始，无论是顺时针还是逆时针，都可读出不同的五言四绝诗，因此，总共可读出40首诗。比如，从"霾"字开始，顺序阅读便可得到这样的诗：霾痛惊漫贫，毒风隐叹吟；哭胸心断病，雾黑尘烟云。从"尘"字开始，逆序阅读便可得到另一首诗：尘黑雾病断，心胸哭吟叹；隐风毒贫漫，惊痛霾云烟。读者可以自行读出其他38首诗，此处就不浪费篇幅了。

苏轼"璇玑诗图"：将29个字组成图2-1中的菱形，外圈任取一字开始，顺时针或逆时针读之皆可，能得五言绝句三十首；圈内十字交叉的十三个字，纵读、横读、逆读，可得七言绝句四首；以中间的"老"字为枢纽，左右上下旋读，又可得诗若干首；若将所有二十九字任取一字随意回旋，取其押韵，还能得诗若干首。以这二十九字反复变化，可读出七、八十首诗来。

图2-1　苏轼"璇玑诗图"

三言版"棋盘格璇玑图"：将41个汉字，分两种字体，排成图2-2所示的图形。从任何一个黑体字开始，沿任何一条直线顺序阅读，直到读完四句后，就可获得一首"三言四绝诗"；同时，该诗逆向阅读后，也得到另一首"三言四绝诗"。按此法，便可读出3万余首三言四绝诗和更多（40多亿）的三言韵文。

妻	仙	嫣	**姐**	懒	贱	**妾**
妍	淡		廉		奸	艳
腼		恬	俭	欢		馋
弟	闲	谦	**爷**	叛	悍	**爹**
安		瘫	憨	烦		喘
健	忐		变		癫	惨
子	贤	严	**哥**	贪	善	**姨**

图2-2　三言版"棋盘格璇玑图"

比如，若以"妻"开头，便至少可读出如下的"三言四绝"诗：

妻仙嫣，姐懒贱；妾艳馋，爹喘惨。

妻仙嫣，姐廉俭；爷憨变，哥严贤。

妻淡恬，爷叛悍；爹馋艳，妾贱懒。

妻妍腼，弟闲谦；爷俭廉，姐嫣仙。

妻妍腼，弟安健；子贤严，哥变憨。

将它们反序阅读后，分别变成：

惨喘爹，馋艳妾；贱懒姐，嫣仙妻。

贤严哥，变憨爷；俭廉姐，嫣仙妻。

懒贱妾，艳馋爹；悍叛爷，恬淡妻。

仙嫣姐，廉俭爷；谦闲弟，腼妍妻。

憨变哥，严贤子；健安弟，腼妍妻。

五言版"棋盘格璇玑图"：将73个汉字，用三种字体排成图形，如图2-3所示。然后，从任何一个黑体字出发，沿任何一条直线顺序阅读，直至读完四句为止，便可获得一首"五言四绝诗"，同时，该诗逆向阅读后，也得到另一首"五言四绝诗"。欢迎有兴趣的读者自行阅读。

妻	仙	桃	花	嫣	姐	懒	猪	狗	贱	妾
妍	淡			廉				奸		艳
羞		温		勤		猴			心	
月			和	劳		狐			嘴	
腼				恬	俭	欢			馋	
弟	闲	云	风	谦	爷	叛	雷	电	悍	爹
安			雍		憨	烦				喘
龙			手			猫		痴		吸
虎			心			熊			疯	呼
健	志				变				癫	惨
子	贤	规	法	严	哥	贪	德	道	善	姨

图2-3 五言版"棋盘格璇玑图"

七言版"棋盘格璇玑图"：将105个汉字，分三种字体排成图形，如图2-4所示。然后，从任何一个黑体字出发，沿任何一条直线顺序阅读，直至读完四句时，就可获得一首"七言四绝诗"，同时，该诗逆向阅读后，也得到另一首"七言四绝诗"。欢迎有兴趣的读者自行阅读。

```
妻 仙 女 桃 花 妹 嫣 姐 懒 惰 猪 狗 低 贱 妾
妍 淡             廉             奸 艳
羞 雅       美             猴       心
月     和     勤         狐         嘴
花       温     耕       鬼           手
闭         娴     洁     神           眼
腼             恬 俭 欢             俊
弟 闲 柳 细 云 风 谦 爷 叛 雷 鸣 闪 电 悍 爹
安             雍 憨 烦             喘
龙           手   猫   痴           呼
虎         脚     熊     疯         吸
凰     心       仔         野       胸
凤   肠         免           狂     肺
健 志           变             癫 惨
子 贤 方 圆 规 法 严 哥 贪 仁 义 德 道 善 姨
```

图2-4　七言版"棋盘格璇玑图"

五言版"蝴蝶璇玑图"：将28个汉字，分三种字体排成图形，如图2-5所示。若从任何一个黑体字开始，按"**黑**、*行*、宋、宋、*行*"字体的顺序，串读四句后，就可得到一首诗。同理，从任何一个行楷字开始，按"*行*、宋、宋、*行*、**黑**"的顺序，串接四句后，就可得到另一首诗。此外，将上述两种读法混合后，仍可得到一首诗。欢迎有兴趣的读者自行阅读。这样能读出多少首诗呢？其精确数字非常吓人，它竟然能读出天文数字（$2^{88}-1$）首诗。

爹	贤	子	孙	虔	爷
廉	俭			谦	闲
惜		尊	敬		母
爱		崇	奉		慈
简	健			善	甜
妾	艳	辉	映	绚	姐

图2-5　五言版"蝴蝶璇玑图"

七言版"蝴蝶璇玑图"：将40个汉字，分四种字体排成图形如图2-6所示。然后，从任何一个黑体字开始，按"黑、行、宋、彩、彩、宋、行"字体的顺序，阅读紧邻的那个字，如此重复4次，便可得到一首七言四绝诗；并且该诗逆向阅读后（即阅读顺序变为：行、宋、彩、彩、宋、行、黑），仍可得到另一首七言四绝诗。欢迎有兴趣的读者自行阅读。

眼	明	闪	彩	蝶	飘	长	发
媚	亮					柔	香
飞		跳			抖		甩
孤			舞	衣			魂
仙			歌	袖			魄
吻		唱			扬		羞
红	甜					粉	圆
嘴	小	亲	花	桃	娇	霞	脸

图2-6　七言版"蝴蝶璇玑图"

当然，历史上最著名的璇玑图，当数前秦时期的才女苏蕙所做的那篇璇玑图；它总计841个汉字，纵横各29字，纵、横、斜、交互、正、反读或退一字、迭一字读皆可成诗，诗有三、四、五、六、七言不等，甚是绝妙，广为流传至今已超过千年。不过，由于该图太大，且在网上可轻松找到，所以这里就不介绍其细节了。但是，历史上的无数文人墨客，都曾想创作出第二幅这样的大型璇玑图，但都以失败告终。而本书作者，从密码破译角度出发，借助计算机和数学理论，终于破译了苏蕙的这幅璇玑图，使得从今以后，任何人按照我们的算法，都可以轻松创作出这样的大型璇玑图；而前面介绍的各种"棋盘格璇玑图"和"蝴蝶璇玑图"则只是作者在破译苏蕙璇玑图过程中得到的副产品。限于篇幅，相关细节就不再介绍了。

此外，还有许多其他稀奇的密码。

声音加密：所有响亮的声音都可用来实现远程通信，同时也隐含秘密信息。刚开始是鼓声，后来又有铃声或各种喇叭声等。这种保密通信手段，不论白天和黑夜，在大多数天气状况下均可使用。当然，除中国之外，在很多国家的文化中，击鼓也与各种仪式有关；在非洲和北美洲尤其显著，所以不同节奏和声调的区域性含义，便逐渐形成；在一定的时空范围内，这些声音的密码含义还是相当确定的。当然，有时鼓声也是恐吓对方（人或野兽）的方式。

镜子加密：利用镜子等反射阳光，也是一种古老的通信和加密方式，其信号的含义可以事先任意约定。尤其在偏远地区，它更具定向传递的优势。甚至，直到20世纪下半叶，国内外许多现代化军队，还使用日光反射信号器作为信号装备的一部分。

中国古代的密码还有很多，当然无法全都介绍；实际上，在中国古代，有的密码甚至不择手段，比如，将机密消息写在薄绸或纸上，然后卷成小球用石蜡封好，再加以隐藏，甚至吞到肚里，或塞入肛门。以类似方式隐藏消息的技术，叫隐藏术。

第3章

近代密码

随着社会的发展，密码在军政及社交等活动中开始扮演越来越重要的角色，甚至成为各国的战争利器；所以就出现了专职的密码编码者和破译者，他们就是今天密码学家的祖先；同时也出现了专门从事密码研究的场所，称为"黑室"，它们就是如今的密码机房的祖先，即己方的所有密码都在这里编码，而且截获的敌方密码也被送到这里，由密码专家实施破译工作；还出现了专用的密码编码和破译机器，它们就是如今各类计算机的祖先，因为无论是加密还是解密，其本质都是各种计算。本章将从人物、事件、算法和设备等角度，介绍近代密码的发展情况。

3.1 专业密码研究者

在近代之前，从事密码编码和破译工作的人员，几乎都是兼职的，无论是时间、精力或条件，都没法得到充分保障，所以在对应于"黑暗中世纪"这段时间里，若从学术角度来看，全球的密码研究几乎都处于停滞状态。直到欧洲文艺复兴后，密码发展才开始突飞猛进。

有文字记载的首位全职密码破译人员，产生于1506年成立的、统治威尼斯的"十人委员会"。该委员会由总督和9名委员组成，拥有很大的权力，包括：法律的制定权，执政官的统治大权，控诉的判决权，献祭的施行权，以及公共土地的分配权等。只有相关领域的顶级权威，才能被选入该委员会。而且需要特别强调的是，该委员会竟然专门设置了一个岗位，叫"密码秘书"，由此可见那时的密码已相当受重视了。为啥会如此呢？原来，当时正在打仗，意大利各城邦的特使们，都采用了加密信息来彼此交流。因此，政府就雇用了一大批密码专职人员，负责破译截获的各种信件。

"十人委员会"的首任"密码秘书"，也是首位全职密码破译者，名叫乔凡尼·索罗，他专门负责破译威尼斯敌对国家的密码。他是当时最伟大的密码破译师，其影响最大的密码破译事件是这样的：大约在1508年，正当神圣罗马帝国皇帝马克西米利安一世的军队严重威胁到威尼斯共和国时，索罗刚好破译了对方军官马克·安东尼·科隆纳的一份密电。在该密电中，发报者希望申请2万达克特金币，并请求罗马皇帝亲临战场，以鼓舞士气。根据该密电，威尼斯人推知，罗马军队已成强弩之末了，这当然就大大增强了威尼斯的底气，并最终取得了胜利。于是，索罗的威名传遍了整个意大利，以至罗马教皇都前来请他破译一些特殊的、其他密码学家无法破译的密码。

当然，索罗在破译密码时，也有自己的原则，比如，1510年，罗马皇帝与教皇的联盟破裂，教皇教廷便聘请索罗担任密码破译员；然而，索罗肯定会优先忠于威尼斯。有一次，教皇请他破译一份来自佛罗伦萨的密码时，他就假装无能为力，因为他不想破译自己祖国的密码；当教皇知道缘由后，再遇类似的密码破译任务时，教皇就给索罗安排两个助手，并将他们一起锁进"黑室"，直到成功破译密码后才准离开；果然，从此以后索罗就再也没出现过"无能为力"了。索罗还在威尼斯的一所学校里开设了密码课程，并举行了密码编码与破译大赛，撰写了相关教材；可惜，这些教材均已失传。1544年，索罗去世；如今，他已被誉为"近代密码之父"。

对许多人来说，密码破译工作相当枯燥乏味，但也有例外；比如，法国密码学家菲利伯特·巴布（1484—1557）就是一位"要密码，不要美人"的典型。巴布本来受聘于国王弗朗西斯一世，专门从事密码破译工作；可是，他太醉心于密码，长期沉溺于破译，以至国王拐走了他那位漂亮的妻子，把她变成了自己的情妇。当然，早期的密码确实很像文字游戏，所以对某些特殊人群来说，真的很容易上瘾；难怪在后来的一战和二战期间，同盟国在大批招聘密码破译人员时，入选的首要条件竟是：是否乐于和善于玩填字游戏。

在近代密码破译者的列表中，还必须谈及另一位号称当时"最杰出密码破译者"的约翰·沃利斯。他曾任英国议会的首席密码学家，由此可见，17世纪时的英国是何等重视密码，竟在议会中专门设置了"首席密码学家"这个职位。

1616年12月3日，沃利斯生于英格兰的一个名人之家。他父亲在当地很受尊敬，可惜就在沃利斯6岁那年，父亲却去世了。9岁那年，他开始上小学，学习了拉丁语、希腊语、希伯来语和逻辑学等课程，但当时学校并未开设数学课。直到15岁那年的圣诞假期，他才从哥哥那里首次接触到了算术，从此就爱上了数学，并于次年考入剑桥大学伊曼纽尔学院，广泛选修了包括地理、天文、伦理学、形而上学、医学和解剖学等课程。在大学期间，沃利斯非常善辩，以至当堂驳倒了老师正在讲授的"血液循环革命理论"。21岁时，他获得了文学学士学位；接着又用三年时间，获得了硕士学位；后来又获得了神学博士学位。28岁时成为牧师，随即开始展露卓越的数学才能；不过这时他的研究领域还主要限于文科，撰写了不少宗教文章，出版了多部涉及神学、语法学和逻辑学的专著。

29岁那年，他婚后定居于伦敦。也正是在这里，他对数学越来越着迷；终于在33岁那年，被任命为牛津大学"萨维尔几何学教授"，从此就在这里任教50余年，成了现代数学和密码学的先驱；其实，他在受雇于英国政府从事密码破译工作时，所用的许多工具都是他的数学成果。换句话说，在一定程度上，密码破译的挑战，促进了他的数学研究，使他在代数方面奠定了幂的表示法，并将幂指数从正整数扩充至有理数，首次提出了方程的复数根概念；在微积分方面，更做出了重大贡献，比如，求出了多项式的积分，发现了计算圆周率的"沃利斯公式"，发明了无限大符号；在无穷级数方面，推动了牛顿创立微积分和二项式定理等。

有人对沃利斯和比他年轻27岁的牛顿进行了全面比较，发现他俩有许多相似之处：不但都是剑桥大学的校友，都对微积分有所贡献，都担任过数学教授，都善于行政管理工作；而且两人共同在世的时间长达60年，且彼此了解对方的成就，还有过书信往来。17世纪60年代，年轻的牛顿还读过沃利斯的两部数学著作，并做了不少注记。此外，作为审稿人，沃利斯还编辑过牛顿的许多作品。不过，在对待论著发表方面，他俩的态度却泾渭分明：沃利斯喜欢抢先发表，而牛顿则习惯按兵不动；以至在17世纪90年代，沃利斯不得不致信牛顿，气愤地批评他未将微积分成果发表出来，并敦促牛顿无论如何都要将其著作《光学》尽快发表。沃利斯在信中写道："我的这些批评，也适用于你的其他秘而未宣的成果。"沃利斯之所以对牛顿如此不客气，是因为他的人生终点快到了。确实，就在牛顿的《光学》发表前一年，沃利斯于1703年10月28日去世，享年87岁。

沃利斯还是英国皇家学会的创始人之一。从17世纪40年代起，他就经常与其他科学家在伦敦、牛津等地聚会，一起做实验，一起讨论自然哲学新进展。在牛津，他与著名科学家波义耳和威尔金斯等人过从甚密。英国皇家学会于1660年成立后，沃利斯更成了积极分子，并在《皇家学会哲学汇刊》上发表了不少论文，内容广泛涉及潮汐研究、温度和气压的测量、天文学、极端天气事件、运动定律等。沃利斯的本事很大，脾气照样也很大；他曾与另一位同样怪癖的科学家，在《皇家学会哲学汇刊》上公开论战，谁也不服谁，谁也不客气。这场论战把皇家学会会员分裂成两大阵营，甚至差点让皇家学会倒闭了。

在密码发展史上，最早被专业化的是密码破译工作。因为与密码编码相比，密码破译的难度通常要大得多得多，所以最好由专业人员来完成。而密码的编码工作，则经常是由用户自己，按照某部编码书的指导，或既有的思路来实施的。作为本节的后半部分，下面就来介绍三位密码编码学者，培根、阿尔伯蒂和特里特米乌斯。

其中，第一位密码编码学者的全名叫罗杰·培根，简称培根，他虽不是提出"知识就是力量"的那位培根，但也仍是一位难得的奇才。他早在13世纪就撰写了欧洲的第一本密码技术专著《关于艺术的秘密和魔法的无效》，概括了七种信息保密方法，比如，利用异国文字、缩写符号或特殊符号来加密等。培根在密码编码方面的主要成就在于，他设计了一种二进制密码，即只需2个不同的符号来加密消息。具体来说，将26个英文字母A，B，…，Z分别用a，b两个小写字母的五元组来代表，见表3-1。于是，对明文消息中的每个字母，分别用各自的上述5元组来代替就行了。比如，若要对"hello"加密，那么，相应的密文便是aabbbaabaaababbababbbaaaa。显然，该密码是一种低效率的单表代换密码，其优势在于它拥有较好的隐藏性。

表3-1　26个英文字母对应的五元组

英文字母	五元组	英文字母	五元组	英文字母	五元组
A	aaaaa	B	aaaab	C	aaaba
D	aaabb	E	aabaa	F	aabab
G	aabba	H	aabbb	I	abaaa
J	abaab	K	ababa	L	ababb

密码简史

英文字母	五元组	英文字母	五元组	英文字母	五元组
M	abbaa	N	abbab	O	abbba
P	abbbb	Q	baaaa	R	baaab
S	baaba	T	baabb	U	babaa
V	babab	W	babba	X	babbb
Y	bbaaa	Z	bbaab		

　　培根于1214年生于英格兰的贵族家庭，约于1230年进入牛津大学，同时学习了几何、算术、音乐、天文等四个学科，还经常阅读亚里士多德的著作等。毕业后留在牛津大学任教，并于1241年在巴黎大学获得文学硕士学位，然后在巴黎大学文学院讲课，1247年以修士身份回到牛津，并自费置办了一个完整的实验室，致力于科学研究。他具有广博的知识，素有"奇异博士"之称；他不相信纯粹的推理演绎，坚持用实验数据说话。他对光的性质和虹的研究颇有独到之处，提出了眼镜的制作方法，阐述了反射、折射、球面光差的原理，设想了飞机、电动船、汽车、显微镜和望远镜等先进事物。他利用镜子和透镜在炼金术、天文学与光学中进行实验，他是首位讲述火药制造的欧洲人。他坚信，只有实验科学才能造福人类。他曾企图寻找能使一切金属变为黄金的"哲人之石"。因其思想异端，1257年他被赶出了大学讲坛。接着在巴黎寺院里被幽禁十年，好不容易才出狱，却又在1277年因"攻击神学家"等罪名，被判入狱14年；1292年才被释放，两年后逝世于牛津。

　　除密码方面的论著之外，培根还完成了百科全书式的《大著作》《小著作》《第三部著作》《哲学研究纲要》等。可惜，仅有《大著作》被完好保存，其他都只剩一些片段。培根强调，知识来源于经验。他说，认知的渠道有三种：权威、判断和实验。其中，权威必须通过理智来判断，而判断又必须通过实验才能证实；所以，人类认知的道路，是从感官知识到理性，没有经验就不能充分认知任何事物。他反对盲目崇拜权威，认为这是认知真理的最大障碍。

培根主张，个别事物是客观的、自身存在着的，并非从"一般"中引导出来的；比如，自然界只能产生个别的马，而非一般的马；宇宙也是由千差万别的个别事物构成的，而非由一般构成的。他还认为，"一般"也客观存在于个别事物中，它使一类事物区别于另一类事物。

培根十分重视实验科学，断言只有实验科学才能解决自然之谜。他在数学、光学、天文、地理和语言等方面，都拥有丰富的知识；他亲自进行了许多观察和实验，提出过不少有价值的论述和大胆的猜测，推动了自然科学的发展。培根的科学实验思想，对近代自然科学的发展产生了重大影响。

本节介绍的第二位密码编码学者，全名叫莱昂·巴蒂斯塔·阿尔伯蒂，简称阿尔伯蒂。他在密码编码方面的成就，将在3.3节中加以介绍。此外，他还是推动文艺复兴早期运动的重要功臣之一，也是著名的作家、艺术家、建筑师、诗人、神父、语言学家和哲学家等；换句话说，他是一位通才。他对人类的最大贡献，其实不是密码，而是建筑。他不但是当时最领先的建筑理论家，撰写了人类首部完整的建筑理论著作，即1485年出版的《论建筑》；而且还设计了许多至今仍光彩夺目的建筑物，比如，佛罗伦萨的鲁奇兰府邸、新圣玛利亚教堂正立面和圣安德烈亚教堂等。

可是，阿尔伯蒂的人生，却相当坎坷。他于1404年2月14日生于意大利的热那亚。父亲来自佛罗伦萨特别有钱有势的家族。但是，这并不意味着他出生时嘴里就含着金钥匙；实际上，他嘴里含着的却是一根铁链，锁了他一生的铁链，因为他是父亲与一位寡妇所生的私生子；于是，刚一出生，他就和父母一起，被统治佛罗伦萨的家族赶出了佛罗伦萨，只好前往威尼斯，投靠一个远房叔叔。福不双降，祸不单行，就在他刚刚学会走路时，妈妈又死于一场瘟疫；4岁时，父亲再婚；反正，诸事不顺。幸好，10岁时他进入了一所小学。17岁时，又考入博洛尼亚大学，专攻经典法律；其间，他的天才开始有所表现，比如，用拉丁文创作了一部原汁原味的戏剧，还发表了许多文笔美妙的雅作等。

24岁的那个本命年，是阿尔伯蒂颇为不顺利的一年，其间发生了许多重大事件。首先大学毕业，取得了学士学位，这本该是喜事，可是就在即将毕业之际，他的父亲却突然去世，所有经济来源瞬间断了。因父亲的去世，家族的禁令终于撤销，他总算可以回到佛罗伦萨定居。但是他怎么也高兴不起来，因为他没能得到来自家族的任何遗产，虽然父亲名义下本该有巨额地产；所以，从此以后，他便开始了贫困潦倒的生活。同时，这一年还发生了对他日后人生影响最大的事件：他作为小跟班，随同一位枢机主教前往法国和德国旅行，参观了那里的众多古建筑遗迹，心灵受到极大冲击，眼界大开；回到意大利后，就立即用了两年时间，学习了许多自然科学知识。

27岁时，他作为另一枢机主教的秘书来到罗马，并在教皇档案室当上了速记员。此时的他，深深沉浸在文学创作中，还痴迷于研究雕塑、绘画、音乐等艺术。他对自然推崇备至，认为艺术家应该融入大自然，甚至被大自然所支配；艺术创造应该是对大自然的模仿。30岁时，他随同教皇前往佛罗伦萨，并沾教皇的光，与当地艺术家们进行了广泛接触；这时，他开始涉足艺术理论，并在次年，即1435年，完成了自己的第一本名著《论绘画》。书中创立了一种新的艺术理论，即艺术应该立足现实。特别是，他的理论具有坚实的视觉科学基础，这与前人那些只提供绘画技巧的理论相比，绝对是一次飞跃。

34岁那年，阿尔伯蒂接任了罗马教廷秘书之职，这时他开始进入建筑领域，从此便一发不可收拾。在建筑设计中，他天才地以阿基米德几何为依据，发现：将正方形、立方体、圆形和球体等图形加倍或减半，就可得到理想比例。他还将艺术形象和数学原理密切结合，发现：建筑物的美竟来自各部分比例的合理对比。甚至发现，对任意部分的稍微增加或减少都会破坏整体和谐；这在造型艺术中，开创了数学思维的先河。他的建筑观，至今仍有很大的影响力；比如，他认为：建筑首先是被裸露着建造的，而后才披上装饰外衣；所以，建筑的表皮应该是可以被撕掉的，而建筑物的内部结构才是其真实面目。形象地说，建筑结构应该像坚忍不拔的男子那样，起到内在的支撑作用；而表面装饰，则该像柔弱的女子那样，依附在他身上。

在建筑理论方面，阿尔伯蒂的最高水平，体现在前面已提到的那本代表作《论建筑》中。该书全面总结了当时流行的古典建筑物比例、柱式及城市规划理论和经验等，实际上，该书完成于1452年，但却一直只以手抄本形式广泛流传，直到30余年后的1485年，才被正式印刷出版，从而大大推动了文艺复兴建筑的发展；可惜，这时作者早已作古十余年了。不过，至今该书仍是建筑领域少有的经典著作，阿尔伯蒂也因此成为意大利文艺复兴期间，建筑领域的引领者。

在建筑实践方面，阿尔伯蒂思想活跃，善于将绚烂的艺术想象和缜密的逻辑思维完美结合，他的建筑作品既有仿古式样，也有大胆革新。比如，他所设计的佛罗伦萨鲁切拉宫和新圣玛利亚教堂的正立面，都以比例和谐著称于世；他所设计的圣安德烈亚教堂的凯旋拱门样式，也是文艺复兴初期的象征。在建筑设计中，他不但注重实用功能，也充分借鉴古代纪念碑的经验；更在建筑美感方面遥遥领先，特别善于利用直线透视原理。

阿尔伯蒂在雕塑理论方面，也独树一帜，并于1446年，完成了另一部代表作《论雕塑》。该书从技巧出发，定义了三种雕塑，并得出了后来以他名字命名的比例体系。该书作为早期文艺复兴的重要文献，也同样富于创造力，且其观察也相当敏锐和细致。除建筑和艺术之外，阿尔伯蒂还创作了大量的诗歌、戏剧和哲学等著作。1472年4月25日，阿尔伯蒂在罗马去世，享年68岁。

本节介绍的第三位密码编码学者——约翰尼斯·特里特米乌斯，简称特里特米乌斯，他是德国修道士、魔法师、炼金术士、历史学家和密码学家。他于1462年2月1日，生于德国摩泽尔（现属法国）的特里腾海姆镇，并在海德堡大学接受教育。他的一生非常神奇。

首先，他的人生遭遇很神奇。20岁那年的某天，就在他从大学回家的途中，突然遭遇了一场暴风雪；情急之下，他躲进一个破落的修道院避难。可哪知，从此以后，他就留在该修道院，并于次年被选为院长。后来，他又神奇地将这个贫穷、散漫和废墟一样的地方，变成了当地的学术中心；将修道院的图书藏量，从50本增加到了两千多本。可惜，他并未因此而得到肯定，因为别人都把他当魔法师。特别是他与修女院常闹矛盾，以至不得不在44岁那年，辞去院长之职，前往苏格兰，并在那里度过了余生。

其次，他的密码学成就很神奇。早在37岁的1499年，他就完成了自己的第一本奇书，即人类历史上的首部密码学印刷书《隐写术》，讲述了如何隐藏信息的若干技巧。该书的出版经历也很奇，虽然它深受读者欢迎，但却一直只以手稿形式广泛流传，并产生了很大的社会影响，以至被罗马天主教会列为禁书，直到约100年后的1606年才得以正式印刷。这部3卷本的"禁书"，被巧妙伪装成了一部黑色魔法书，似乎是要论述"如何利用鬼魂来进行长距通信"。多年后，该书前两卷的奥秘终于公之于众，大家才突然意识到：妈呀，原来它们是密码学专著。该书第三卷的经历更神奇，因为，甚至在不久前，它都仍被广泛认为只是一部魔法书；但直到最近人们才偶然发现：妈呀，书中的所谓"魔法"公式，原来也是密码学内容的隐文。他还完成了另一部名叫《测谎术》的奇书，但其内容早已失传。

最后，他的人文科学成就仍然很神奇：46岁时，他完成了另一部名叫《论七种次要智能》的奇书，以占星术为基础，探讨了世界历史；就在去世前两年，他还完成了另一部耗时近20年的巨著，即长达1400页的两卷本《编年史》（*Annales Hirsaugiensis*）。该书详细记述了法国和德国历史，以及皇帝、国王、诸侯、主教、修道院长等杰出人物的功绩，此书也是人类第一部人文主义历史著作。同样，《编年史》的出版经历也很神奇，也是在完成后的一百多年，即1690年，才被印刷出版；对了，《编年史》的另一神奇之处还在于，它竟然无中生有地引起了千禧年的"千年恐慌"，让现代社会的许多精英分子以为"世界末日即将来到"。1516年6月13日，特里特米乌斯去世，享年仅仅54岁。

3.2　巴宾顿密码事件

史上情节最曲折，结局最悲惨，涉及人员最高贵的密码事件之一，可能要数所谓的"巴宾顿密码事件"了，因为该事件甚至导致苏格兰女王、法国王后、以美貌著称的玛丽·斯图亚特（简称玛丽，本节称她为"女一号"）被含冤砍头。从人文角度来看，巴宾顿密码事件确实是一件坏事，甚至显得过于残忍；但从推动密码发展的角度来看，此事件绝对又是催生机械密码的强劲动力；毕竟，推动科学技术发展的力量，不仅来自学术方面，还经常地来自看似无关的事物；这一点也是过去经常被国内书籍忽略的地方。所以，必须介绍一点有关此事件的来龙去脉，不过，由于该故事实在太长，下面只能给出一个最简洁的背景介绍，就算是走马观花吧，当然是一朵悲情之花。

　　玛丽的命很苦，苦就苦在她生在了皇室。就在她于1542年12月8日出生后仅仅6天，就不得不即位苏格兰女王。5岁时，为躲避政治交易的娃娃亲，她被母亲送往法国，并在法兰西生活、长大、接受教育，并从此信奉了天主教，这为随后一生的灾难埋下了祸根。在法国期间，她生活奢侈且稳定，并在她16岁之际与表弟法兰西国王弗朗索瓦二世结婚，从而成为法国王后；同年，她的表姑伊丽莎白一世，下面称为"女二号"，也登上了英格兰的国王宝座。正是这位"女二号"，在若干年后下令处死了玛丽。但在当时，"女二号"的日子并不好过，因为，她信仰新教，而那时欧洲各国几乎都只信天主教，并视新教为异端。于是，玛丽便借机利用欧洲各国对异教的恐惧和天主教对异教徒的排斥，擅自宣布自己拥有英格兰王位的合法继承权，不但拒绝承认"女二号"的王位，还将英格兰王室纹章用于自己的部队。从此，这两位女主角就结下了梁子；其实，客观来说，"女二号"的王位继承本来并未违规，也没有违背英格兰本国的规定，不过玛丽行为涉嫌乘人之危。

　　1560年，玛丽的丈夫去世，因此，她在法兰西宫廷中就受到婆婆美第奇的冷眼。同时，由于她一直在苏格兰摄政的母亲去世，国内局势动荡，以至她不得不在1561年返回祖国亲政。回到苏格兰后，玛丽才发现，自己与苏格兰贵族和加尔文教徒们互相不满；于是，她请求罗马教皇，要在苏格兰境内重建天主教信仰，这又为自己挖了另一个坑。

　　1565年7月29日清晨，玛丽竟然执意要嫁给英格兰的普通臣民亨利，并在爱丁堡举行了盛大的天主教婚礼。这使得原本与她结下梁子的英格兰女王大为光火，她立即下令亨利返回英格兰，而身为人臣的亨利竟敢违抗"女二号"的诏令，继续待在苏格兰；于是，两位女主角便开始公开交恶了。同年12月，玛丽宣布自己怀孕。1566年2月，玛丽的丈夫由于听信了有关妻子的桃色绯闻，再加上对自己有名无实的国王身份十分厌倦；所以，就向身边的苏格兰领主许诺说：若领主能帮他真正取得苏格兰王权，他就会支持苏格兰新教。但领主的计划更彻底，他们不但要谋害玛丽，还要干掉她的奸夫；当然也不会放过徒有虚名的国王亨利。

1566年3月9日，玛丽遭叛军袭击，她的秘书被人残杀，而本人则被软禁；这时，她以三寸不烂之舌说服丈夫相信：这些叛乱分子的下一个目标就是他。果然，丈夫被吓坏了，赶紧带着当时已怀孕6个月的妻子，在叛乱两天后的3月11日子夜，从隐蔽的楼梯悄悄离开，摸黑穿梭了25英里（1英里约为1.61千米），最后到达敦巴。随后，玛丽召集了八千军队反攻爱丁堡，并在3月18日重新夺回了爱丁堡的控制权。不久，她与丈夫决裂，并与"女二号"一度和好，还去信表示，希望"女二号"能成为自己孩子的教母。1566年6月19日，玛丽生下了自己的独子詹姆士，他就是后来同时成为英格兰和苏格兰国王的詹姆士一世。

按当时的传统，儿子詹姆士并不是英格兰王位的天然继承人；但是，儿子的诞生却大幅增加了玛丽本人"以天主教徒身份继承英格兰王位"的可能性。于是，1566年11月，玛丽开始与宫廷顾问讨论如何摆脱第二任丈夫的干扰，但她无计可施；因为，一旦宣布两人的婚姻无效，就会影响儿子詹姆士继承王位的合法性。部分贵族希望玛丽以叛国罪为名逮捕亨利，但她却十分犹豫，因为各国使节都已抵达苏格兰，准备参加儿子的受洗大典。受洗大典后，玛丽被告知：她的表姑"女二号"，有意将玛丽的儿子立为英格兰王位的合法继承人，但条件是：在此之前，玛丽不得谋求篡位。

1567年1月20日，由于担心丈夫在苏格兰西部煽动叛乱；玛丽无奈，只好亲自前往西部，试图说服丈夫与她一同回到爱丁堡主政。同年2月8日，玛丽正式宣布愿意核准《爱丁堡条约》，即承认"女二号"的英格兰女王地位，并在第二天就派出特使访问英格兰。当晚她本想陪伴丈夫，但由于已预约了另一个化装舞会，所以只好离开居所。可是，玛丽刚走，她的第二任丈夫亨利就被人谋杀了。玛丽闻讯后，十分恐慌，一方面下令立即捉拿凶手，另一方面赶紧给欧洲各王室写信，宣布自己"奇迹般的死里逃生"。不过，在当时的复杂局势下，很多苏格兰贵族，包括玛丽本人都有杀掉这位木偶国王的嫌疑；因此，许多人包括法兰西王太后、玛丽曾经的婆婆美第奇，也怀疑玛丽在"贼喊捉贼"。4月24日，玛丽在前往斯特林看望儿子后返回爱丁堡的路上，遭到了一个宠臣的绑架，并被宠臣"蹂躏"；当然，也有人怀疑这场"蹂躏"，很可能是你情我愿。果然，后来玛丽干脆就嫁给了这位宠臣，并在荷里路德宫以新教仪式完婚；当然，玛丽也没忘记对外宣称：自己别无选择，只是为了保全名誉，毕竟"生米已煮成了熟饭"。总之，许多人认为玛丽行为堕落，甚至怀疑：害死亨利者，可能就是这二人。

1567年6月15日，苏格兰贵族实在无法容忍玛丽第三任丈夫的一枝独大，担心这位野心勃勃的昔日宠臣真的会成为苏格兰国王，于是，他们发动了武装起义，并又一次软禁了玛丽，而她的丈夫则逃到了丹麦。两天后，玛丽被只身关进一座城堡；几周后，玛丽流产，失去了一对双胞胎。7月初，表姑"女二号"遣使臣前往苏格兰，要求叛军：立即恢复玛丽的王位，尽快找出杀害亨利的凶手；确保詹姆士的安全，并提出将他带回英格兰抚养。当时，苏格兰国内反对玛丽的呼声很高，同时也很反感英格兰的无理干涉；所以，他们禁止英格兰使臣接近玛丽，甚至威胁要处决玛丽，除非"女二号"能帮他们除掉玛丽的第三任丈夫。因此，英格兰使臣给玛丽写信，建议她与第三任丈夫离婚，但被玛丽拒绝了；于是，苏格兰贵族也拒绝了英格兰的请求，不允许使臣带走詹姆士王子，并决定逼玛丽退位，让詹姆士继承苏格兰王位。7月24日，当玛丽被要求签署退位书时，她又反悔了，并要求召开苏格兰国会；直到某位男爵威胁要割下她的头时，玛丽这才屈从。至此，玛丽就不再是苏格兰女王了。

1568年5月2日，玛丽运用诱惑手段，总算逃到了汉密尔顿宫，与几名苏格兰贵族和六千亲军会合。"女二号"闻讯后，亲手发来贺信，并表示愿意提供帮助。可出乎预料的是，当玛丽于5月16日逃出苏格兰，刚踏上英格兰国土时，等待她的不是鲜花，而是终身监禁。原来，只要玛丽还活着，她对表姑"女二号"的政权就是一种威胁；因为玛丽被英格兰境内外的天主教徒狂热地视为英格兰女王，甚至比"女二号"还更有资格成为英格兰的女王；玛丽也被反对新教的狂热分子视为灵魂人物。果然，在玛丽被监禁了18年后的1586年，"男一号"出现了，他就是天主教贵族安东尼·巴宾顿，他对玛丽的遭遇深感痛心，对"女二号"的做法深为不满。于是，他秘密策划要解救玛丽并暗杀"女二号"。该策划案的细节，被写成密信，藏在啤酒桶的木塞中偷偷带给了玛丽。密信是用密码写成的，它包含了23个符号，分别代表字母表中除j、v和w之外的所有其他字母。另外还用36个符号，代表了常用词和短语。为了进一步混淆视听，密文中还增加了毫无意义的4个空字符。空字符被简单插入密信中，试图迷惑那些截获了密信的破译者。此外还采用了另一个符号，来标示"下一个符号代表双字母"。

本以为天衣无缝的解救计划，却出现了重大意外。原来，负责递送这封密信的"男一号"的同伙吉福德，竟是一位双面间谍。他转手就把密信原件呈给了"女二号"的首席大臣兼间谍机关首脑，即本故事的"男二号"沃尔辛厄姆，却只给玛丽送去了一份密信副本；更糟糕的是，这位"男二号"可不是一般人，他拥有当时最厉害的密码破译团队，所以那封密信交给他，就无异于羊入虎口。果然，当"男二号"将那封密码的破译任务分派给"男三号"时，后者利用频率分析法，很快就识出了空字符，然后识出了字母的替换表，并通过上下文的关联，猜出了密码字；总之，不但成功破译了巴宾顿的密信，还伪造了玛丽的回信附言，要求巴宾顿告知同谋者姓名；于是，巴宾顿及其同谋者，便全都被捕并被绞死。玛丽本人，也于1587年2月8日，在北安普敦郡被砍了头。行刑那天，玛丽身穿红装，以此表明自己是天主教的殉教者。

玛丽死后，最初被埋在彼得镇大教堂；但是，到了25年后的1612年，她的儿子，那时已是英格兰国王的詹姆士一世，将母亲迁葬到威斯敏斯特教堂；仅仅9米处，便是她那位表姑"女二号"的墓穴。安息吧，皇室表亲们，但愿你们能在阴间和平相处。

作为故事的结尾，我们还想重点介绍一下"男二号"，这倒不是因为他有多了不起，而是想通过他的人生经历，从另一侧面体会一下当时密码的重要性，毕竟，他是当时英格兰的间谍机关首脑。

"男二号"的全名是弗朗西斯·沃尔辛厄姆。1532年，生于英格兰的一个著名贵族律师之家。可是，在他2岁时，父亲就去世了。身为贵族的母亲，也在儿子6岁时，改嫁给了另一贵族。16岁时，沃尔辛厄姆考入剑桥大学国王学院，并开始信奉新教；不过，作为"贵二代"，区区学位压根儿就入不了他的法眼，所以，在18岁时，他花了整整一年多的时间，遍游了欧洲大陆；并在20岁时回到英国，加入了一个律师资格鉴定机构。1553年，信奉天主教的一位女王登基，致使许多富有的新教徒逃离英格兰，其中当然也包括沃尔辛厄姆自己。他逃到巴塞尔大学继续学习法律。幸好，天主教女王很快就去世了；于是，1558年，信奉新教的"女二号"继位，沃尔辛厄姆便回到英格兰，开始了蒸蒸日上的人生：1559年当选为议员，1562年1月与一位富有的寡妇、伦敦市前市长之女结婚；两年后太太病故；1566年，又与另一位更富有的寡妇结婚，并生了第一个女儿；1569年，成功摧毁了"里多尔菲阴谋"，该阴谋试图暗杀"女二号"，并让"女一号"继任苏格兰王位；1572年，帮助"女二号"与法国缔结友好条约；1573年4月，终于成为"女二号"的宠臣；1573年12月，成为英格兰枢密院首席秘书长；1576年，更成为枢密院的实际掌玺大臣；1577年12月1日，被授予爵位；1578年4月22日，终于被任命为嘉德勋章总理大臣。

与上述亨通的官运相比，"男二号"沃尔辛厄姆的间谍生涯更为触目惊心。作为虔诚的新教徒，他终生都在利用间谍或密码手段，对抗天主教，保护自己的主子"女二号"。他雇用密探和线人来跟踪英格兰的天主教徒和阴谋叛乱者，并监视他们的所有信件。他自学了当时许多密码学家的论著，比如，深入研究了意大利密码学家卡尔达诺的成果；结交了许多权威的密码破译者，比如，威廉王子的译电员马尼斯，此人曾于1577年破译了西班牙的一封密信，发现了其中的入侵计划。沃尔辛厄姆还创办了一所间谍学校；更重要的是，他手下有两员猛将：一个是专门拆信而不留任何痕迹的亚瑟·乔治；另一个是专业的密码破译高手，托马斯·菲利普斯，即"男三号"，此人其貌不扬，曾被"女一号"调侃为"身材矮小、身体瘦弱、头发深黄、满脸痘疮、高度近视、胡须明黄、看上去像个小老头"。但是，他是一位密码奇才，在剑桥接受教育，会讲法语、意大利语、拉丁语、德语和西班牙语。自从担任了"男二号"的"秘密通信破译者、伪造者和收集者"之后，更是屡建奇功。除破译巴宾顿密码之外，他还长期与苏格兰、法国和荷兰的特工交流秘密消息，收集情报和密码，破译截获的密信等。

1582年5月，一封来自西班牙驻英格兰大使的信件被拦截下来，此信本该寄往苏格兰。信上说，要动用天主教的力量，分裂英国并让

"女一号"取代"女二号"。于是，"男二号"赶紧于1583年4月派出间谍，打入法国驻英格兰大使馆，终于摸清了真相；原来，是自己的一位老朋友的侄子，在向法国驻英格兰大使出卖情报。1583年11月，在经过了6个多月的监视后，"男二号"将朋友的侄子逮捕，并经刑讯逼供后得知：西班牙大使正在秘密策划一个阴谋，要让苏格兰入侵英格兰，并废除"女二号"。最终，朋友的侄子于1584年被处决，而那位西班牙大使也被驱逐出英格兰。

1584年西班牙暗杀了荷兰反抗军的领袖后，英格兰开始军事干预荷兰、比利时和卢森堡的内部事务，所以，"女二号"的安全问题就成了焦点；为此，"男二号"制订了"联合契约"，其中规定：凡是试图推翻和刺杀"女二号"的人，一律处死。1585年3月，又通过了"女王个人安全法案"；之后，"男二号"便在已被囚禁多年的"女一号"身边，安插了许多眼线和间谍，并暗中查阅玛丽的所有来往信件，阻断她的所有秘密通信方式。为了麻痹"女一号"，"男二号"还故意留下一个破绽：他明知玛丽在利用啤酒桶，与外界进行秘密通信，却故意放纵。这便是为啥巴宾顿的密码信件能很快落入"男二号"之手的根本原因。此案的结局，前面已述，这里就不再重复了。

从1586年起，沃尔辛厄姆收到许多密件，经破译后都表明：西班牙将入侵英格兰。于是，沃尔辛厄姆将马德里大使的某位好友，发展成了自己的线人；通过该线人的密件，更证实了西班牙图谋不轨。为此，沃尔辛厄姆开始积极备战，特别是加固多佛港的城防。沃尔辛厄姆还指示英格兰驻土耳其大使，让他前往说服奥斯曼苏丹去攻击西班牙在地中海的财产；不过，此计没成功。一计不成，沃尔辛厄姆又生一计：1587年，他支持了发生在加德斯的掠夺事件，有效破坏了西班牙的后勤。1588年7月，当西班牙"无敌舰队"刚开始驶向英格兰时，沃尔辛厄姆就收到密件，并及时将其破译。1588年8月18日，在成功驱赶了无敌舰队后，英国海军司令官专门写信给沃尔辛厄姆，赞扬道：您用您的笔为英国所做的事，远远超过海军在海上所做的全部。

总之，在情报工作方面，沃尔辛厄姆有广大的网络，从众所周知的新闻，到鲜为人知的秘闻，从欧洲大陆到地中海，都遍布着他的耳目。他所建立的情报网还渗进了君士坦丁堡（现在的伊斯坦布尔）和阿尔及尔，他甚至在天主教流亡者中也安插了间谍。

可惜，沃尔辛厄姆这位间谍头子的结局，却不怎么美妙。晚年的他备受病痛折磨，身患肾结石、尿路感染、糖尿病和癌症等多种疾病，不是胃痛就是背疼，终于在1590年4月6日，死于膀胱癌，并留下了凄惨的遗嘱："我不得不给我的后人留下巨额债务。"看来，他在收买间谍方面花费了巨额财产，可以说，他确实为女王和新教事业鞠躬尽瘁。所以，新教徒们赞誉他是"新教的栋梁，慷慨无私、善于学习、具有骑士精神的人"。相反，天主教徒们则认为他既残忍又无人性，并将他描绘为一个热衷于阴谋诡计的、无情的、龌龊的家伙。

此外，"男三号"的结局也很惨。当"男二号"去世后，英格兰情报机构的头子就换成了"女二号"最宠幸的伯爵；从而"男三号"也受到了冷落。甚至，伯爵逼他去调查一件空穴来风的阴谋，并制造了一桩冤案；以至，尽管"谋反者"已被处决，但女王仍不相信其罪，最终"男三号"失宠，并因其"罪孽深重"，而被关进了伦敦南部的一所声名狼藉的监狱。直到"女一号"的儿子，詹姆士一世登基后，"男三号"才重新回到了情报机构，并参与了逮捕某个重要案件同谋者的行动；然而，该案的罪犯却声称："男三号"的密友也卷入了这场阴谋。于是，"男三号"又被关进监狱长达四年之久。再后来，因为债务纠纷，"男三号"再次服刑，并死于1625年。

3.3 表格代换的密码

巴宾顿密码事件对密码的发展，产生了意外推动作用。因为大家意识到，原来采用固定的、用一个字母代替另一个字母的"单表代换密码"已不安全，已能被频率分析法快速破译，因此急需研制更复杂的密码。

其实，早在1467年，就有人开始研究更复杂的密码了。比如，3.1节已介绍过的那位意大利建筑师阿尔伯蒂，就撰写过密码专著，首次给出了最早的字母频率表，揭示了单表代换密码的固有缺陷，还发现：若用多个代换表，并在多个代换表之间来回切换，就能有效迷惑破译者，至少使得频率分析法很难奏效。为此，他设计了后来著名的"阿尔伯蒂密码盘"，它由两个同轴的扁平铜质圆环组成，两环间可相对旋转。每个环被分成24格，在外环的每个格中，分别标上字母表的大写字母，只是忽略H、K和Y三个字母。由于拉丁语和意大利语的字母表中没有J、U和W，因此盘中便多出四个空格，分别用数字1到4填充。在内环的格子中，分别随机放入了字母表中的小写字母。圆盘附有一本码书，包含336句短语和由1到4组成的数值，它们也被圆盘编码成了小写字母。起始位置固定在内环上，并对应于外环上的大写字母。

加密过程是这样的：把消息用大写字母标在外环上，然后与消息的这些大写字母相对应的内环小写字母，便是加密后的密文。有时，也可以在消息中插入一个新的大写字母，内环的起始点被移到该字母处，然后加密重新开始，本质上，这其实就是使用了不同的密码字母表。在合法的解密者手中，也有一个同样的圆盘；当然，加密者还可用其他方法来提示解密者，比如，何时调整圆盘的相对位置等。发送者可简单加密一个数字后，将其对应的小写字母，移到大写的A之下。只要发送方和接收方都使用相同的方法，那么，具体是如何移位就不重要了；而且在加密过程中，还可进行多次移位。

阿尔伯蒂的多表替换思想，最终于 1586 年，由法国外交官维吉尼亚完善；并得到了以维吉尼亚的名字命名的、号称"牢不可破"的密码。该密码的数学原理其实也很简单：首先，分别用整数 0，1，…，25，来一一对应于 26 个英文字母 a，b，…，z。在加密前，双方需要约定一个关键字；接着，反复循环该关键字，得到一个与明文串一样长的字母串，称为密钥串；最后，将明文串和密钥串所对应的数字进行模 26 相加就行了，即用 26 去除，把得到的余数再对应成字母就得到了密文字母。比如，若关键字取为 BLUE，即数字串 (01)(11)(20)(04)；那对消息串 good morning，即数字串 (06)(14) (14)(03)(12)(14)(17)(13)(08)(13)(06) 进行加密的过程就为

消息：　　(06)(14)(14)(03)(12)(14)(17)(13)(08)(13)(06)=good morning

关键字：　(01)(11)(20)(04)(01)(11)(20)(04)(01)(11)(20)=BLUEBLUEBLU

密文：　　(07)(25)(08)(07)(13)(25)(11)(17)(09)(24)(00)=HZIHNZLRJYA

为了解密消息，接收者也该拥有相同的关键字；然后，从密文对应的数字串中，对应减去关键字的数字串，再对 26 取模运算就行了。

维吉尼亚密码的优点在于，它很难被频率分析方法破译；比如，在上例中，第一个 g 和最后一个 g 虽然都是同一字母，但却被分别加密成了不同的 H 和 A；所以，频率分析法不再有效。此外，由于双方约定的关键字，可以是任意的单词或短语，甚至是一组随机选择的字母；而且关键词还可以随时更换，只要发送者和接收者能同步改变就行；所以，破译者面临的困难就更多，而该密码就更安全。

其实，所谓的维吉尼亚密码，并不是维吉尼亚本人的原创，他只

是做了一些改进和推广工作而已；当然，这些工作也确实很重要，否则，阿尔伯蒂的原创，就很可能被遗忘了。有关维吉尼亚的生平事迹很少，目前只知道他的全称是布莱斯·德·维吉尼亚，1523年8月5日生于法国圣布尔善市的一个贵族家庭，曾在巴黎接受过古典教育，学过希腊语和希伯来语，17岁时开始其外交生涯，直至1570年退休。入职外交部门后，他先接受过一些初等的密码培训；并分别在26岁和43岁时，两次前往罗马执行外交任务。在罗马，他接触了许多密码破译专家，阅读了大量公开出版的密码学书籍，当然也包括阿尔伯蒂的密码论著。退休后，他一边行善，比如，至少在巴黎向穷人捐出了自己一年的收入；还一边研究学问，至少出版了20余本书，特别是在1586年，已经63岁的他发表了自己的专著《论密码或安全的书写方式》，其中正式提出了能抵抗频率分析的"维吉尼亚密码"。而非常巧合的是，也正是这一年，菲利普斯破译了巴宾顿与苏格兰女王玛丽之间的密信。如果当初巴宾顿等使用的不是"能被频率分析破译的单表密码"，而是多表替换的维吉尼亚密码，那么他们的阴谋很可能就不会被发现，欧洲历史也许会被重写，玛丽也许不会被砍头。当然，历史不允许假设，但这至少提醒后人：密码很重要，务必使用最先进、最安全的密码，来加密自己的机要信息。

1596年，维吉尼亚患喉癌去世，享年73岁。

尽管维吉尼亚密码的优势很明显，但却并未迅速流行；因为，若用手工加解密的话，该密码的操作量将很大，速度也很难提高；而在战争中，加解密的速度非常重要。所以，有时仍不得不冒险使用单表代换密码，而将其安全性寄希望于密码的时效性，即待到密码被对方破译时，密信中所谈的军事行动已经完成，或消息已过时等。

对于安全性要求更高的通信，则可采用另一种折中的密码，即协同替换密码。此时，明文的字母用两个或多个字母、数字或图形符号来代替。特别是，越频繁出现的字母，就用越多的替代字母；比如，e在英文中出现的频率大约为13%，故用13个随机选择的符号来替换字母e，使得每个符号在密文中的频率就只有1%等，这就可以对抗频率分析了。当然，这对经验丰富的破译者来说，仍可能发现破绽。比如，q的频率不到0.1%，所以，它很可能只用一个符号来替换，q后面又总是跟着u；而u的频率大约为3%，所以u通常用三个符号表示等。

为了对抗英文的频率分析，人们发明了一种名叫普莱费尔密码的加密方法：首先，将26个英文字母，按通信双方事先约定位置，放入一个5×5的棋盘格中，并将I和J放入同一格子；该棋盘格称为普莱费尔格。比如，双方约定的普莱费尔格如图3-1所示。

P	A	L	M	E
R	S	T	O	N
B	C	D	F	G
H	I/J	K	Q	U
V	W	X	Y	Z

图3-1 普莱费尔格

为了加密某明文消息，先将明文分成组，每两个字母一组。比如，明文"halt the attacks"就变成"ha lt th ea tx ta ck sx"；这里，若明文中某字母连续重复出现，那就在两个字母之间插入x（比如，attacks中，连续出现了两个t，所以就在其中插入了一个x）；若明文消息的最后出现单个字母，则在其后添加一个x，以配成对。

基于事先约定的普莱费尔格，相应的加密操作，按如下规则进行：若两个字母出现在棋盘格的同一行，则它们都用格中其右边的字母来取代，比如"bd"就变成"CF"；若某字母位于该行的最后，就用该行的第一个字母来代替，比如"dg"变成"FB"。

若两个字母出现在棋盘格的同一列上，则它们就用各自下面的字母所取代，因此"ld"变成"TK"；若其中一个字母出现在该列的底部，则由该列顶部的字母替代，因此"xt"变成"LD"。

若两个字母既不在同一行也不在同一列中，则找到第一个字母所在的行与第二个字母所在的列相交位置，并用这个字母代替第一个字母；找到第二个字母所在的行与第一个字母所在的列相交位置的字母，代替第二个字母。

于是，明文消息"ha lt th ea tx ta ck sx"，经上述棋盘格加密后，就变成了密文"IP TD RK PL DL SL DI TW"。将这个过程反过来，就完成了解密。

普莱费尔密码有很多优点，特别是在任何消息中，两字母一组的个数，就比单个字母少了一半，因此，能被用于频率分析破译的破绽就更少。英语中，最常用的字母e和t出现的频率分别为12%和9%，而最常出现的双字母是th和he，它们出现的频率却分别只有3.25%和2.5%。同时，单字母只有26个，而双字母的组合共有多达676个，当然也就增加了破译难度。

除能抵抗频率分析之外，普莱费尔密码还有另一个优点，那就是它简单易学，几乎任何人都能很快学会。虽不知该密码是否曾被用于克里米亚战争，但它肯定曾被用于波尔战争。直到1914年，美国陆军通信兵莫博涅中尉，才发表了针对该密码的两个致命缺陷的破解法：其一，尽管两字母组的出现频率较低，但面对频率分析攻击，它们仍很脆弱；其二，常见的两字母组re和er，de和ed，会被加密成类似的、颠倒顺序的两字母组，比如re变成AB，er变成BA等。不过，尽管普莱费尔密码已被攻破，但由于其加解密简单且迅速，而破译却很耗时，所以它仍被用于战术通信中。因为当敌人破译出密信时，战局已发生变化，破译的情报也就过时无用了。

与维吉尼亚密码类似，所谓"普莱费尔密码"其实也并不是由普莱费尔发明的，但普莱费尔确实在该密码的推广方面，做出了重要贡献。比如，在1854年的一次重要晚宴上，普莱费尔向艾伯特王子和后来的总理帕默斯顿勋爵成功演示了该密码。还有一个段子说，又有一次，当普莱费尔向外交部副部长解释该密码的操作时，这位部长嫌它太复杂。于是，普莱费尔拍着胸脯保证说，他能在十分钟之内，教会任何一个小学生。"这完全可能，但是"，副部长接着说，"你却永远也教不会外交官。"

那么，普莱费尔密码到底是由谁发明的呢？答案可能出乎许多人的意料，他就是查尔斯·惠斯通；对，就是那位19世纪著名的英国物理学家惠斯通，或者说是著名的"惠斯通电桥"中的惠斯通。但是，惠斯通电桥可不是由惠斯通发明的哟，它其实是由英国发明家克里斯蒂在1833年发明的，只是惠斯通首先用它来测量了电阻。由此可见，历史上许多名词术语中都含有乌龙成分。下面就来看看这位乌龙了别人，也被别人乌龙的惠斯通到底是何方神圣，以及他为啥要研究密码等。

首先，惠斯通之所以要研究信息加密问题，这很可能是因为他与库克合作，在1837年发明并制造了一套实用的电报系统；因为在开放的电报系统中，敌方可轻易获取电文，所以只能依靠加密来保护通信双方的隐私。实际上，就在他俩发明了五针电报机并取得其专利的当年，他们就安装了大约1英里长的演示线路。接下来，他们又发明了印刷电报机和单针电报机，还进行海底电报实验，更创立了自己的电报公司，大量生产并销售电报机，有力促进了英国电报业的迅速发展。以至到1852年时，英国电报业初具规模，至少已有6400余英里的电报线路投入使用；因此，信息保密需求便日益强烈，以至1854年，惠斯通发明了一种新型密码，并通过他的一位好友，科学家兼政治家洛德·普莱费尔，完成了"普莱费尔密码"的推广工作。

最后，作为本节的结尾，我们简要介绍一下惠斯通的生平。

1802年2月6日，惠斯通生于英格兰的一个乐器制造商之家。他从小就受到严格的工匠式训练，兴趣广泛，动手能力很强：14岁开始学习乐器制造；19岁就发现并公开演示了一个奇怪现象，即用一根金属丝传递远处钢琴的振动，从而使得一种七弦竖琴发声；21岁学徒出师，并自己开办了一家乐器制造作坊；25岁发明了万声筒，直观演示了不同振动模式产生的振动曲线特征；30岁时，成功演示了驻波现象；31岁时，在方形平板上演示了不同振动模式的叠加。

虽未接受过正规学历教育，但惠斯通却善于学习，勤于思考，乐于钻研，他通过自学迈入了科学殿堂。当他的论文被译成法文和德文后，立即引起了科学界的强烈反响，以至他在32岁时，就被任命为伦敦国王学院的实验物理学教授。同年，他还设计了一个非常巧妙的实验方法，即著名的"旋转镜法"，试图以此测试电流的速度。虽然，从今天的标准看来，该测试结果误差很大，但其思路却影响深远，为后人提供了测量快速运动的有效方法。比如，4年后，他的旋转镜法启发物理学家阿拉果，成功比较了光在空气和水中的传播速度；15年后，又启发另一位科学家菲索，首次测出了光速；16年后，启发科学家傅科向光的波动理论迈进了一大步。至今，人们测量光速的大多数实验，比如，著名的迈克尔逊光学实验和许多声振动实验等，也都在某种程度上使用了旋转镜方法。

可是，在课堂上，惠斯通的嘴却太笨，简直就是"茶壶里的汤圆"；他在大学当教授期间，经常被挂在黑板上，下不了台。幸好，国王学院的政策灵活，不但减免了他的教学任务，还仍然给他提供高薪，让他在教授岗位上安心从事科研工作。果然，后来他就接二连三做出了众多成果。比如，33岁时，他发现，不同金属的火花，所放出的电光谱也不同，这就提供了一种鉴别金属的新思路；41岁时，开发了一种测量电阻的电桥，那便是前面提到的那个"惠斯通电桥"；50岁时，发明了一种幻视镜，可把透视图像倒映在人眼上；54岁时，又开发了感应发电机，并将它应用于工程引爆和电报；65岁时，设计制造了一种发电机，有力推动了直流电机的发展。他还发明了六角手风琴和多种自动记录气象仪器；他发明的观察立体图像的体视镜，至今仍被广泛应用于观察X射线和航空照相等。

1875年10月19日，惠斯通在巴黎逝世，享年73岁。

3.4 路易十四的密码

既然3.3节中的各类表格代换密码都存在明显破绽，当然就需要设计更好的密码。可谁能完成这样的艰巨任务呢？表面上看，当然只有高水平的密码专家；但实际上，更重要的是，需要出现强烈意愿的用户。实际上，只要有用户的强烈需求，就一定会涌现高水平的密码专家，并设计出更先进的加密算法。这不，一位超级用户很快就出现了，他就是奇葩的铁腕独裁者，自称太阳王的、在位时间长达72年3个月又18天的法国波旁王朝国王——路易十四。

有关这位欧陆首霸的传奇故事实在太多，此处只从他的生平事迹中，简要摘取一些导致其强烈密码需求的片段，即他从小就经受了太多苦难，并认定摆脱苦难的唯一法宝就是实施强权；而拥有先进的密码，是实现其"强权梦"的前提。

其实，路易十四本名路易·迪厄多内·波旁，于1638年9月5日生于法国波旁王朝的圣日耳曼昂莱城堡。可是，仅仅5年后，父亲就突然去世，这娃娃不得不幼年即位，由母亲摄政；所幸，此时的实权人物，是法国宰相、枢机主教、路易十四的教父兼摄政太后（路易十四的妈妈）的情人——马扎然；因此，没人敢欺负这对孤儿寡母。

但是，他们的日子也并不好过，因为此时正值"欧洲三十年战争"晚期，法国经济已被战争拖得摇摇欲坠，不得不对百姓加税，当然这就引起了国民的强烈愤怒，以至1648年8月26日，巴黎爆发了武装起义，迫使刚满十岁的国王路易十四，于1648年10月逃出巴黎，马扎然也被第一次流放。

内乱还未摆平，皇室又起风波。这不，亲王孔代由于谋取宰相之职未果，便联合许多对宫廷不满的显贵，密谋推翻政府；可哪知，1650年1月，马扎然却奇迹般地拘捕了孔亲王等人，于是，亲王的拥护者在外省暴动，对抗宫廷，更有叛军联合西班牙军队进攻法国。1650年12月，叛军领袖的主力被击败；同时，1651年3月至4月间，其他地方叛军也被逐步镇压。但迫于各方压力，孔亲王等贵族被释放，马扎然又被第二次流放；毕竟还是"血浓于水"，马扎然也算外人嘛。

1651年12月马扎然被第二次召回巴黎，于是，孔亲王又联合西班牙大举入侵法国。1652年2月至4月间，叛军取得一系列军事胜利，路易十四等再一次逃离巴黎。此时马扎然再次以退为进，宣布自己引退流亡；果然，马扎然刚退，孔亲王就失去了民众支持，叛方也再度陷入内斗；马扎然又利用路易十四的神圣君权，在1652年10月21日，让厌倦"孔代暴政"的巴黎市民，载歌载舞地迎回了路易十四母子，并重建了中央集权的王室政府；最后在1653年年初，路易十四再次下令召回马扎然，重新委以重任。

两次逃离巴黎的经历，在年幼的路易十四心中留下了严重阴影；他发誓绝不允许这样的暴乱再次发生，立志要独裁，要亲自掌权。于是，1661年3月，马扎然病逝后，路易十四就开始亲政。他事必躬亲，每天工作至少八小时，以惊人的热诚治理国家，力图创立"有史以来的无与伦比的绝对君主专制"。他建造了凡尔赛宫，把贵族们变成了宫廷成员，解除了他们作为地方长官的权力，借此削弱其力量。
1682年5月6日，路易十四本人也搬进了这座位于巴黎城郊的巨型豪华
宫殿。宫廷的规矩很严，舞会或宴席等庆祝活动非常频繁；而且，路
易十四记忆力超群，他一进舞池就能发现谁在场，谁缺席，因此每个
希望得宠的贵族都必须随时待在宫中。路易十四就这样巧妙剥夺了贵
族们的地方统治权。随后，他禁止了宗教自由，取消了言论自由，没
收了各省军队的调度权；在经济上推行重商主义，在政治上推崇王权
至上；最后，终于建成了"朕即国家"的典型欧洲君主专制，把国
王的权力发展到了顶峰，把"君权神授"的理论提高到了前所未有
的高度。

　　路易十四不但要公开控制国人的言行，还要千方百计使用一些不
动声色的奇招。比如，他发现宫女们经常在夜晚偷偷翻出宫墙参加舞
会，为了禁锢这些不守规矩的女子，路易十四请人设计了一种高跟
鞋，让宫女穿上此鞋后行动不便，踩踏地板时会嘎吱作响，很容易引
起旁人警觉，从而制止宫女的偷跑行为。可出乎路易十四意外的是，
没几个月后，宫女们竟习惯了高跟鞋，并学会了如何穿着高跟鞋跳
舞，也发现了高跟鞋对拉伸腿型的好处；于是，她们穿着高跟鞋继续
出逃，参加贵族舞会，最终使得高跟鞋在上流社会非常风行。路易
十四见状，干脆自己也穿起了高跟鞋，毕竟他的身躯比较矮，只有区
区154厘米；如此一来，他终于觉得自己的虚拟身高，总算可与顶天
立地的地位相匹配了。不过，为了显示独裁者的与众不同，只有他的
鞋子才能是红色，以此象征国王的尊荣。如今，各式各样的高跟鞋早
已风靡全球，更成了美女们的最爱；若你参观凡尔赛宫，一定会在宫
内的墙壁上，发现不少这样的滑稽画面：一位趾高气扬的大男人，却
穿着红得发亮的高跟鞋；反正，怎么看都有些别扭。

　　除了对内独裁，路易十四还要对外称霸，为此，各种战争便不可
避免。法国在他的统治期内，共介入了四次大规模战争：1667年至

1668年的遗产战争，即与西班牙争夺荷兰的遗产归属权；1672年至1688年与荷兰的法荷战争；1688年至1697年的大同盟战争，即与神圣罗马帝国皇帝之间的九年战争；以及1702年至1713年的西班牙王位继承战争。这些战争表面上使法国成了西欧霸主，疆域也得到大幅扩充，殖民地更是遍布世界各地；但实际上，却耗尽了法国的国库，使国家身陷高额债务，人民的生活更是水深火热。反正，路易十四为其国家、民族，甚至自己的子孙后代，都遗留了无尽的祸患；给他的继承人路易十五留下了一个难以收拾的烂摊子；最后，终于爆发了1789年的法国大革命，以至路易十六被含冤送上了断头台。此乃后话，故此忽略不述。

为了实现其"对内独裁，对外称霸"的战略，当然少不了密码；这也是前面为啥要介绍路易十四的身世背景的原因；毕竟，古代欧洲的皇帝中，如此霸道者其实并不多；如果他从小未经受这些挫折，也许就不会这般狼性。为了实现自己的霸王梦，路易十四花重金聘用了当时最著名的密码专家——罗西尼奥尔。这位罗西尼奥尔，确实是当时密码界的传奇人物，他先服务于英国，并因破译了一份重要密码，而兵不血刃地解救了拉罗谢尔城中的无数饥民；后来，他又效力于路易十四，并深得器重，以至路易十四在自己的书房旁，专门为这位破译专家安排了一个办公室。一个大臣对这位专家的评价是："他是欧洲最强的密码破译专家，任何密码都难逃其法眼；很多密信经他扫一眼，马上就会原形毕露；因此，他是国王的核心重臣。"

果然，罗西尼奥尔与其儿子一起，不但帮助路易十四破译了许多重要密码，还专门为国王设计了一种特殊密码，称为"伟大密码"。该密码的细节虽早已不为人知，但其大意是：将词汇手册（一些单词的列表或单词的替换）和协同替换组合在一起；同时，采用了空字符和代码组来标明"忽略前一个代码组"；等等。该密码被长期使用，甚至直到罗西尼奥尔的孙子老死后，"伟大密码"才总算退休；从此以后，用该密码加密的文件，就再也无人能读懂了。直到1890年，"伟大密码"才被彻底破译；接着，人们又用了三年多的时间，才勉强破译了当年路易十四的某些加密命令；其中，竟然涉及巴士底狱的那位神秘的铁面囚犯，他被关押于1681年，死于1703年。

另外，路易十四还很重视科技，毕竟这也有助于他实现自己的"霸权梦"；甚至他本人在科学方面也还有一些小贡献，比如，他提出了电与蓄电的构想，并试图从海洋中找到能发电的物质，也不知该灵感是否来自电鳗；他还鼓励用实验去燃烧金属线，试图以金属代替蜡烛，据说该想法后来启发爱迪生发明了电灯；他研究了潮汐现象与大气；他曾用武器来测试各种金属的特性，如密度等；他还提醒科学界，要立法尊重个人的智慧权力，这也许是最早的专利想法吧。

独裁者之间都是惺惺相惜的，你看，路易十四与康熙皇帝两人，就打得火热；在实施中央集权方面，他们互相取经，彼此借鉴。据说，路易十四曾向康熙派出使节，送上了浑天仪等30余箱科学仪器，参与了绘制中国首份现代化全国地图《皇舆全览图》，还献上奎宁（俗称金鸡纳霜）治好了康熙的疟疾，帮助康熙就中俄边界问题进行谈判。路易十四甚至还亲自给康熙写过私人信件。从某种意义上来说，路易十四也算得上是法国的康熙，唯一的区别在于，中国的康熙不会跳舞，而法国的康熙却亲自上阵，先后出演了至少21部芭蕾舞剧。

自路易十四的御用密码专家罗西尼奥尔有了自己的专用办公室之后，密码破译者阅读他国外交密信的地方，就都被称为"黑室"。甚至整个18世纪，欧洲各国都相继建立了自己的黑室。其中，最著名的黑室是维也纳的卡比内茨办事处：所有需要送往各国大使馆的信件，都必须在早上7点首先送到黑室；在这里，这些信件将被悄悄打开、复制、再重新封印，然后返回邮局正常投递。信件穿越奥地利，在上午10点钟到达各国大使馆；由大使馆返回的信件，则在下午4点到达。每天大约有100封信件，因此需要许多密码破译专家聚集在一起，大家互相讨论，共同处理，从而大大提高破译水平；以至卡比内茨办事处不仅能为奥地利政府提供重要情报，同时也还有余力向欧洲其他国家兜售信息。比如，驻维也纳的法国大使馆，就曾用1000达克特金币的价格，每周两次从卡比内茨办事处购买情报。当第一份情报送达路易十五时，他惊讶地发现了普鲁士王传给其在维也纳和巴黎的间谍指令；同时，更惊讶地发现：自己的密信也已被破译了。

黑室的破译威力，终于让许多国家的政府最终下定决心，正式启用更安全的维吉尼亚密码；虽然其加密和解密工作量将会骤增，毕竟安全才更重要嘛。如此一来，如何设计机械化的加解密机器（当然也包括破译机器）就提上了议事日程；于是，计算机（虽然只是机械式计算机）就准备登场了。

3.5 密码破译计算机

巴贝奇，在近代密码破译史上，必须被提及的重要人物之一，他也是机械式计算机的发明者。他自少年时代起，就是密码的狂热爱好者，曾破译了首位皇家天文学家佛兰斯蒂德的速记手册，破译了查理一世之妻的加密笔记，并将其破译技能合法地用在了许多方面。他一直在收集和研究密码，并计划出版专著《密码破译的哲学》，可惜，最终没能完稿。他之所以能在密码破译方面高奏凯歌，是因为他特别擅长计算；实际上，密码破译本身，就是一种特殊的计算。早在二十岁刚出头时，巴贝奇就造出了一台可计算八位数的小型计算器；后来，他开始设计可以计算到小数点后20位的机器，并得到了英国政府的资助；他花费了十年工夫，总算做出了能进行微分运算的"差分机一号"，并设计了改进型的"差分机二号"，可惜未能最终完成。再后来，他以剑桥大学卢卡斯数学教授的身份，开始研究"分析机"，这是一种可编程的，拥有中央处理器和存储器的，并通过穿孔卡片接收指令的，非常接近现代计算机的东西。有关这些计算机的更多情况，将在随后介绍，此处暂且忽略不述。

在密码破译方面，巴贝奇的最大功绩是，他成功破译了号称"牢不可破"的维吉尼亚密码！不过，他从未公布过自己的破译技巧，毕竟当时英国刚开始克里米亚战争，密码破译当然是最高机密。后人通过分析他的笔记，找到了相关密码破译的蛛丝马迹；原来，巴贝奇注意到了这样的现象，即在维吉尼亚密文中，字母序列经常重复出现；从数学上看，这主要受制于"维吉尼亚密码的多表代换，其实是多个单表代换密码的交织而已"；并且，每个单表代换密码，都可用频率分析来破译。然而，加密是用恺撒移位实现的，每隔几个字母就会使用同样的单表替换，因此，就可通过计算每个替换表字母出现的次数，并与英语标准次数进行比较，在e处有突出的尖峰，在r、s、t处有驼峰，它们之间和前后都有明显的低谷。于是，通过将这些单表替换的字母峰谷分布，与标准分布进行比较；就能算出它们分别对应于哪几个移位。一旦找到了移位，便拥有了收发双方约定的那个关键字，于是，密码就被破解了。巴贝奇还破译了维吉尼亚密码的多个变种。

其实，除频率分析之外，还有很多方法可在未解密的情况下，区分以维吉尼亚密码为代表的代换密码中的语言种类；比如，文本熵方法，它甚至可以确定某个密文中所用语言的年代；又比如，语言的熵，好像也服从于热力学第二定律，即语言熵随着时间而增大。维吉尼亚密码被广泛使用了数百年之久，甚至在美国南北战争期间，还被南方军长期错误地使用，即密钥字长期未变；妈呀，这好险，因为这时维吉尼亚密码其实早已被破译，只是被南方军和北方军同时忽略了而已。更出人意料的是，直到1917年，都还有人在权威刊物《科学美国人》上声称单表代换密码"牢不可破";而且到了1921年,《科学美国人》上竟又发表了一篇文章,煞有介事地宣称"破译了单表代换密码",其实,该类密码早就被破译了。

除直接破译维吉尼亚密码及其变种之外,巴贝奇对人类的最大贡献,可能要数他发明的差分机和分析机,为此他被誉为"机械式计算机之父"。虽然巴贝奇发明的计算机并未真正用于他那个时代的密码破译;但是,后人在此基础上,不断改进的各种计算机,特别是当今的电子计算机,绝对是密码破译核心工具,也是密码编码必不可少的设备;所以,巴贝奇绝对是当之无愧的"机械式密码之父",因为自他以后,密码的编码、解码和破译工作就将进入机械化时代了。

巴贝奇差分机设计于1819年,其实验样机完成于1822年。它是人类第一台"会制表的机器",共有3个寄存器,每个寄存器有6个部分,每个部分有一个字轮。它可以编制平方表等表格,还能计算多项式加法,其运算精确度达到6位小数。1991年,为纪念巴贝奇诞辰二百周年,伦敦科学博物馆按照当年巴贝奇的设计图纸,花费了3年半的时间,耗资45万英镑,才终于制作了完整的大型巴贝奇差分机,它包含4000多个零件,重2.5吨,可处理20位数,有7个20位的寄存器,还附设了印刷装置,可直接将结果制成表格等。

巴贝奇分析机,是人类第一台机械式通用计算机,它的设计逻辑非常先进,是当今电子计算机的先驱。它有自己独特的"键盘""显示器""CPU""内存"等关键部件,只是不用电源而由蒸汽机驱动而已。该计算机由黄铜配件组成,大约有30米长,10米宽。它使用打孔纸带输入和输出,采取最普通的十进制计数。它由巴贝奇于1834年开始研制,但却耗尽了终生精力,最终也未能彻底完成。它的"内存"大约有20.7 KB,可进行四则运算、大小比较和求平方根等操作,它的设计语言类似于今天的汇编语言。

巴贝奇的全名叫查尔斯·巴贝奇，于1792年生于英格兰西南部的一个富豪之家，父亲是一位成功的银行家。他从小就显示出了极高的数学天赋，也养成了对任何事情都要寻根究底的习惯，对任何玩具他都喜欢拆开来看看里面的构造。后来他考入了剑桥大学三一学院，分别于22和25岁时获得文学学士和硕士学位；其间，他的代数知识甚至超过了讲课老师。毕业后，他留校任教，先从事了十年科学活动，接着又去欧洲大陆的许多工厂考察了1年；然后，于36岁那年，开始担任牛顿当年的教席，剑桥大学卢卡斯数学教授。

若巴贝奇只潜心于数学理论研究，那他本叮踏上鲜花铺就的坦途，毕竟"能坐上牛顿的教席"这件事本身，就是功成名就的代名词；然而，这位旷世奇才却选择了一条无人敢攀的崎岖险路，甚至花光了从父亲那里继承的巨额遗产。原来，他选择的这条荆棘之路就是研制计算机，看来，还真是"成也萧何败也萧何"，只不过他的"萧何"就是他耗费终生精力所研制的那三台计算机。

巴贝奇研制的第一台计算机，是一个小型差分机，或称为第一代差分机，它能按预定旨意，自动计算不同的函数；这里显然已初现了程序控制的端倪，那年他刚满20岁。差分机的最初灵感，来自法国机械师杰卡德的"自动提花编织机"。十年后，巴贝奇初战告捷，第一台差分机于1822年呱呱坠地。为啥要耗费整整十年呢？因为当时的工艺水平极差，从设计绘图到零件加工，都得自己亲自动手。好在巴贝奇自小就酷爱并熟悉机械加工，车钳刨铣磨，样样拿手。所以，他能仅凭一己之力研制出这台机器，其运算精度达到6位小数，而且还能演算出好几种函数表格。随后的事实表明，差分机非常适合用来编制航海和天文方面的数学用表。

第一台小型差分机研制成功后，巴贝奇高兴不已。他连夜奋笔上书英国皇家学会，请求政府资助他建造第二台运算精度为20位的大型差分机，或第二代差分机；果然，很快就获得了金额为1.7万英镑的一大笔政府科研资助，这相当于那时的约200台蒸汽机车的价值。可惜，若干年的事实表明，这笔钱仍远远不够；于是，巴贝奇只好自掏腰包，倒赔了另外1.3万英镑巨资，以弥补研制经费的不足。即使如此，第二台大型差分机也未能如期诞生，因为它太庞大了，按当时的工艺和元器件水平，根本不可能完成如此艰巨的任务。比如，它有大约25 000个零件，且主要零件的尺寸误差不得超过千分之一，哪怕是用现在的加工设备和技术，若要造出这种高精度的机械也绝非易事。巴贝奇把第二台差分机的工程实施工作委托给了英国最著名的机械工程师，但进度仍然十分缓慢。巴贝奇心急如焚，从剑桥到工厂，从工厂到剑桥，一天几个来回地狂奔；他把图纸改了又改，让工人把零件返工了一遍又一遍。年复一年，日复一日，直到又一个10年过去后，巴贝奇依然只能望着一堆半成品发愁，因为至少还有一半零件没能完成。研制小组的同事们灰心了，一个个纷纷离他而去。接下来，巴贝奇又独自苦苦支撑了第三个十年，终于再也无力回天。据说，那天清晨，巴贝奇蹒跚走进空荡荡的车间，眼见满地一片狼藉的滑车和齿轮，他呆立在尚未完工的机器旁，深叹一口气，终于含泪低下了头。在痛苦的煎熬中，他无计可施，只得把全部设计图纸和已完成的部分零件，送进伦敦皇家学院博物馆供人观赏。

1842年，是巴贝奇最心凉的一年。这并非因为那年冬天格外冷，而是因为，英国政府眼见二十年的资助要泡汤，大型差分机的研制要失败；于是，宣布放弃资助差分机，甚至连科学界的友人们都用怪异的目光看着巴贝奇。英国首相便讥讽道："这部机器的唯一用途，就是烧掉大笔金钱！"同行们也嘲笑他是"愚笨的巴贝奇"。皇家学院的权威人士，包括著名的天文学家艾瑞等人，都公开宣称他的大型差分机"毫无任何价值"等。但是，1842年也是巴贝奇最受感动的一年；因为，当大家都对大型差分机落井下石时，巴贝奇却意外收到一封来信，不仅对他的坚持表示理解，还希望与他共同工作，最终完成计算机的研制。这位来信者可不简单，她竟是一位伯爵夫人，还是英国大名鼎鼎的诗人拜伦之独生女，名叫阿达·奥古斯塔，简称阿达。原来，她在童年时，就曾跟妈妈一起，参观过巴贝奇的小型差分机，并留下了深刻印象。就这样，时年27岁的阿达，就成了巴贝奇的科研合作伙伴，更迷上这项常人不可理喻的"怪诞"研究。

阿达的友情援助更坚定了巴贝奇的决心，其实，他早已在1834年就开始了另一个更大胆、更疯狂的科研计划，即研制巴贝奇分析机，它能自动求解含100个变量的复杂算题，每个数的精度可达小数点后的25位，速度可达每秒运算一次。他为分析机设计了一种齿轮式的"存贮库"，每一齿轮可贮存10个数，总共能够储存1000个50位数。分析机的第二个部件是所谓"运算室"，其基本原理与帕斯卡的转轮相似，但他改进了进位装置，使得50位数加50位数的运算可完成于一次转轮之中。此外，他也构思了送入和取出数据的机构，以及在"存贮库"和"运算室"之间运输数据的部件。他甚至还考虑到如何使分析机处理"依条件转移"的动作。一个多世纪后，现代电脑的结构几乎就是巴贝奇分析机的翻版，只不过它的主要部件被换成了大规模集成电路而已。

阿达确实是巴贝奇的得力助手，她非常准确地理解了分析机的实质，她评价道："分析机'编织'的代数模式，同杰卡德织布机编织的花叶完全一样。"于是，为分析机编制一批函数计算程序的重担，就落到了这位数学才女的柔弱肩膀上。阿达在人类历史上首次为计算机编出了程序，包括计算三角函数程序、级数相乘程序、伯努利函数程序等。阿达编制的这些程序，即使到了今天，也仍然相当完美；所以，她被公认为"世界上第一位软件工程师"。为了纪念阿达为人类做出的杰出贡献，美国国防部将自己发明的一种软件语言命名为

"ADA语言",即阿达语言;据说,该种软件语言的研制,花费了250亿美元和10年光阴,它融合了美国军方数千种标准电脑的几乎全部软件功能。

为了研制大型差分机和分析机,巴贝奇和阿达几乎赌上了全部身家。由于得不到任何资助,巴贝奇最终耗尽了所有家财,搞得一贫如洗。最后只好放下架子,和阿达一起设法赚钱,比如,制作一些国际象棋玩具,或赛马游戏机等。阿达甚至两次忍痛把夫家祖传的珍宝送进当铺,以维持日常开销,而这些财宝又两次被她母亲出资赎回。由于贫困交加,以及过度的脑力劳动,阿达的健康急剧恶化。1852年,怀着对分析机的美好梦想,阿达这位软件奇才,终于魂归黄泉,香消魂散,死时年仅36岁。

阿达去世后,巴贝奇又独自咬牙坚持了近20年。晚年的他已说话困难,甚至不能准确表达自己的思想,但是他却仍坚持科研。可惜,分析机和大型差分机却最终未能被制造出来,但是,他们虽败犹荣!巴贝奇和阿达之所以未能成功,因为他们的设想太超前。然而,他们却给后辈留下了极其珍贵的精神遗产:包括30多种不同的设计方案,近2000张组装图和50 000张零件图等;当然,更包括那种在逆境中自强不息,为追求理想奋不顾身的拼搏精神!

1871年,为计算机事业奉献了终生的巴贝奇安然仙逝,享年79岁。安息吧,巴贝奇;您发明的通用计算机已在后人的不断改进下,发展成了如今随处可见的电子计算机;它们已经是密码编码、解密和破译的核心工具,更成了当今信息社会的基础设施。

虽然巴贝奇确实是现代计算机的始祖,但在他之前,其实人们一直就在进行计算机方面的探索,并取得了一些阶段性的成果。

早在1623年,德国科学家契克卡德就制造了人类首台机械计算机，它能进行6位数的加减乘除运算，还设置了一种"溢出"响铃装置；机器上部附加了一套圆柱形的算筹。该机是他为挚友，天文学家开普勒而制作。据说，契克卡德只造了两台原型机，其示意图发现于他给友人的一封信中；1960年，人们根据该示意图复制了一台样机，结果它确实能工作。1993年5月，德国专门为契克卡德诞辰400周年举办了一次展览会，以隆重纪念这位被一度埋没的计算机先驱。

1642年，法国科学家帕斯卡发明了著名的帕斯卡机械计算机，它能进行自动的进位加法运算，这就首次确立了计算机器的概念。该机可计算8位数字，表示数字的齿轮共16个，每个齿轮均分成10个齿，每个齿表示0到9中的某个数，并按大小排列。8个齿轮在上面组成垂直齿轮组，从左到右构成8位读数，分别表示个位数、十位数、百位数……千万位数等；另外8个齿轮则在下面组成水平齿轮组，从左到右可以进行8位数的加减。

1674年，莱布尼兹改进了帕斯卡的计算机，使之成为一种能进行连续运算的机器，并在中国八卦的启发下，提出了"二进制"概念。该机的外表，是一个长100厘米、宽30厘米、高25厘米的盒子；它主要由不动的计数器和可动的定位机构两部分组成。不动部分有12个小巧的读数窗，分别对应着带有十个齿的齿轮，用以显示数字。可动部分有一个大圆盘和八个小圆盘。用圆盘上的指针确定数字，然后把可动部分移至对应位置，并转动大圆盘进行运算。可动部分的移动用一个摇柄控制，整个机器由一套齿轮传动。莱布尼兹机的主要部件是梯形轴，即带有不同长度齿的小圆柱，圆柱的齿呈梯形。这种梯形轴是齿数可变的齿轮的前驱，有助于顺利实现比较简便的乘除运算；同时，把机器分为可动与不动部分的设计，导致滑架移位机构的产生，简化了多位数的乘除运算。莱布尼兹的发明，长期为各式计算机所采用，在手摇计算机发展史上做出了重要贡献。

后来，法国人科尔马，发明了可进行四则运算的计算器；1725年，法国纺织机械师布乔发明了"穿孔纸带"；1805年，法国机械师杰卡德，根据布乔的构想，完成了"自动提花编织机"的设计制作；前面已说过，巴贝奇计算机的灵感，最早就来自杰卡德的这款编织机。

实际上，当密码进入机械化时代后，所谓的自动加密机或解密机，压根儿就是某种专用的机械式计算机，这一点在两次世界大战中表现得最为明显。而所有计算机，也都会在各种密码破译工作中扮演重要的角色。

第4章

一战密码

密码发展的首个高峰，出现在第一次世界大战期间；这也是意料之中的事情，毕竟密码是决定战争胜负的关键。况且一战时，无线电通信已被广泛使用，与曾经的信使传递或电报信息相比，无线电波更易被截获。于是，敌对双方的密码博弈也就更加激烈：谁都想建立监听网络，来截获对方的信息并加以破译；谁都想设计出安全可靠、简便易行的密码，让对方无法破译。

4.1 密码密钥博弈

其实，从某种意义上来说，第一次世界大战就是密码之战。比如，1914年8月5日凌晨，就在对德宣战的当天，英国干的第一件事情，就是切断德国横跨大西洋的电缆，目的在于迫使德国大规模采用无线电来传送消息，从而有利于英国截获更多的德国密文消息。果然，就在当天晚上，英国海军情报局局长的办公桌上，就堆满了截获的德国海军密码电报文件。但是，德国也不是吃素的，它通过无线电传播的电文，也并不好惹；因为它们都是加密后的乱码。如何破译这些乱码，就成了英国海军的头等大事。英国教育部主任尤因，当时虽无"金刚钻"，却被分派了破译这些密文的"瓷器活"。于是，这位尤因，一方面赤膊上阵，亲自前往大英博物馆等地查阅密码资料；另一方面，也马上招募了一批德语助手来协助破译密码。此外，他还广泛建立了多达14个监听站，从不同渠道拦截更多的德国官方信息，以便相互印证，来帮助密码破译工作，当然，这也给自己揽下了更多的"瓷器活"。

破译密码的最佳捷径，当然是获得对方的密码本，或称密钥。可如何才能获得密钥呢？最粗暴而直接的办法，自然是：要么偷，要么抢。于是，1914年8月11日途经墨尔本的一艘德国轮船，便成了劫持对象；可遗憾的是，尤因等却扑了个空。一筹莫展之际，突然天上掉馅饼了。原来，当年8月26日，德国轻型巡洋舰马格德堡号，在芬兰湾搁浅；俄军从残骸中打捞出了一本德国海军密码本，并送给了其英国盟友；于是，尤因等又急奔失事海域，又搜到了更多密码本。虽然这些密码本并没有帮助尤因等立即破译德国密码，但却使他们明白：德国的信息已被事先编码，然后使用了简单的单表代换进行重复加密。如此一来，破译思路就清晰了；因为某些特定码字，将比其他码字使用得更频繁，且有些码字将出现在已被识别的字集中。

尤因立即招兵买马，增加了破译人员，以便及时处理越来越多的截获密文。1914年11月，破译团队搬进了海军部旧楼40号房间，这便是后来在密码史上著名的"40号房间"。该房间紧邻海军军务大臣办公室，隔壁还配有舒适的小卧室，以供密码专家们疲惫时休息。虽然该密码破译机构的正式名称是"情报部第25分支"，简称ID25；但"40号房间"这个俗称，却仍被保留，尽管后来搬到了别处。"40号房间"好运不断，紧接着，一艘英国拖网渔船又打捞到一个盛有部分密钥的铅盒，它来自1914年10月17日特塞尔战斗中被击沉的德国鱼雷艇。

更幸运的是，德国人对英国的这一连串好运竟一无所知，只能任由英国的破译工作节节胜利。果然，在1914年12月14日，40号房间的密码破译员确认，德国海军的一个突击队将离港，前往攻击英国沿海某城镇。这时，英国海军也立即出发，但却反向前进，意图切断德军回程的必经之路。其实，这是很残酷的现实，因为它意味着：为了隐瞒"英国已破译德军密码"这个事实，英国必须付出沉重代价，眼睁睁看着自己的平民被德国轰炸而不能去拦截。非常遗憾的是，由于大雾影响，这次英国未能重创回程德军。不过，接下来就该德军还债了：1915年1月23日，英军又破译了德国密码，知悉德舰将再次离港，前往多格尔沙洲；这次英军继续欲擒故纵，终于成功拦截了德国袭击者，击沉一艘巡洋舰，重创两艘。从此，40号房间声名鹊起，密码分析专家的人数也猛增到50人。

随后，尽管德舰在一年内没敢再次冒险离港，并在1915年2月更换了密钥；但40号房间的破译员已熟悉了德军码字，很快，德军的新密码又被破译了。截至1916年，虽然德军将"每三个月更换一次密钥"的频率，加快为"每晚午夜更换密钥"；但是40号房间的密码破译人员已相当老练，经常在当天凌晨2点左右就能破译德军密码，最迟也能在次日上午10点前完成几乎全部破译任务；从而使英国在战争中，始终处于有利地位。

1916年6月的"日德兰半岛战役"后，德国改由潜艇攻击英国。但其密码却换汤不换药：虽使用了柱状变换进行多次加密，但是仍然只使用相同的码书。这里所谓的柱状变换，其实也是一种字母扰乱；此时，明文消息必须按矩阵方式书写，且行的长度等于密钥字长度。例如，若用密钥字UBOATS对消息"attack British fleet at dawn tomorrow"进行加密，就得到图4-1所示的文字方块。

U	B	O	A	T	S
a	t	t	a	c	k
b	r	i	t	i	s
h	f	l	e	e	t
a	t	d	a	w	n
t	o	m	o	r	r
o	w	j	q	r	w

图4-1　基于密钥字UBOATS的柱状加密第一步

如果方块的最后一行未能填满，则可用一些无意义的字母来填充。接着，按照密钥字中的字母顺序（ABOSTU），将方块中的列，进行换位，得到如图4-2所示的文字方块图。

A	B	O	S	T	U
a	t	t	k	c	a
t	r	i	s	i	b
e	f	l	t	e	h
o	t	d	n	w	a
o	o	m	r	r	t
q	w	j	w	r	o

图4-2　基于密钥字UBOATS的柱状加密第二步

最后，将换位后的方块中的消息，按列读取；就得到相应的密文，即

ATEOOQ TRFTOW TILDMJ KSTNRW CIEWRR ABHATO

若未做字母填充，将得到长度不等的密文；这将使得密文更易被破解。解密时，若已知密钥字，则只需反向进行加密过程就行了。

为了增加破译难度，德军本可对消息进行多次加密，也可用相同

或相异的密钥字；但不知是可惜还是幸运，反正，德军没有进行这些加固工作，也许他们对自己的"消息预编码"充满信心吧。不过，为了增强安全性，德国在1916年8月更换了密码本。但是，英军再次幸运的是，在当年9月23日晚上，德国的"齐柏林L32飞艇"在埃塞克斯被击落，并由此找到了一份烧焦的新密码本。此外，另一份密码本副本，也由潜水员在肯特海岸被击沉的潜水艇中找到。因此，面对德军的这次"密码本更换"，40号房间的密码破译专家几乎没受啥影响，仍能像过去那样，快速破译德军密码。

尝到了抢夺密码本的甜头后，在一战后期，英国对"从海底捞取德国密码本"的行为就上瘾了，以至所有被击沉的德国船只和潜艇，都成了英国的重点关注对象。当然，要想找到并进入海底残骸并非易事：一方面，毕竟海水呈暗绿色，很不透明，即使乘坐小船从海面往下看，也最多只能探测几米，而残骸常常是在数十米甚至更深的海底；另一方面，一战时的潜水衣非常粗糙，由一件厚重的斜纹铁壳、紧身胸衣和一顶笨重的潜水头盔组成。此外，为防止潜水员在水下被潜流掀翻，潜水服还刻意增加了配重，加上铅底靴子，其总质量可达100多千克。设想一下，穿上如此笨重的潜水服，在漆黑的海底，仅凭一个手电筒就要想在庞大的船只残骸中，找到被敌方刻意隐藏的小小密码本，这将有多难；虽不能说是在"大海捞针"，但其难度也差不了多少了。

最著名的潜艇打捞行动，发生在1917年。当时，一艘编号为"UB-33"的德国潜艇，从比利时基地出发，行至英吉利海峡时触雷沉没。若按照时间推算，该潜艇一定携有最新密码本等情报。于是，打捞该艇的任务，便交给了一位年仅36岁的军官达曼特，他是英国为数不多的深海潜水专家之一；他曾从海底成功打捞出44吨金条，而当时那艘运载金条的船只已被炸得面目全非，船舱变得非常狭小，通道也严重变形。

达曼特的任务，就是要指挥一支由5名潜水员组成的秘密小组，从海底的潜艇残骸中找出德国密码本，这当然比打捞金子更刺激。经过一番实地摸底后，深潜小组决定开始行动了。

可是，当达曼特轻轻滑入深海，调整了潜水头盔上的气阀，让沉重的潜水服把他拖到英吉利海峡的柔软海底时，才发现了一个新困难：原来，虽然他们找到了潜艇，解决了灯光照射问题，也让能见度提高了不少；但是，潜艇四周却遍布了数不清的未爆炸水雷，它们像气球那样在潜水员身旁晃呀晃，好像随时都想抱住潜水员撒撒娇。这是非常危险的，因为笨重的潜水衣，特别是铅底靴的任何一次轻微碰触，都可能立即引爆水雷。此外，打捞点位于交战区，就在离潜水员不远处，还偶尔会有德国潜艇往返游弋，他们随时都可能被发现而击沉；而在水中，冲击波的威力相当大，即使在数千米外发生的触雷或爆炸，所产生的冲击波，也可能让潜水员耳膜破裂，内脏受损，甚至毙命。更糟的是，潜艇残骸的指挥塔舱口被炸得扭曲不堪，甚至伸不进一只手。当时又无水下切割设备，只能用炸药强行爆破，这当然可能震醒附近的水雷，引发二次爆炸；这可就不只是操作失误了，而是标准的自杀；就算相关爆炸残片没直接伤人，但是只要割断了潜水员的救生索或空气软管，那这名潜水员就没有生还的可能了。

潜水员自然不愿接受这种极度危险，纷纷罢工。待到英国海军部承诺"若发生意外，将向受难者近亲赔偿巨款"后，打捞工作才又恢复正常，潜水员们才终于进入潜艇，结果发现：舱门关得很严，舱壁压得很碎，加热海水的电池也被炸出，各种油污挡住了视线，甚至连大功率电筒在水下也无济于事。

谢天谢地，连续几天打捞后，终于从潜艇里挖出了各种残骸，包括信号本、密码本、实验武器和德军的雷区计划等。当这些宝贝被火速运到伦敦后，相关密钥就自然落入了 40 号房间；随后，德国的军事秘密就一览无遗地摆在了英军眼前。从此，德国的军事任务就再也没保密可言了，当然德军也就只剩挨打的份了。

由于此事属于高度机密，几十年后才被揭秘；从此以后，达曼特和他的伙伴们，便被戏称为"开罐人"。但达曼特很低调，他不喜欢张扬，只表示：最让他高兴的事情是在打捞密码本过程中，并未出现严重伤亡事故。

总之，在一战的密码博弈中，除技术性破译手段外，各方可谓不择手段，特工更是经常通过无线电拦截、俘获对方船只、击落对方飞艇、间谍活动、敲诈勒索和一般的欺诈等手段，千方百计搜集对方的密码本、密码钥匙和其他情报。比如，英国特工还买通了德国海军办公室的门卫，从而得到了最新密码本，并实时掌握了德国军队和外交的相关动向。

4.2　ADFGVX 密码

德国当然知道无线电信息很容易被窃听，所以他们不断发明并使用新密码，特别是战术级密码；其中最著名的便是所谓的 ADFGVX 密码，此名称源于在该密码的电文中，当初所有单词都由 A、D、F、G、X 五个字母拼成，后期又多出了另一个字母 V。原来，德军在 1918 年 3 月 5 日突然采用了此种全新密码。突然更换密码，意味着德军很可能将发起一场决战；因此，破译该密码就成了当务之急。

ADFGVX 密码使用了两步加密。第一步加密，基于一种波利比奥斯方块，即由六个字母设计而成的 6×6 棋盘格，如图 4-3 所示，格中用

密码简史

26个英文字母及0到9来填充。

	A	D	F	G	V	X
A	g	v	z	j	c	n
D	s	b	8	q	t	c
F	4	p	h	a	x	i
G	l	i	m	2	s	u
V	w	f	6	y	0	d
X	r	3	k	7	o	9

图4-3　波利比奥斯方块

若用该方块对明文消息"attack at 0800"进行加密，就得到图4-4。

a	t	t	a	c	k	a	t	0	8	0	0
FG	DV	DV	FG	AV	XF	FG	DV	VV	DF	VV	VV

图 4-4　ADFGVX加密第一步

即明文中的每个字母或数字，用它在方块中的行标和列标来表示，比如，字母a在第F行，第G列，所以，a加密后就变成FG；这显然只是一个单表代换密码，可被频率分析破译。因此，还必须进行第二步加密，此时，使用一个关键密钥字，比如BANG，并将第一步加密的结果，排成矩阵，如图4-5所示。

B	A	N	G
F	G	D	V
D	V	F	G
A	V	X	F
F	G	D	V
V	V	D	F
V	V	V	V

图4-5　过渡的预处理

106

实际上，此时的矩阵就是第一步加密结果的顺序排列。接着，将上述矩阵，按关键字（BANG）中的字母顺序，重新排列相应的矩阵列，得到新矩阵，如图4-6所示。

A	B	G	N
G	F	V	D
V	D	G	F
V	A	F	X
G	F	V	D
V	V	F	D
V	V	V	V

图4-6　ADFGVX加密第二步

最后，将新矩阵中的加密信息内容，按列的顺序读出，就得到了加密后的信息：GVVGVVFDAFVVVGFVFVDFXDDV。接收方若知道事先约定的关键密钥字和波利比奥斯方块，那么，将上述加密过程反过来，便可轻松完成解密过程。

1918年春，29岁的法国密码局优秀密码分析员潘万中尉，开始奉命破译ADFGVX密码。他从截获的第一份ADFGX加密电文中，仅凭经验，就毫不费力地猜到了德方使用的是棋盘式代替密码，即古希腊学者波利比乌斯的坐标式换字密码的一个变种；因为唯有这种密码才能只用5个密文字母来代替所有的明文字母。潘万还注意到，来自同一台发报机的三条消息长度相同，所以他假设消息内容也相同，只是收信人不同而已；因此，收件人一栏中多出的一个或两个字母，可以先暂时不管。

果然，潘万猜对了！实际上，ADFGX密码的设计者是德军无线电军官尼贝尔，他之所以在密文中只用A、D、F、G、X这五个字母，因为它们的莫尔斯电码最简明，最突出，无论发报或收报，都不易出错。但是，经过对密文字母的频率分析后发现，情况更复杂：原来，这种密码是在棋盘式代替的基础上，又做一次换位变换；因此，它是一种双重加密。这在当时已是很高级的密码了，纯粹依靠人脑计算很难破译。但潘万又推断：当时的多表代换密码过于烦琐，加密和解密设备也太笨重，并不适合于野外战场；因此，德国很可能使用了移位变换和较复杂的单表替换密码等。

1918年4月1日愚人节的当天，法军截获了18份用ADFGX加密的电报。机敏的潘万发现，电文中的某些部分十分相似；这也许是军事消息的格式非常标准，故可假设：相同的词或短语，将用相同的波利比奥斯方块、相同的密钥字和相同的方法来加密。在注意到了单词的重复性后，潘万开始集中精力猜测密钥字的长度，他通过"对比两份开头相同的密文，然后对其频率统计验证"的方法，首先破译了棋盘的密钥。尔后，潘万根据频率统计规律，最终破译了长达20位的换位密钥。连续工作48小时后，潘万终于掌握了这种密码的基本破译法。事后证明，他的思路及方法完全正确。

1918年6月1日清晨7时，德军15个师对法军发起攻击。法军被迫撤退至距巴黎只有48千米的马恩河畔。德军显然是想攻占巴黎，所以，法军总司令部面临着生死攸关的抉择：在何处设防，以抗击德军的下一波攻击呢？这只能依靠潘万的密码破译结果了，因为答案就隐藏在当天截获的70多份密文电报中；但非常严峻的是，这天截获的所有密码文件中，除了原来的那5个字母外，竟又多了一个字母V。也就是说，德国人将他们的棋盘扩大为6×6了，从而实现了直接加密，使破译更难。潘万又根据经验猜测：多出一个字母V的原因，很可能是"转换方块的最后一行字母不够且未用字母填充"的结果。因此，较长的组，肯定来自转换方块的左边几列；较短的组，则来自右边几列。如果密钥字包含偶数个字母，则转换表的每一列就应该是：要么包含波利比奥斯方块从上往下的字母，要么是从侧面开始的字母，而不会有两者的混合。然后潘万对上面字母和侧面字母进行配对，并对它们进行频率分析。若某两列的配对错了，则频率分析结果就将是平滑的；若某两列的配对正确了，就会得到一些近似标准分布的东西。

下午5时，潘万开始破译当天截收的3份相似电文。又经过了24小时连续奋战，终于找到了德军6月1日的棋盘密钥和换位密钥。6月3日凌晨4时30分，法军又截获了一份非常重要的密文电报。无线电测向表明，这份电报发自德军统帅部。另一位密码分析员利用潘万已破译的密钥，开始一个字一个字地写出破译结果，随着明文的增多，破译员激动得双手颤抖。最后，破译员飞一般冲入总司令部，狂呼："成功了，成功了！"原来，破译的明文是："速运军需弹药，如不被发现白天也运。"

情报官马上意识到，电报中提到的弹药就是为德军进攻准备用的弹药，收报单位所在地将是德军的进攻方向。于是德军的攻击地点就被确定了，即蒙迪迪埃至贡比涅之间。于是，法军立即抢先调集部队加强防线。

1918年6月9日夜，德军进行了长达3小时的炮击，几乎将预定的法军阵地炸得底朝天。拂晓，德军15个师发起了冲击。然而，提前6天得知秘密的法军胸有成竹，早已进行了有效防护，正严阵以待。最终，德军失利。从此，战场形势变得有利于协约国；战局转变了，历史也转变了，协约国最终赢得了一战。

花开两朵，各表一枝。当得知德军真的从预期方向发起攻击时，精疲力竭的潘万突然瘫倒在地。在破译密码的过程中，他体重骤减15千克，各项生命指标严重失常；最后，不得不在医院里休养了整整6个月。

其实，在一战期间，虽然各国都设计了许多新密码，但它们无非都是19世纪那些已被破译的各类密码的变形或组合，这可能主要受制于计算技术不够发达，加密机不够先进等原因；毕竟，过于复杂的加密算法，在当时根本无法实现，这一点将在后来的二战中得到重大改良，那时机械密码已经普及，机电密码也已出现。所以，一战期间，从破译者角度来看，破译思路其实并不难，但破译的工作量却大得出奇，若无计算机（哪怕是机械式计算机）的辅助，面对急剧增长的计算量，破译者只能望洋兴叹。

一战期间，无线电的广泛使用，也使得截获的信息量激增；据估计，法国在一战期间截获的德国通信信息量，高达1000万个单词，这在此前完全不敢想象；所以密码技术绝非孤立的技术，它至少与通信和计算环境密切相关。

4.3 齐默尔曼电报

破译齐默尔曼电报，是一战密码的关键事件之一；因为它终于将本想旁观的美国，拖入了战争。这封电报由德国外交大臣齐默尔曼，于1917年1月16日，发给德国驻华盛顿特区大使馆，并从那里再转交给墨西哥城的德国公使馆，最后再转交给墨西哥总统。

该电报的背景及内容是这样的：为了切断英国的粮食及物资补给渠道，以迫使英国投降；德国计划从1917年2月1日起恢复无限制的潜艇战，而这就可能损害美国利益，甚至促使美国卷入战争，站在同盟国一方。为了使美国继续保持中立，德国希望与墨西哥结盟，说服墨西哥总统进攻美国，并答应慷慨提供财政支持，以帮助墨西哥夺回失去的得克萨斯州、亚利桑那州和新墨西哥州等领土。同时，也希望墨西哥总统说服日本进攻美国，以此牵制美国，使其无法派遣部队到欧洲。这便是齐默尔曼的如意算盘。

截获齐默尔曼的加密电报并不难，因为它是通过瑞典发送的。很快，它的一个备份就送到了美国驻柏林大使馆，并通过美国的电缆进行传送，40号房间的密码破译者们也很轻松地获得了。该密电采用了德国海军代码0075编码。而代码0075共包含了1万个单词和短语，并按随机顺序编号为0000到9999。由于英国人已掌握了0075密码本，它是1914年从"马格德堡号"缴获的码书中提取出来的。虽然齐默尔曼电报已被多次加密，即用外交密码13040进行了再次加密，但这并不能掩盖其底层密码的结构：原来，它们分别是按三个、四个和五个数字一组而分割的。

当德国大使向美国解释柏林重启无限制潜艇战的理由时，当德国极力劝说美国不要卷入战争时，英国密码破译专家也在加班加点破译德国密电。很快，在1917年2月5日，就破译了齐默尔曼电报密码，德国的阴谋也暴露无遗。但是，问题并未完全解决；因为英国人既不能透露他们已能破译德国密码，否则，将刺激德国研发和启用更强的密码系统；也不能承认他们窃听了美国或其他中立国家的有线通信，否则就会影响彼此间的友好关系。于是，英国驻墨西哥大使，动用贿赂手段，收买了一名间谍；再让该间谍潜入墨西哥电报部门，偷得了齐默尔曼电报的墨西哥版本；即德国驻华盛顿大使转交给墨西哥城的那份电报，此密文未用0075密码，而是采用旧的外交密码13040，只不过做了重新加密而已。这样一来，随后德军将认为，齐默尔曼电报是从墨西哥政府窃取的，美国也不会怀疑该电报其实是在去往美国途中被英国截获并破译的。

于是，英国人向世界宣布，他们在墨西哥偷得一份已解密的文件，并将该13040版本交给了美国政府。在检查了自己拦截的电报之后，美国政府确认了英国版本的真实性。同时，英国还将该电报的内容，全文公布在了报纸上；瞬间，舆论哗然。在柏林的一个记者招待会上，德国外交大臣齐默尔曼，不得不公开承认他确实写过这封信。此事件的最终结果就是：电报的英文译本登上了美国各大报纸；同时，1917年4月6日，美国向德国宣战！

为了进一步分散外界对英国密码破译的注意力，英国海军情报部门，还在英国报纸上编造了一个故事，自我批评未能截获齐默尔曼电报，这反过来引发了针对英国安全机构的讥笑潮，同时表扬了美国人。哈哈，你看，密码破译工作还真不仅仅是纯粹的技术活，有时还需要相关人员唱双簧呢！对了，破译齐默尔曼电报密码的两位功臣分别是：40号房间的蒙哥马利牧师和曾为出版商的内格尔。只可惜，由于保密原因，他们都成了幕后英雄，以至现在已找不到他们的生平信息了。伙计，你若想当密码破译专家，就得事先做好思想准备，有可能被隐姓埋名哟。

另外，密码电报的破译程度，其实也可分为许多层次；若能像齐默尔曼电报密码那样，其内容被完全破解，当然最好；但是，经常出现的情况是，只能破译电码中的部分内容。面对最坏的情况，只要稍加留意，密码监听员其实不难辨别对方某个无线电发报员的"手迹"；因为一旦某条加密信息被以摩斯电码的形式发送，它就变成了一系列的点和短横，而监听员便可通过分析每个发报员的操作速度、停顿习惯及点和短横的相对长度等特征，来确定发报员的身份。此外，还可以建立多个方向（比如，一战中法国就建立了六个方向）的搜索站，由此就能检测每封电报到底发自哪里。实际上，每个搜索站点不断移动其天线，直到收到的信号最强，就能确定信息源的某个方向；通过组合两个或多个搜索站点的信息方向，就能定位敌方发报地点。若再综合考虑发报员的手迹，就可能确立某特定军营的身份等信息。于是，再派出相应的特工情报员，就可跟踪它的走向；至少能推断出某敌军部队的目的地和军事目标等信息。这种形式的情报搜集被称作信道分析，它在某个新密码出现后的前期，是非常有用的；因为面对一个新密码，密码破译者很可能暂时无法破解，这时信道分析就能提供一些有用信息，甚至有助于破译。比如，在破译齐默尔曼电报所用密码的初期，这种信道分析法就扮演过重要角色。

4.4 一次一密密码

在一战接近尾声时的1918年，美军密码研究机构的头目莫博涅少校，引入了一种随机密钥的概念，即密钥不是由一些有意义的单词组成，而是一个随机字母序列；他还发现，若使用某个与消息等长的密钥字，就能得到一系列随机字母，使得维吉尼亚密码更安全。由于发送方和接收方必须使用相同的密钥字，且只能使用一次；因此，这种密码就称为"一次一密"。实际上，若两个"使用了相同的一次性密钥加密的消息"被截获，那么它们便可能被这样轻松破译：假设第一条消息全部是由某个单词组成，那么就可能通过反向推导，完成第一次破译尝试，并揭示随机字母序列中所包含的密钥字。然后，再用它来部分破解第二条消息。一些很短的单词片段，就可能让正确的密钥字逐步浮现；若将这些小片段积累起来，就可能推演出整个随机序列，从而完成"一次一密"密码的破译。

但是，若一次性密钥字"在只使用了一次后"就被销毁了，那么由它生成的密文就真的牢不可破，至少在理论上是这样的。比如，一条21个字母组成的消息，将需要一个由21个随机字母组成的密钥字来加密；这意味着，破译者将不得不尝试 5.1×10^{29} 种可能的密钥字。即使这样的穷举是可能的，破译者也永远无法知道自己是否得到了正确的明文消息，因为测试每一个可能的密钥字，就会产生21个字母组合的明文文本。在英文中，只有为数不多的字母组合才有意义，所以，破译者无法分辨到底哪一个才是正确的明文消息。书中暗表，2011年，密码史学家贝劳文偶然发现：其实早在1882年，另一位密码专家米勒就发明了"一次一密"。因此，只能说莫博涅在贝劳文之后近40年，又独立重新发明了它。不过，这位莫博涅确实是密码破译高手，他曾在1914年发表了普莱费尔密码的完整破译方法，还在1914年出版了密码学专著——《密码学及其解决方案的高级问题》，他一辈子都致力于军事密码研究。另外，他的全名叫约瑟夫·莫博涅（1881—1971），1910年毕业于堪萨斯州莱文沃斯堡陆军通信学校，他还是一位喜欢四处演出的艺术家，一位国际公认的小提琴制作家和有名的神枪手。

为了让"一次一密"实用化，莫博涅花费了大量精力来构建随机密钥系统：首先他制作了一本厚达几百页的小册子，每一页都由随机排列的数百个字母组成，并作为一个独一无二的密钥。在加密一个信息时，发送者将使用小册子的第一页作为密钥，对明文应用维吉尼亚密码加密。一旦信息被成功发送、接收和解密，收发双方都同时销毁已用过的那页密钥字，因此这些密钥字将再也不会被第二次使用。当需要加密另一条信息时，则使用小册子中下一页的随机密钥。

"一次一密"克服了以前那些密码共同的、经不住频率分析的弱点。密文中没有重复的字母组合，无法使用任何已有的破译方法；比如，即使是很简单的测试单词出现在不同的位置，它得到的密钥片段也是毫无意义的字母组合，根本无法判断这个测试单词是否处于正确位置。就算使用穷举法，若想遍历所有可能的密钥字，那无论是人力还是机械运算，都完全不可能实现；就算所有不同的密钥都被测试完，最后产生的相同长度且有意义的信息可能有很多个，密码破译者将无法辨别"到底哪一个才是真正的原文信息"。

"一次一密"的安全性，完全基于密钥的随机性；直到约30年后的1949年，另一位密码学家、信息论的鼻祖香农，终于从数学上严格证明：如果密钥序列是绝对随机的，那么密码破译者将无法破解"一次一密"的加密信息；用学术语言来说，破译者从这样的密文中所获得的有关明文的信息量将等于零，即得不到任何信息；用数学语言来说，"一次一密"是计算上安全的，即理论上不存在多项式的破译算法；形象地说，"一次一密"是绝对安全的，而且也是至今唯一的能从理论上严格证明的"绝对安全的密码"；注意，这里加了一个双引号，其含义将在随后解释，希望读者别被误导。实际上，正是因为香农对"一次一密"安全性的数学证明，才奠定了现代密码学基础；使得密码从过去的"技术丑小鸭"，变成了如今的"密码学白天鹅"。

"一次一密"的优点很多，比如，它原理简单，使用便捷；其安全性基于"信息传递时，双方同步变化的随机密钥"，即每次通信双方传递的明文，都使用同一条一次性的随机密钥来完成信息加密；然后，再通过公开信道来传输加密后的密文。因为密钥一次一变，且无法猜测，这就保证了线路传递数据的安全。但是，各位别高兴得太早，因为真正的"一次一密"，有三个致命弱点。

第一，很难制造大量的随机密钥，而且如果随机性不够，那就不再是"绝对安全"了。在实用中，最好的随机密钥都是利用自然的物理过程来生成的，例如，放射性即具有"真正随机"的行为，虽然这一点并未被数学方法证明。所以，密码编码者可使用盖革计数器来测定放射性物质的放射能，连接一个显示屏，以一定速率循环显示字母表中的字母；一旦检测到放射，显示屏就会暂时冻结，此时显示的字母就可作为密钥中的一个字母，如此反复。然而，若每个一次性密钥字在使用后即被销毁，那么在战争情况下，即使不要数千个，也至少需要数百个这样的机器，这对于每天都要进行的大量密码编码工作来说，同样是难以实现的。

第二，分发密码本也很困难。特别是在战场上，成百上千的发报员处在同一个通信网络中；若想机要通信，每个人都必须拥有完全一样的一次性手册。然后，当新手册发行后，它们又必须同时分发到每个发报员手中。最后，一次性手册的广泛使用，将使战场上出现许多信使和持有一次性手册的人；万一敌方捕获某一本这样的册子，那整个通信系统就瘫痪了：密码本将不得不报废，不得不重新建立密码本。

第三，每个发报员还必须在步调上保持高度一致，以确保他们在特定时间使用的是手册中的同一页；否则，解密者就无法完成正常的解密任务，反而把自己人搞糊涂。

因此，在一战中，"一次一密"主要应用于特定情况，比如，间谍向总部发回情报等。即使在今天，人们也没能实现真正意义上的"一次一密"，比如，只能用"伪随机序列"去代替本该绝对随机的密钥字序列；这种折中做法的优点是，可以进行快速而安全的加密操作，但代价是，它不再是"绝对安全"的了。

4.5　文盲密码专家

一般人都会认为，密码专家肯定是非常聪明的一批人，特别是密码的破译更需要人精中的人精，密码的编码和解码也不是普通人的"菜"；但是，真实情况却并非如此，实际上，任何人，哪怕是文盲都能成为密码专家，而且还是高水平的密码专家。因为从理论上看，密码其实只是一种符号系统，任何一个符号的具体含义，都可以事先进行任意约定，而且知道（或能推知）这种约定的人越少，相应的密码就越安全；从实践上看，在一战中还真的出现了一批特殊的密码专家，他们无须任何培训，甚至可能是文盲或半文盲，却在事实上扮演了顶级密码专家的角色。对，你可能已经猜到了，这批文盲密码专家的一个典型代表，就是某些印第安部落的原住民，而他们所使用的所谓密码，干脆就是他们本民族的土语，而加密效果却奇佳。

原来，在一战尾声的1918年秋天，美军遭遇了自己在一战中的最大的一次战役，默兹-阿尔贡战役。但战场信息的传输却不够畅通，因为德军既破坏了电话线路，又破译了美军的密码，还数次抓获了美军派出的情报员。咋办呢？结果，在一次意外中，有人发现了解决的办法。原来，正为密码发愁的一个上尉，在军营中偶然听到了两个原住民士兵的奇怪对话，一脸茫然的上尉立即意识到这种语言在密码通信中的巨人潜力，毕竟连美国人都听不懂的美国话，德国人就更听不懂了；于是，上尉赶紧叫来这两位乔克托族士兵，问明情况，并证实他们的土语确实几乎没有外人能懂时，就立即将部队中的所有乔克托士兵分配到各个通信班，让他们通过野战电话，直接用他们的土语传递军事命令，当然，也同样由他们再将自己的土语翻译成美国话，并告知前线首长。就这样，乔克托语电话小组就诞生了，密语者也正式投入战场了。

使用乔克托语来加密信息的好处不少：一来，这是一门非常稀罕的语言，即使德军听到了，他们也无法理解；因为只有少数美洲印第安人使用，甚至超过2万人的部落都不多，他们的语言也未广泛传播，而且还没文字。二来，该密码系统很容易建立，实际上，电话小组刚一成立就立即开始工作；几小时内，就有8名乔克托人被派往各战略要点，帮助美军赢得了几场关键性的重要战役。三来，这种密码的加密和解密都非常迅速，甚至比任何其他密码机都快，因而使美军拥有巨大的密码优势。

据说，这种语言使德国人目瞪口呆，他们甚至都不知道这种奇怪的声音，是什么样的人，用什么样的超群口技表演出来的；德军还以为美军发明了一种奇妙装置，以使人能在水下说话呢。当然，乔克托语密码也有其缺点，那就是它没有军事术语，因此作为密语使用时，只好对它进行一些修改，比如，把机关枪说成"射击很快的小枪"，部队人数则以玉米粒代指等。此外，这些乔克托人还发明了一些更神秘的隐语，使得他们的密码成了"密中密"，使得其密码语言听起来更令人费解。后来的事实证明，这种土语密码从未被敌人破译过。

当时，总共有19名乔克托士兵被招募进电话小组；而他们中的很多人，本来在入伍前就互相认识。后来，其他印第安人部落的语言也被用于同样目的。乔克托士兵的榜样，形成了后来战争中信息传递的雏形；其中，以二战的纳瓦霍和科曼奇语密码最为著名。据不完全统计，至今已被用作战场密码的土语种至少还有阿西尼博因族语、齐佩瓦族语、奥奈达族语、克里族语、克劳族语、霍皮族语、基奥瓦族语、梅诺米尼族语、米西索加族语，以及马斯科吉族语等。

战争结束后，电话小组的所有人都返回家乡，但他们很少提及自己在战争中的功劳，因为他们"把自己所做的一切，都当成是履行职责"，而且乔克托人的信条就是"少谈论自己的成就，多听他人对自己的批评"。比如，一位密语者凯旋归来后，在接受当地媒体采访时，只说了一句"我去了法国，看到了法国人，现在我活着回来了"。另外，对政府而言，土语在战争中发挥神奇作用这件事，也是相当敏感的话题，因为就在一战前，政府还致力于尽快消灭这些罕见语言呢；对军方来说，由于他们深知土语的密码潜力，因而也不想让这一策略广为人知。总之，由于各种原因，以至几十年来，外界都几乎无人知悉乔克托人在一战中的赫赫战功；甚至有时候，即使是他们的家人，也知之甚少。

出乎意料的是，这些土语密码，不但帮助美军打赢了战争，后来也意外改变了本民族的生存状况。比如，就在1924年一战结束后不久，在美国全国范围内，美洲印第安人终于获得了美国公民资格；但在一战中共有12 000多名印第安人奔赴战场。他们志愿参战,只是保护本不属于自己的"美国"。其实,在一战前,乔克托语在美国本土备受歧视。当时,美国正试图积极推进所谓的"文化同化"运动,政府尝试"教化"印第安原住民,将他们的孩子送到公立寄宿学校强迫说英语;如果某些"调皮蛋"胆敢使用本族母语的话,将受到严厉惩罚,甚至要挨打。据说,当初被上尉叫去问话的那两个乔克托士兵,就吓得半死;因为他们误以为上尉要惩罚他们在部队里讲自己的母语呢,哪知他们的土话竟被用作一种强大的武器,解决了战场上的信息加密传播问题。总之,如同其他土著部落一样,当时乔克托的整体生存环境非常差。大约在一代人之前,他们就已被赶出故土。特别是在1830年的"印第安人迁移法案"出台后,他们被迫迁往俄克拉何马州。这一迁移过程称为"泪水之路";据估计,背井离乡的12 000多名乔克托人中,至少有2500人死于饥饿、疾病和体力不支等。

客观来说,一战后,乔克托人的贡献并未得到应有回报。直到1968年,二战中的纳瓦霍密语密码公开后,土著密码功臣们才受到广泛关注,也获得了国会肯定。部分密语者还于2001年获得了金质和银质奖章,但仍有许多功臣被国家遗忘。不过,纳瓦霍密语者受到的关注,很快便点燃了公众对乔克托密语者的兴趣;并促使当年那些乔克托士兵的亲属及所在部落,赶紧收集历史材料,可惜,只有极少数老兵健在。于是,大家共同努力,为这些老兵争取本该赢得的荣誉。终于,到了2008年,密语者认定法案才得以通过;包括乔克托士兵在内的数以百计密语者及其部落才得到认可。最终,每个部落都被授予了国会金质奖章,这是美国公民的最高荣誉。这些奖章上雕刻了独特的图案,以代表他们各自的部落。每位密语者的家人,则收到了这枚金质奖章的银质版本。

在授奖典礼上,美国官员不无感慨地说:"事实证明,印第安语

密码简史

言具有重大价值，虽然美国政府曾致力于消灭它们。只可惜，那些最早的密语者无法看到这一天，甚至很多为了争取今天这个仪式的密语者亲属也已去世。谁也不会想到，偶然听到的一段谈话竟会产生如此深刻影响。有时候伟大的事件，竟源自偶然而非刻意为之。"

其实，用土语充当密码，即语言密码，并非一战的首创。比如，古罗马皇帝恺撒就曾这样干过，他不用拉丁语而是用希腊语加密消息；因为受过教育的罗马人懂得希腊语，但敌人却不懂。甚至后来在二战的早期，美国军队还使用过"说巴斯克语的人"担任信号员，英国也曾尝试过"使用威尔士语"的信号员。美国在太平洋战争中，还使用过美洲土语——纳瓦霍语作为密码；但是，该土语却未在欧洲战区使用，因为，美洲原住民的许多语言，都在战前被德国人类学家研究过。实际上，正如本书序言中所述的那样，任何语言符号系统，甚至任何符号系统都可当作密码来使用。

除原住民外，另一类奇葩密码专家可能就是各种间谍了，哪怕他们也是文盲。其中，德国在一战中的王牌女谍哈丽，便是一个典型代表，她破译密码的方式更让人拍案叫绝。原来，一战爆发后，参战各国的间谍活动越来越频繁。当时，巴黎有一位红极一时的脱衣舞娘，名叫哈丽。她貌美出众，让法国许多上层名流拜倒在其石榴裙下；于是，德国情报部门就把她发展成了自己的间谍。

1915年，德国想要得到英国正在研制的一种新型坦克设计图纸，而且知道，该图纸的一个备份就藏在法军统帅部机要官莫尔根家的金库里，还知道这位莫尔根很喜欢美色。于是，在一次舞会上，哈丽就"邂逅"了莫尔根；果然，她立马就将莫尔根迷得神魂颠倒，并住进了他卧室。

从此以后，她精心观察他的一举一动，并发现他对数字似乎很不敏感。她在他家格外勤快，经常抢着打扫卫生，其实是在伺机寻找金库；并终于在一幅油画后面，发现了那个传说中的小金库。可是，金库的密码是啥呢，他会将密码设置成啥样呢，他或她的生日，门牌号码？多次测试后发现，这些都不是金库密码。这时，她想起他对数字不敏感，因此，他很可能将密码记在某个隐蔽处，或做了某个特别记号，以此提醒自己，从而防止密码被忘记。可是，那个密码到底藏在哪里呢，或那个特别的记号是啥呢？

又经过长期仔细观察，她突然意识到墙上的那个挂钟有点反常，因为，它总是停止不动，而且永远都停在9时35分15秒处。莫非密码就是"93515"？于是，她赶紧用这个密码试了一下，结果却失败了；究竟其中哪个数字不对呢？她再次陷入沉思，并很快找到了答案：原来，9点应该理解成21点。于是，她用"213515"当作密码，就顺利窃取了英军的坦克设计图。

第5章

机 械 密 码

早期的密码，都主要基于许多技巧，并由手工完成相应的加密和解密工作；不仅速度慢，还容易出错；因此，在许多情况下，密码的安全性就受到严重威胁。从15世纪开始，人们就一直试图实现加密和解密的机械化，比如，早在1467年，阿尔伯蒂就设计出了一种名叫"阿尔伯蒂盘"的加密装置，并一直使用到美国南北战争；但是，真正高效的机械密码系统，却是由美国第三任总统托马斯·杰斐逊，在18世纪发明的另一种新的密码系统，称为轮中轮。当然，还有另一种说法是，杰斐逊只是重新独立发现了该密码，因为早在1605年左右，就有人描述过该思想。不过，无论如何，以轮中轮为代表的轮式密码都是机械密码的主流；甚至到后来，轮式密码机在欧洲各国几乎被普遍使用，直到20世纪，美军都仍在使用，所以，本章内容也从这位传奇的美国总统开始。

5.1 杰斐逊密码

美利坚合众国第三任总统杰斐逊发明的轮中轮，由36个木制圆盘组成，英文字母以随机顺序排列在圆盘边缘，每个圆盘大小各异。使用者只需简单旋转轮子，就可完成单词的加密和解密任务。当然，发送方和接收方，必须按事先约定的顺序，在同一轴上组装这些圆盘，然后旋转它们，直到在一条线上拼写出消息。然后，从圆柱体中选择另一条线，它包含了貌似随机的字母，再以同样的方式把它们记录下来。杰斐逊计算出这些轮子的可能组合个数为36的阶乘，即相当于"372后面跟着39个0"这样大的天文数字。杰斐逊的轮式密码设计细节，一直属于高度机密；直到1922年，才最终被公之于众。

杰斐逊的轮式加密思想，在密码领域产生了非常深远的影响；当然，也有人说，这其实是后人重新独立发现了该思想。

比如，早在1817年，美国炮兵军官和工程师沃兹沃思上校就设计了一种转轮加密设备；它类似于阿尔伯蒂密码盘，只不过有两组圆盘。外层圆盘，含有全部26个字母，以及数字2到8；它们是刻在黄铜上的活字，可按任意顺序组装。内层圆盘，只有26个字母。两个圆盘，以33∶26的齿轮比例连接。在两个字母组合处，有一个小铜片，跨过刻度盘；还有两个孔，用来显示相同的字母。发信方和收信方，必须事先约定外盘字母的顺序和起始位置；比如，内盘字母a对准外盘字母M等。加密消息时，在内盘上找出每一个明文字母，然后，将它对应的外盘字母记下来。由于传动装置的原因，内盘旋转一周时，外盘只旋转了26/33周，这就使得第二个字母加密后的密文位于七格之后的位置。可惜，沃兹沃思始终没能成功推广他的密码设计思路；以致随着他的去世，他的密码也就消失了。他对密码学的贡献，是后来史学家们挖掘出来的。

又比如，1867年左右，著名物理学家惠斯通，也设计了一种机械式的转盘密码，它与沃兹沃思密码很相似，也有两个转盘，只不过其内圈上有26个字母，外圈上有26个字母加1个空格。在这些圈上，都有两个可旋转的时钟指针，并通过一组26∶27的齿轮连接。长指针指向外圈字母，短指针指向内圈字母。

加密过程是这样的：开始时，长指针必须指向外圈的空格位置，短指针直接位于长指针之下。长指针依次指向外圈的每个字母，这时短指针在内圈指向的字母则必须写下来。在一个词结束时，必须把长指针指向空格，而这时短指针指向的字母也要写下来。经过这种装置加密后，密文是连续的，看不出单词间隔的任何痕迹。当出现连续相同的两个字母时，就必须使用一个不常用的字母（比如q）来代替第二个字母，或将第二个字母忽略。在这里，齿轮的作用意味着，当长指针转完一圈时，短指针转到第二圈的第二个位置。

惠斯通密码的解密过程是：解密时，转动长指针，直到短指针指向内圈的密文字母；此时，长指针指向外圈的字母，包括原始的空格，就可直接读出明文。

为了增加安全性，在惠斯通密码机中，26个字母可以刻成26个小卡片，然后插在内环槽中；不用时，可以把这些小卡片拆下来。当时的法国军事委员会主任洛瑟达上校，在视察军事装备展览时，赞扬惠斯通密码是"绝对安全的"；可是，仅仅四年后，《麦克米兰杂志》上就发表了一种破译方法，它基于大量的、每句以the开头的句子，成功破译了惠斯通密码。看来，无论思路多么新奇，所有密码，最好都别夸口什么"绝对安全"；因为早晚它们必将被破译。

还比如，1891年，少校巴泽里就为法国战争提供了一种拥有20个圆盘的轮中轮密码机；可惜，当时未被政府采用。在杰斐逊发明轮中轮100年后的1901年，密码学家巴泽雷斯在其专著《数字公布的秘密》中，也独立研制了自己的轮式密码，称为巴泽雷斯圆柱。1914年，希特上尉在其带状密码变体中，也使用了轮中轮思想；此时，写有乱序字母表的竖直滑带纸条，通过水平放置的靠背，而竖直运动，其上下移动的滑带纸条就相当于杰斐逊的转动轮子。将希特的密码机变成圆柱形后，就得到了1922年的野战密码，即著名的M-94；它从

1923年开始在美国陆军服役，直到二战期间的1942年才正式退休；其间，它的一个名为CSP488的变种，从1928年起，就在美国海军服役；美国的海岸警卫队也从1939年开始，使用它的另一个变种，名为CSP493；甚至直到20世纪60年代，美国海军仍在使用这种密码的某种变形。

其实，各种轮式密码都是不同的多元加密系统，即同一个明文可能会有多个密文，这就更容易将破译者搞糊涂了。

下面重点介绍一下轮中轮密码中的一个典型代表M-94，它由25个银币大小的铝盘组成，铝盘装配在一个长为11厘米的轴上。除一个圆盘之外，每个盘的圆周上都分布着26个罗马字母，每个盘上字母的排列顺序都各不相同。其中，第17个圆盘，以字母"ARMY OF THE US"开头。每个圆盘上，都刻有供识别的数字和字母；这些圆盘，通过盘上字母A后面的字母来识别。

首次提出M-94思路的是密码学家希特，他于1915年出版了《军用密码解密手册》一书；他还成功研制了条带密码机，其上安置了一个条带，它们不断滑动，且往返进出，直到拼写出消息的前20个字母为止；然后，再选择另一行，作为密文的输出。希特的密码机，引起了美国陆军通信兵工程与研究部主任莫博涅的注意，后者改进了希特的设计，才最终生产出了实用的M-94密码机。

虽然M-94的25个铝盘，总共可产生超过15亿种排序；但是，后人仍发现，破译M-94密码还是有可能的。其原理可见戈贝尔的密码专著《编码、密码和破译》。这主要是因为，M-94有一个致命缺点，即对每个圆盘来说，从明文到密文的偏移量都相同；因此，明文中所有字母都排成一行，消息清晰可辨；同时，密文字母也排成一行。实际上，破译M-94的关键在于找到相关"切入点"，即在加密通信中频繁出现的短语。比如，在二战时期，同盟国破译德国密码时，就使用了一个效果很好的"切入点"，它就是"Heil Hitler"；该"切入点"是纳粹党徒的马屁术语，经常出现在消息开头或结尾处；而且，这句话有多达10个字母，所以对破译很有帮助。

在帮助设计了M-94密码机之后，莫博涅又在1918年开发了另一个非常安全的密钥，它使用了波多码对字母进行编码，从而形成穿孔纸带；这其实就是一种二进制表示。一条携带了明文的纸带被送入加密机，同时被送入的还有另一条密钥纸带；然后，它们被编码在第三条纸带上，使用的操作就是现在熟知的异或门，即$0+0=0$，$1+0=1$，$0+1=1$和$1+1=0$等。为了对密文进行解密，只需用同样的密钥，再重新对机器运行一次即可，于是，输出的结果就是明文消息了。然而莫博涅承认，该系统也有弱点，因为密钥是循环使用的；他意识到，解决办法只有一个，那就是使用无限长的密钥带，当然这肯定不现实！

既然上述诸多密码都是杰斐逊密码的某种扩展或改进，所以下面就来简单介绍一下该密码的设计者杰斐逊。

坦率地说，杰斐逊绝对是超人一个。我们如此赞美他，并非因为他的官大，更不是在拍马屁。实际上，许多人也许只知道他是美国总统、《美国独立宣言》的主要起草人和美国开国元勋之一，但是，他其实还是货真价实的农学家、园艺学家、建筑学家、词源学家、考古学家、数学家、哲学家、思想家、音韵学家、测量学家与古生物学家，并且还是作家、律师与小提琴手等；此外，他还是教育家，是弗吉尼亚大学的创始人。当然，从本书角度看，他更是高水平的密码学家。

作为发明家，除前述密码加密方法之外，杰斐逊还有许多其他实用发明。比如，自动门、旋转椅、升降梯、日历钟、复写装置和手提式写字台等。

作为考古专家，他甚至被誉为"美国考古学之父"。他对考古学的爱好，甚至可追溯至幼年时代。早在1784年，他就对自家庄园内发掘的一处印第安人坟冢，进行了科学考古；甚至在就任美国副总统时，其随身行李中也还装着他亲自采集的不少史前动物化石。

总之，在科技领域中，杰斐逊兴趣广泛。他对各种事物都有强烈的好奇心，甚至在走路时也带着笔记本，边走边记，随时画图、计算、分析等。无论在哪里，只要有时间，他都喜欢到野外考察：涉水，爬树，采集标本，绘制图样，孜孜以求，锲而不舍。他多次自带仪器，对美国各地进行了科学考察，自己绘制过酿造厂、水泵装置等设计草图；甚至连一座桥要走多少步，填平一个墓穴要多少土等，他都详细记载。他曾30余年如一日，坚持每天两次对气温、风力、雨量等进行观察和记录，从不怕琐碎；即使因事外出，也要嘱咐家人代为记录；同时也竭力诱导亲朋好友建立私人气象站；经过日积月累的细微工作，他为美国气象工作做出了有价值的贡献。即使在国外，他也随时关注科技新动向。比如，在出任驻法大使期间，他曾对一种锄头发生了浓厚兴趣，并花了不少气力去认真研究。首先，他广泛搜集了当时法、德两国的几乎所有锄头样本；接着，将各种设计加以比较，重点分析了锄头表面情况；最后，提出了较合理的锄面曲线。又有一次，一种新式螺旋桨引起了他的注意，他马上就到塞纳河边做试验，研究其力学特性，探讨将来如何将它带回美国。他的众多科学观察、分析和论述等，都收集在《弗吉尼亚记事》一书中，后人评价这本书"既具科学严肃性，又有诗般优美文笔"。

如此奇人到底是一种怎样的存在呢？原来，杰斐逊于1743年4月13日生于美国弗吉尼亚的一个富豪之家，在10位兄弟姐妹中排行老三。父亲本来拥有一个农场，可惜被一场火灾化为灰烬，全家只好迁居业吉岭。9岁时，杰斐逊开始学习法文、拉丁文、古希腊文、西班牙语和意大利语等；14岁时，父亲不幸去世，杰斐逊继承了约20平方千米的土地及数十名黑奴，并遵父遗嘱进入了一个教会学堂，接受古典教育，开始研习历史与自然科学等。在那里，他不但结识了一批对后来事业很有帮助的朋友，还爱上了骑马、打猎、散步、拉小提琴等。

17岁时，杰斐逊已长成了一位身高1.9米且体型修长而健壮的帅哥。他的脸庞棱角分明，灰色眼珠，气色红润；发色金赤，间杂淡褐。这一年，他考入威廉与玛丽学院哲学系，开始了两年的大学生涯；其间，他追随一位教授，研究数学、哲学、形而上学等，特别是接触了培根和牛顿等巨人的著作，这就为他今后成为"美国三杰"打下了良好的知识基础。在大学里，他学习刻苦，每日读书至少15小时，随身都带着各种书籍，学习累了就拉会儿小提琴或读几段荷马史诗。

19岁时，杰斐逊以优秀成绩大学毕业，并跟随一位良师益友学习法律；24岁时取得了律师资格，然后任职于威廉斯堡的一个律师事务所。他对法律理论和实践的认识都相当深刻，口才更是好得出奇；但他尊重简洁、朴实、坦率、论证有力的雄辩；反对以修辞或辞藻取胜，以及夸夸其谈、喋喋不休、装腔作势的演说。在七年律师生涯中，他至少处理了千余起重要案件，特别以1770年的"黑白混血儿霍维尔案"和1771年的"基督教会管辖权案"而闻名；基督教会管辖权案使他形成了宗教自由的思想。此外，1774年，他还出版了名著《英属美洲民权概观》，该书大大推进了美国走向独立自主。

1779年至1781年，杰斐逊出任弗吉尼亚州州长；其间他开始努力创立美国第一所独立于宗教的高等学校——弗吉尼亚大学。同时，在担任州长期间，弗吉尼亚州曾两次遭英军入侵，杰斐逊本人也差点被俘，从而引起极大民愤，百姓纷纷指责政府无能，这几乎毁了杰斐逊的政治前途，也使他坚定了独立民主的治国理念。

1785年至1789年，杰斐逊出任美国驻法公使；1789年9月，提名并出任美国第一任国务卿，组建了美国国务院；1792年年底，创立并领导了民主共和党，这对日后美国两党制的形成和发展产生了决定性影响。1796年，他当选为美国副总统，从而也成为唯一的担任过副总统后，又（于1800年）当选为总统，且任满两期的美国人。

卸任总统之职后，杰斐逊一方面致力于科学研究，另一方面也持续活跃于公共事务。比如，他制定了一整套大学、中学、小学三级教育制度；花了数十年心血，致力于创立一所新型高等院校，以解除教会对校务的影响。终于，他的梦想于1819年成为现实；那年，弗吉尼亚大学成立，州议会批准每年拨款1500美元以供兴学之用，州内居民皆可经由单一共同的评断标准入学。1825年，弗吉尼亚大学开始招生时，首届学生虽然仅有30名，但它却是美国第一所全面提供选修课程的大学，其校区也是当时北美洲最大的建筑群。特别值得一提的是，杰斐逊还亲自规划设计了校园的建筑风格，让校园以图书馆而非教堂为中心；他设计的学校主楼，于150年后的1976年，被美国建筑学会评为"美国建国200年中最让人骄傲的建筑"；他设计的蒙蒂塞洛庄园与弗吉尼亚大学校园一起，于1988年被列入"世界遗产名录"。作为弗吉尼亚大学的首任校长，杰斐逊还经常邀请师生员工到家中做客。

杰斐逊的身体一直很棒，但每当遭受失败打击时，便会剧烈头痛，甚至持续数周；晚年时，更患上了风湿病，后来右手还留下了残疾。1826年7月4日，杰斐逊逝世，享年84岁。去世那天，刚好是《美国独立宣言》五十周年纪念日；他也因生前创立弗吉尼亚大学而债务沉重，于是，美国各地民众为他捐款约1.6万美元，但这仍不足以清偿他的生前债务与医疗费用，以致他的552英亩（1英亩=4046.86平方米）遗产不得不于1831年，以7000美元的价格出售；后来，几经转手，这块地皮终被捐赠给了美国政府。

杰斐逊一生共育有6个子女。遵照其遗嘱，他的墓碑上仅刻有一段非常谦逊的墓志铭："托马斯·杰斐逊，《独立宣言》起草人，《弗吉尼亚宗教法案》起草人，弗吉尼亚大学创建人埋葬于此。"

5.2　帕特森密码

不知何故，杰斐逊总统并未使用他自己设计的"杰斐逊密码"，却使用了另一种由当时的美国外交事务大臣利文斯顿设计的所谓"定名者"密码。它拥有一个厚达几本书的数字目录，即每个数字代表一个单词、音节、词组或字母，所以它很难记忆，加密和解密过程也较慢，因此，不能算是好密码。

那么，什么样的密码才是好密码呢？其实，早在1883年，奥古斯特·柯克霍夫就在他的《军事密码学》中，提出了密码算法的六大原则。至今，该原则在某种程度上仍然有效。这六项原则分别是：

第一，即使不是理论上的牢不可破，密码系统也该在实用中不可破译；

第二，即使密码算法被泄露，也不该对加密和解密者造成更大的安全威胁；

第三，选择特殊密钥所使用的加解密方法，应该容易记忆和变更；

第四，密文可远程电信传输；

第五，加密和解密的仪器应该易于携带；

第六，加密和解密时，不需要记忆过多规则，或让用户过于伤脑筋。

这最后一项，后来在1948年时，被信息论的创始人香农改写为："加密和解密过程要尽可能简单。因为，若这些过程是手写的，则复

密码简史

杂性将导致时间的损失和出错率的增加；若是机器运算，则复杂性将导致大型昂贵机器的使用。"所以，有时也将这几条原则，称为香农准则。

不过，在杰斐逊总统生前并没有上述六项原则，所以他自己就使用了一种不太好的密码，即"定名者"密码；但是，他向美国国务院推荐了另一种机械密码，而且还把该密码交给了当时美国驻法大使；因为他确信，该密码很神奇。由于该密码的设计者是宾夕法尼亚大学数学教授、杰斐逊的朋友罗伯特·帕特森，所以它就称为"帕特森密码"。这位帕特森，曾与杰斐逊一起任职于美国哲学学会。当时，在美国哲学学会，有一大群热衷于自然和人文科学的学者，他们中的许多人都喜好研究密码，并定期交换有关密码的想法；由此可见，杰斐逊对"帕特森密码"相当了解。

其实，"帕特森密码"的本质只是一种简单的列移位，它的明文消息按"先垂直再从左至右"的顺序书写，且不使用任何大写字母或空格。加密时，每列的头部都带有空字符，且还有更多的空字符用来填充各行；所以，加密后的密文将形成一个网格，它共有40行文本，每行大约有60个字母。然后，再将这个网格分解成最多9行的区段，并给每一行从1到9编号。接着，再按编号重新排序，以形成一个新网格；再将新网格重新分块，并将各块中的每行进行编号后再按一定规律重新排序。每个区段都按同样的规则进行重新排序。"帕特森密码"的密钥，是一系列两位数的数组。每个数组的第一位数表示区段内的行数，而第二位数表示在每行的开头增加的字母个数。比如，若密钥是58、71、33，那就意味着将网格中第5行移到了区段的第1行并增加了8个随机字母，然后将网格的第7行移到了区段的第2行，并增加了1个随机字母，然后将网格的第3行移到了区段的第3行，并增加了3个随机字母。

由于帕特森巧妙隐藏了一些技巧，所以他对自己的密码很有信心，认为它是一个近乎完美的密码，同时，还指出其他大多数密码都"远未达到完美境界"。帕特森当时的"完美密码"主要包含四个特性：适用于所有自然语言，易学易记，加密和解密操作简单，最重要的是"绝对不能被不掌握密钥的人破解"。帕特森坚信，即使破译者精通这套加密系统，但只要他不知道相应的密钥，就肯定不可能破译别人的密信，哪怕破译者"利用全人类的智慧"。帕特森估计，他设计的密码拥有多达9亿个密钥，若要破解他的密码则需要计算"超过90的15次方"种组合，而且他还说："在每行开头和结尾处添加多余的字母，将有助于把破译者搞糊涂，因为它们出现的频率与密文本身的频率几乎相同，所以不会留下某些可能的标识线索。"

帕特森甚至在1801年12月，给杰斐逊总统发去了一封挑战信，信中包含了一段加密消息，没有密钥，并断言："我敢肯定，这封密信将是消息加密的完美典范，它能对抗全球密码破译精英的长期联手进攻。但是，在不超过18个数字构成的密钥的帮助下，它却可以最大限度地、在不到15分钟内、轻松解读出来。"

果然，帕特森的这段密文消息，一直未能被破译，至少没有任何证据显示它已被杰斐逊或任何其他人破译；它悄然躺在杰斐逊总统的文档中，超过了200年之久，直到36岁的"普林斯顿国防分析研究所通信研究中心"数学家斯密斯林，开始借助超强的现代计算机，向它发起全面进攻，才终于在2007年，成功破译了帕特森写给杰斐逊的这段神秘密码，并在权威的《美国科学家》杂志上发表了一篇论文，详细阐述了破译方法；同时，斯密斯林还在母校的《哈佛杂志》上发表了一篇简介。

这位斯密斯林博士，长期致力于数学和密码破译。几年前，他从一个在普林斯顿大学工作的邻居那里，得知了帕特森的这段神秘密码；于是，他非常好奇，立即就着了迷；"像这样的密码问题，简直让我夜不能寐"他说。斯密斯林很快就发现，这段密文无法用单字母的频率分析法来破译；因此，他试着从有向图和双字母组频率分析入手。原来，某些字母对，如"dx"在英语中不存在，而有些字母在几乎每一封英文信中都是伴随某些特定字母出现的，如"U"总是在"Q"后等。

为了理解信件写作年代的语言模式，斯密斯林博士研究了杰斐逊总统当年的8万字国情咨文演讲，计算了字母对从"aa""ab""ac"到"zz"的所有26×26种可能的双字母频率表；然后，利用这张表，去估计哪些字母组与密文中的相应字母更靠近一些。比如，vj这对字母，在英语中就不可能出现；因此，排除那些不可能的组合，就得到了一些两字母组合；换句话说，字母组合qu是罕见的，然而，一旦出现q，就紧接着出现u；这便是q和u位于同一行的有力证据。

斯密斯林还提出了一系列有理有据的猜测，比如每个区段的行数，网格中哪两行是相邻的，以及每行随机增加的字母个数等。为了检测这些猜测，斯密斯林不但动用了在19世纪不具备的强大计算工具，还采用了先进的"动态规划"算法。该算法能将一个大问题分解成若干小问题，并将各个小问题的答案最终联系在一起形成最终结果。最后借助数学统计分析，斯密斯林总算把计算量降低到了不超过十万次的简单求和；即使是在19世纪，这样的计算量也是可行的。

终于，经过大约一周的计算，斯密斯林总算成功找到了帕特森密文的密匙，它就是13、34、57、65、22、78和49。然后，再利用这个密钥解密后，所得到的明文消息竟然就是杰斐逊总统撰写的《独立宣言》序言："1776年7月4日在美国国会，美利坚合众国参议院的代表们发表声明，在人类的活动中……"

原来，帕特森给杰斐逊总统开了一个玩笑！而直到两个世纪后，才总算有人揭秘了这个玩笑的神秘面纱。

5.3 矩阵类密码

在机械密码时代，还过早诞生了另一种密码，它就是1929年出现的希尔密码，或泛称为矩阵密码。与所有同时代的其他机械密码相比，它的最大优势在于，它能抵抗字母的频率分析。但是，希尔密码却生不逢时，因为，在机械时代，很难设计出某种机器来快速完成这种密码的加密和解密；可是，待到电子计算机时代后，该类密码的加密和解密虽不再复杂，但同时破译它也易如反掌了；所以，在历史上，希尔密码主要享受了学术荣誉，但几乎从未被真正应用过。

从数学角度来看希尔密码，它的加密和解密原理其实很简单，那就是：收发双方约定一个 $n×n$ 阶可逆矩阵，比如，矩阵 A，其逆矩阵为 B，使得矩阵中的每个元素都是0到25之间的某个正整数；于是，对一个长度为 n 个字母的明文串 M（行向量），加密后的密文便是 $C=MA$；而解密运算，则是简单的 $M=CB$。当然，这里也事先约定，英文字母a, b, …, z已分别用整数0, 1, …, 25来代替，且所有运算，都在mod 26的模式下进行，即除以26之后所得的余数。显然，若用手工运算，希尔密码的加密和解密，可由任何一位学过矩阵运算的人轻松完成；关于它的破译，如果 $n=2$，那么就只有157 248种可能的密钥，因此，即使是采用穷举法，也不难破译。当然，随着 n 的增加，其可能的密钥数将迅速增大，穷举法不再可行；但是，如果只要破译了该密码的任何一个密文，那么其加密和解密矩阵 A 和 B 也就可以求出，即随后它的所有其他密文都可轻松破译了。

从安全角度来看，希尔密码的安全性主要取决于两个关键：其一，加密矩阵 A 的阶数 n 越大，其破译难度就会增大，当然，相应的加密和解密计算量也会增大；其二，加密矩阵 A 的选取也很重要，一方面必须可逆，另一方面矩阵 A 的逆矩阵 B 不能被破译者猜测或推演出来。所以，破译希尔密码的关键是：猜测文字被转换成几维向量，即列矩阵的行数；猜测所对应的字母表怎样排列；更为重要的是，要设法获取加密矩阵A或它的逆矩阵B。当然，希尔密码也有其安全缺陷，这主要因为它的线性变换特点，很容易被击破。

关于希尔密码的产权归属，还有一个有趣的故事。其实，希尔密码的最早思想并非出自希尔，即莱斯特·希尔（1890—1961），而是出自杰克·莱文（1907—2005）。原来，大约在1923年，当时还只是高中生的莱文，成功构造了一种新型密码，它能完全独立地加密两个消息，且其中的一个消息被解密后，不会泄露另一个隐藏的消息，因此就更能抵抗字母的频率分析。一年后，一份主要刊登侦探小说的杂志《弗林周刊》，开启了一个密码专栏，面向社会公开征稿，每隔几周就刊登一些密码方面的各类文章。于是，莱文的密码就于1926年10月22日，公开刊登在了《弗林周刊》上；同年11月13日，又刊登了该刊主编对莱文密码的详细说明和评价，认为这是一个很棒的密码。

又过了三年，希尔于1929年在《数学协会月刊》上发表了一篇论文，声称自己发明了一个通用的密码系统，可轻松加密任意长度的明文消息；这便是后来被称为希尔密码的系统。客观地说，从本质上看，希尔密码与莱文的密码，可谓是大同小异；不过，莱文发表其成果的刊物《弗林周刊》，其实不是发表数学思想的好地方，比如，与莱文密码刊登在同一期的文章中，便有著名英国侦探小说家阿加莎·克里斯蒂的一篇小说；所以，莱文的成果也就自然未引起学术界关注。而希尔在其《数学协会月刊》的论文中，则用具体的实例，对其密码思想进行了全方位阐述；不过，莱文却并未真正揭示其加密方法，尽管其方法可从他的文章中推导出来，毕竟，那时莱文只是一个十几岁的中学生。后来，莱文在美国普林斯顿大学数学专业获得博士学位，毕业后进入美国陆军密码通信部门工作，并撰写了多篇密码学论文；而希尔却只发表了区区两篇与密码相关的论文，当然包括那篇被称为"希尔密码"的论文。一战期间，希尔在美国海军任职，但非密码部门；之后的几十年中，他做了许多密码学工作，但再也没什么突破性的成就了。所以，外界几乎不知道希尔和莱文的更多生平信息。

若从希尔密码出发回头看，那么，之前的几乎所有换位密码，包括但不限于栅格换位密码、矩形换位密码、路径换位密码、列换位密码、易位构词密码、两重换位密码、词换位密码等，其实都只是希尔密码的特例；此时，加密矩阵A就变成了不同的置换矩阵而已。希尔密码本身虽未被直接使用过，但是各种换位密码却经常被使用。比如，二战期间，大约与日本偷袭珍珠港同时，日本也攻击了香港，以致英国皇家空军飞行员唐纳德的飞机被击落，他本人也被捕。在狱中，唐纳德利用换位密码，并借助字母与数字之间的替换，将其因徒经历编成了一张数学表格，以此愚弄日本人；有关这段密码故事，后来还被作家安德罗·林克莱特写成了畅销小说《爱情密码》。又比如，仍在二战期间，英国特别行动局就经常使用各种换位密码，特别是两重换位密码。

更加出乎意料的是，包括伽利略、惠更斯和牛顿等巨人，其实都是换位密码的爱好者。据说，伽利略就将他的一个重要发现，利用易位构词密码，加密成了如下密文；并将它发给了当时意大利的副王——朱利亚诺·德·美第奇。

Haec immature a me iam frustra leguntur O.Y.

除了最后的那两个字母"O.Y"以外，这段密文其实是可读的意大利文，它的英文翻译是"These unripe things are now read by me in vain"，其中文意思是"这些不成熟的东西，现在读起来一无所获"。其实，直到1611年1月1日，伽利略才公布了其中的秘密，原来，只需要对密文中的字母顺序进行适当换位后，所要隐藏的真正意大利明文消息就出来，它就是"Cynthiae figures aemulatur mater amorum"，翻译成英文便是"The mother of love [Venus] imitates the phases of cynthia[the moon]"，其中文含义是"金星模仿月亮的相位"。

著名的物理学家、天文学家和数学家克里斯蒂安·惠更斯，也利用易位构词密码得到了如下一段密文：

aaaaaaa ccccc d eeeee g h iiiiiii llll mm nnnnnnnnn oooo pp q rr s ttttt uuuuu

将该密文中的字母顺序适当变换后，就得到了相应的法语明文信息：

Annulo cingitur tenui plano, nusquam cohaerente, ad eclipticam inclinator

这段话翻译成英文便是"[Saturn] is girdled by a thin flat ring, nowhere touching, inclined to the ecliptic"，其中文含义是"[土星]被一个薄薄的扁环所环绕，无处接触，倾向黄道"。

最后再来看看牛顿。他利用易位构词法加密后，所得到的密文是：

aaaaaaa cc dd eeeeeeeeeeeeee ff iiiiiii lll m nnnnnnnn oooo qqq rr ssss tttttttt vvvvvvvvvvvvv x

这段密文出现在他于1677年写给莱布尼兹的第二封信中，主要是论述有关微积分的发明权问题。对这段密文中的字母进行适当的位置变换后，就可得到解密后的明文"Data aequatione quodcumque fluentes quantitates involvente, fluxiones invenire et vice versa"，翻译成现代英文后便是"From a given equation with an arbitrary number of fluentes to find the fluxiones, and vice versa",其中文含义是"从给定的、具有任意数量的流体方程组中找到流数,反之亦然"。

在美国内战期间,北方联邦就经常使用另一种换位密码,词换位密码来彼此交流情报;这就使得南方联军非常被动,以至于在南方报纸上,经常会出现这样的悬赏破译广告:今截获北方的密文,谁若能破译将被重奖。可是,悬赏者多,得奖者却少得可怜;由此可见,当时的南方,至少在密码方面,确实不如北方。比如,美国第16任总统亚伯拉罕·林肯,就在1863年6月1日发出了以下一段密文:

Guard adam them they at wayland brown for kissing venus corespondents at Neptune are off nelly turning up can get why detained tribune and times Richardson the are ascertain and you fills belly this if detained please odor of Ludlow commissioner

针对该段密文,在去掉单词"this""fills""up"后,经过适当的单词换位,便可恢复出如下的明文消息:

For Colonel Ludlow,

Richardson and Brown, correspondents of the Tribune, captured at Vicksburg, are detained at Richmond. Please ascertain why they are detained and get them off if you can.

它的中文含义是:

卢德洛上校,

理查森和布朗,在维克斯堡被捕的《论坛报》记者,被拘留在里士满。请查明他们被拘留的原因,如果可以的话把他们带走。

作为矩阵密码或希尔密码的特例,不同的换位密码就有不同的加密设施;比如,在本书第1章中介绍过的斯巴达棒,便是一种最早的换位加解密设施。此外，另一种常用的换位密码加解密设施，就叫卡尔达诺格栅。从外形上看，它其实就是一套特殊的棋盘纸，只不过在每一张棋盘纸的某些位置上的格子已被挖空，变成了透明；同时，没有任何两张棋盘纸在同一位置上被镂空；还有，棋盘中的每一个格子都至少在某张棋盘纸上被镂空。当然，棋盘格的纸张必须足够结实，以便反复使用；镂空的格子也要足够大，以便能写全相关的字母或单词。

加密者按事先约定的顺序，将该套棋盘纸分别逐一重叠在一张承载密文的纸上，然后在镂空的格子中，按顺序写完明文中的消息字就行了。如果密文纸中还有空白，也可用一些多余的废话来适当填充。

合法的解密者，也有完全相同的另一套卡尔达诺格栅纸。在收到密文纸后，解密者只需要仍然按事先约定的顺序，将棋盘纸覆盖在密文纸上，然后从镂空的格子中读出原来的明文消息就行了。

总之，以各种换位密码为特例的矩阵密码确实不是轮式密码，而且很难机械化，所以它的加解密速度都很慢，但在早期确实很有用，毕竟它的实施设备非常简单。

对了，作为本节的结束，还想介绍一下卡尔达诺格栅的发明者，吉罗拉莫·卡尔达诺，因为他确实是历史上少见的奇葩。

他的全身都是病。自从1501年9月24日，以达·芬奇的一位律师朋友的私生子身份出生于意大利帕维亚后，就一直生病；因为他母亲在怀孕期间，曾服用过多种堕胎药物。早年所患的各种儿童病症暂且不说，成年后，他终生都备受各种疾病的折磨。据不完全统计，折磨他的疾病至少有黏膜炎、消化不良、先天性心悸、痔疮、痛风、疝气、膀胱病、失眠症、瘟疫、痈（一种化脓性炎症）、间日疟、急腹痛、血液循环不良、抑郁症、哮喘、疝病、皮肤病、肠道炎等；反正，凡能叫得上名的疾病（妇科病除外），几乎都与他有缘。

他的生活也极度不幸：虽然30岁时总算成婚，但31岁时还因生活穷困而移居米兰谋生，可惜却被"米兰医师协会"拒绝承认为公职医生；因此，不得不委曲为"米兰专科学校"的兼职数学教师，并从此开始数学研究。虽然他育有两子一女，但是，他最小的也是最疼爱的儿子，因为杀死涉嫌不忠的妻子，于1560年被判处死刑；女儿患不育症，结果自暴自弃，沦为妓女，死于梅毒；长子是个赌徒，游手好闲，还经常偷窃家中财物，以致气愤之极的卡尔达诺，亲自割下了长子的耳朵；孙子们也都碌碌无为；甚至连家中的女佣都是小偷，马车夫也是酒鬼。反正，他的身边好像全是不幸之人。

卡尔达诺的事业也很不顺。背着私生子的黑锅，好不容易才在歧视中长大的他，虽然智商极高，且在博闻多识的父亲资助下，认真学习了古典文学、数学和占星术，后来还进修了医学，并在25岁时获得了帕维亚大学医学博士学位，38岁时成了欧洲名医，并任英国国王爱德华六世的御医；42岁时成为帕维亚大学教授。但是，由于他痴迷占星术，且对自己的预测深信不疑，尤其是在几次预言都应验后，就更坚信了自己的半仙本领。他甚至擅自给耶稣也算了一卦，结果被长子举报，被法院指控为大逆不道，并于1570年入狱，自然也就失去大学教职，毁掉了自己的名誉。出狱后，他移居罗马，最终获得了教皇格里高利十三世的年金资助，才总算完成了自传；在自传中，他严厉批评了自己的一生。总之，他的一生既有过艰难与穷困，也有过极度辉煌。他的性格也非常古怪，有时很安静，很守规矩，穿着很讲究；但有时则会毫无缘由地行为失控，简直像是神经病，这时他认为：折磨自己就能获得解脱，折磨他人就能感受到生命的存在。

他的去世最为奇葩。据说，为了验证自己的预言能力，他通过占星术，在众目睽睽之下，推算出了自己的死期是1576年9月21日，于是，他信以为真，还四处广告，引起了普遍关注。由于他当时是教皇的御用占星师，所以大家也都坚信他的预言，甚至教皇还提前为他备好了墓地。可是，"死期"到了后，75岁的他却仍活蹦乱跳，身体没有任何异样，吃嘛嘛香，完全不像将死之人。咋办呢？若是换了别人，也就哈哈一笑，或认个怂就行了。可是，卡尔达诺为了维护自己那"神级占星师"的名誉，竟然服毒，然后自己睡进了教皇为他选好的墓穴中。

当然，如果卡尔达诺只有上述生平的话，那我们也许就不会介绍他了。实际上，他是意大利文艺复兴时期与达·芬奇齐名的、罕见的百科全书式学者，完成了多达200余部学术著作，身兼数学家、医药家、哲学家、物理学家、密码专家、宗教家和音乐家等职。

在数学方面，他是古典概率论的创始人，他去世后才发表的《论赌博游戏》一书的初衷，本来是想教别人如何赌博，可哪知它却成了第一部概率论著作；因此，卡尔达诺也成了首个对概率论进行科学研究的学者。他在《论运动、重量等的数字比例》一书中，建立了著名的二项式定理和确定二项式系数的公式。

特别是他在1545年出版的《大衍术》一书中，首先发表了三次代数方程一般解法的卡尔达诺公式，也称卡当公式；当然，据说该求解公式是他向另一位学者塔尔塔利亚讨教而来的。当时，卡尔达诺再三恳求并发誓保密后，塔尔塔利亚才把该解法写成一首25行诗，并告诉了卡尔达诺。此后，卡尔达诺便从各方面详细研究塔尔塔利亚的解法，并得出了各种类型三次方程的解法。虽然卡尔达诺在《大衍术》中申明了相关方法的来源，但他的失信行为，仍激怒了塔尔塔利亚。于是，后者在自己的一本名叫《问题》的书中，强烈谴责了卡尔达诺的失信行为。不过，由于《大衍术》的巨大影响，三次方程的解法还是被冠以了"卡当公式"或"卡尔达诺公式"而流传开来。此外，

《大衍术》还记载了四次代数方程的一般解法，这是由他的学生费拉里发现的，但也经过了卡尔达诺的完善，并补充了各种证明。《大衍术》中，还首次出现了"平方为负的数"，即虚数的概念，这也是卡尔达诺对数学所做的另一巨大贡献。

在医学方面，卡尔达诺是历史上首位对斑疹伤寒做出临床描述的人。他不但懂得病理，在外科上也很有造诣，他在心理学方面也提出了自己的独特见解。此外，他还发明了许多机械装置，包括万向轴、组合锁等，同时在流体力学方面也很有贡献。

5.4　恩尼格玛密码

最有名的机械密码肯定是二战中的德国主战密码——恩尼格玛密码。这里的"恩尼格玛"是德文"Enigma"的音译，意指"哑谜"。因此，恩尼格玛密码机又可形象地称为"哑谜密码机"，它是二战时期纳粹使用的一系列相似的转子机械类加解密机的统称，包括了许多不同的型号。据说，到1945年时，纳粹已部署了超过10万台这种形如电子打字机的恩尼格玛密码机。此外，其他多个国家也使用了恩尼格玛密码机。比如，意大利海军就使用了商用恩尼格玛密码机作为"海军密码机D型"；西班牙也在内战中使用了商用恩尼格玛密码机；瑞士军方与外交机构，使用了一种叫作"K型"或"瑞士K型"的密码机，它与商用恩尼格玛密码机D型很相似；日军使用了"恩尼格玛T型"密码机等。当时的破译专家评价说："在恩尼格玛密码机平淡无奇的外表下面，却封装了一个极为复杂的密码系统。"

恩尼格玛密码机的前身，是由德国电器工程师雪毕伍斯开发的一种密码机。它的外表很像一台机械式的打字机，其键盘上共有26个按键，键盘的排列与计算机类似，只不过为了使通信尽量简短和难以破译，空格、数字和标点符号等都被取消，而只有字母键。键盘上方是显示器，它其实是标示26个字母的26个小灯泡，当按下键盘上的某个键时，与该字母加密后的密文字母所对应的小灯泡就被点亮。在显示器的上方是三个直径6厘米的转子，它们的主要部分隐藏在面板下；转子才是恩尼格玛密码机的最关键部分，因为所有加解密过程都是由转子完成的。转子之所以叫"转子"，是因为它会转动，其实它是一个圆盘。在该圆盘的两面含有26个触点，对应于26个英文字母。这些圆盘的连线方式是：输入端的某字母对应的触点，连接到输出端的另一触点。将明文消息输入一个键盘后，该键盘将弱电流输入到一个与转子一侧接触的输入板上。转子的另一侧，与某个输出板相连，它将电流传给一个灯泡，灯泡便点亮了玻璃屏幕上的某个字母。若转子不动，它就是一个简单的单表代换密码；而实际上，敲击打字机键盘时，就会把转子向前转动一个字母，即转动1/26圈。转子内部的连接各不相同，因此，不同的字母将被点亮。如果字母L被连续两次敲击，第一次它可能输出P，第二次则可能是E。若对同一个字母敲击26次，那就会回到刚开始的结果。若再加入第二个转子，则在第一个转子转完一周后，第二个转子将只转1/26周，那么这台机器将在26×26次重复敲击之后，才会再次回到起始位置。若增加第三个转子，该重复敲击的周期，将增大到17 576；四个转子的周期将为456 976，五个转子的周期将为11 881 376。为了解密，合法接收者需要知道每个转子的初始位置，即密钥。每个转子有26个位置，密钥的可能性也同样变成了天文数字，以至于在不知道密钥的情况下，即使已知曾经的明文和密文，且拥有加密机，也无法找到密钥；因为，破译者不可能测试七个转子的$8×10^9$个密钥，或13个转子的$2.5×10^{18}$个密钥。

刚开始时，该密码机的市场推广非常困难，一方面，雪毕伍斯开出了天价：一个十转子加密机器售价4000至5000马克，并在8周内交货。另一方面，德军虽认可了该密码机的优点，但由于各种原因，德军并未申请到采购经费，所以只好作罢。于是，雪毕伍斯又去游说德国外交部，可仍然没能签单；因为外交部更相信英国人编造的故事，即齐默曼电报的明文是在墨西哥城被偷去的，而不是密码被破译了。顽强的雪毕伍斯，继续为其密码机寻找买家；于是，该密码机就以恩尼格玛密码机的名义，于1923年登上了万国邮政联盟大会展台。当时，这台可以打印输出消息的密码机的重量超过45千克，高度超过38厘米；很快，它又被小型化到质量仅有7千克，高度也只有11厘米，且有四个转子，可通过拨动盖子中带齿轮的指轮来进行初始设置。该打字机上有三行键，用于输入明文；在机器上的圆形窗口内，有三行字母，下有灯泡；每次灯泡点亮时，就读出了一个密文字母。紧接着，雪毕伍斯又对其恩尼格玛密码机进行了改进：转子可拆卸，安装的顺序可调整。第四个转子改进为"反射器"：它不转动，只有一面有触点，且两两连接。它的作用是，通过前面的三个可旋转转子，将电流经不同路径返回。这样做的好处是，同一台机器可完成加密和解密，而不需要改变配置。其缺点是，如果某个明文对应的密文是Z，那么明文z的密文就是那个明文；这也意味着有一个可利用的漏洞：任何字母加密后都不是自身。

直到1925年，德军才开始对恩尼格玛密码机感兴趣；直到1928年7月15日，军用恩尼格玛密码机才正式投入使用，当时它的价格已降到600马克，但仍不畅销，只售出了区区几百台，这主要是受《凡尔赛和约》的限制；毕竟，密码机被看作一种武器，而且还是重要武器，所以，不允许德军大规模配备。

德军使用过八转子恩尼格玛密码机，但很快又有了另一个创新，即在键盘和第一个转子之间，加入了一个带有26个插口的插接板。将带插头的电线，插入需要相互连接的两端。若A对应的插口没有插入电线，则信号被传递为A。若A与T对应的插口相连，那就发送T，即把T当作A发送。仅这一项改进，就可产生200亿种新的可能性。为了简化操作过程，德军只连接了六对字母，给出了对12个字母的额外加密。随后的加密工作，仍由转子完成。1930年，德国海军同意使用带插板的加密机，但坚持要有额外的转子。

1935年，希特勒撕毁《凡尔赛和约》，开始大规模扩张军事力量。很快，军队的各部门和安全部队，对恩尼格玛密码机的需求大增；甚至连警察和铁路部门，也开始大量采购。恩尼格玛密码机的普及，意味着安全性的加强和程序的标准化。加密一个消息之前，操作员必须将转子转到事先约定的起始位置。三转子的机器，具有17 576种可能的起始位置。初始设置取自某个密码本，那里列出了每天的密钥。一旦设置好转子，操作员便逐个将字母消息键入，并记录下显示器上点亮的字母。一旦整条消息被加密，密文就被交给无线电报务员，以莫尔斯电码的方式发送出去。接收电文的报务员，将密文的字母写下来，交给恩尼格玛密码机的操作员。这台机器也调整为当天的转子设置，然后将密文逐个字母键入，在显示器上点亮的字母，就形成了明文。

从理论上讲，若只使用一台简单的三转子机器，则可在一天内破解任意密码；但是，一旦三个转子可被拆卸并以任何顺序组装，那么，初始设置的可能性就增大了6倍，达到105 456种可能性；此外，插接板本身，在26个字母中任意选择六对字母交换，又增加了100 391 791 500倍的可能性。总之，转子和插接板组合的可能设置，共有约10^{16}种；因此，雪毕伍斯认为，用这种方法产生的密码将坚不可摧。于是，德国军方购买了超过3万台恩尼格玛密码机，使其通信安全达到了空前水平。

在经历了一战的惨败后，纳粹坚信会在二战中取得最终胜利；在密码战方面，德国也把赌注押在了恩尼格玛密码机上，他们总相信存在"牢不可破的密码"，当然，事实却会再次狠狠教训他们。

下面就来讲讲恩尼格玛密码的破译故事。

可能出乎许多读者意料的是，当时全球密码破译的强国，不是大家熟知的英、美、德、法、俄等军事大国，而是弱小的波兰。原来，一战之后，许多战胜国很快就不再重视对德国的密码破译工作了，这也许是出于自信，因为在他们看来，在《凡尔赛和约》的约束下，德国已不可能造成危害了，当然也就没必要再花力气破译德国密码了。但是，一战后的新兴国家波兰却是一个例外，因为波兰身处德国和俄罗斯这两霸之间，它必须随时关注德俄的一举一动，必须对这两国的密码高度关注；并希望借助密码破译的优势，随时取得主动权。而历史事实也正是这样，比如，1918年，当波兰作为一个独立国家重新出现时，立即就受到苏联的威胁。然而，由密码学家科瓦莱夫斯基组建的波兰密码局，对苏联密码进行了成功破译，此举竟然真的助力波兰，将苏联人挡在了华沙之外，并把他们赶回了老家。随后，波兰又受到来自德国的威胁；因为《凡尔赛和约》允许波兰使用原本属于德国的波罗的海沿岸，这使德国人义愤填膺，更被纳粹恶意利用；于是，希特勒就于1939年，找借口入侵了波兰，从而拉开了第二次世界大战的序幕。

其实，早在二战前，由于德国日益加剧的敌意，促使波兰与法国签署了一项合作条约，也使波兰密码局更加关注德国密码的破译工作。1926年，波兰就发现，德国海军密码已经改变；两年后，德国陆军的密码也无法读懂了。随后，波兰密码局又发现，原来德国已开始使用机械化方法加密了；因此，波兰就赶紧购买了一台恩尼格玛密码机，但却无法得到用同一密钥加密的足够消息，故无法用当时已掌握的所有传统方法来破译。因此，只好求助数学家了。于是，波兰密码局就开始广泛招募精通德语的青年才俊，并让资深密码破译者为这些青年讲授密码学知识，将密文交给学生去练手破译。在新学员中，很快就有三人脱颖而出；他们分别是雷耶夫斯基、佐加尔斯基和罗佐基。比如，他们注意到，很多密码组都以Y开头，于是就推断它们为疑问句；他们又注意到，六个字母一组且以YPOY开头的消息，其明文是四字母组，由此猜测，这或许是某个数字，或代表年份等。后来，由于这三人在密码破译方面屡建奇功，所以被称为"波兰三杰"。

与此同时，法国也在努力破译恩尼格玛密码，但却毫无进展。后来，才总算碰上了好运。原来，1931年，法国情报部的"密码与拦截部门"负责人贝特兰，收到一封来自布拉格的信件，有人要主动抛售一份重要的德国文件。于是，一名法国特工，就来到比利时与寄信人施密特见面。这位施密特，在德军密码处供职，同时也是密码处前负责人的弟弟，并有权使用恩尼格玛密码机。施密特虽为纳粹党徒，但却对德国当局深恶痛绝。在施密特出卖的文件中，刚好就有一份恩尼格玛密码机的说明书。不过，该说明书却对法国或英国没啥用处，因为它未给出转子连线或关键密钥的详细信息；但是它为波兰的破译者提供了重要启发，因为在密码分析方面，波兰已遥遥领先于盟友了。波兰过去完全不知插接板之事，因为在商用恩尼格玛密码机中，压根儿就没这部分；于是，波兰立即着手制造复制品。在此基础上，雷耶夫斯基重新开始破译恩尼格玛密码；再次非常幸运的是，在1931至1932年间的某次会议上，施密特出卖了当天的密钥，从而大大推进了恩尼格玛密码的破译进展。

实际上，雷耶夫斯基已发现，德军的消息是以独特的六字母组开头的。而从施密特出卖的文件中，雷耶夫斯基了解到，设置恩尼格玛密码机时，操作员会先根据密钥列表调整插接板；然后，将转子根据当年的季度作为顺序进行安装；接着，按照当天密钥给出的下一个相邻字母设置字母表环，使弹簧驱动的螺柱带动下一个转子；转动转子，直到机器盖上的窗口显示了当天密钥的所有字母为止。因此，破译员就想出了一个对该消息特有的三字母组，比如PWL，并对它们加密两次，就形成了发送的密文OHVQNS。破译员转动转子，使得字母PWL显示在窗口上，然后就可以开始对消息加密了。

在完成了恩尼格玛密码机的初始设置等步骤后，当收到第一个六字母组的密文时，经解密，就得到PWLPWL；于是，启动转子，使得机器显示PWL，然后，就可以开始对消息的正文部分进行解密了。

尽管雷耶夫斯基不知道当天的密钥，也不知道该消息的关键字，甚至还不知道插接板的连线设置；但是，他知道密文的第一与第四、第二与第五、第三与第六个字母有关联。在每种情况下，它们都是对同一个字母的加密；它们之间的关系，反映了转子的起始位置。雷耶夫斯基记下这些字母之间的关系列表，并发现，若能得到一天内截获的足够多密文，就能建立起一套完整的关系。例如，第一个字母A可能与第四个字母P有关，第一个字母P可能与第四个字母F有关，第一个字母F与第四个字母A有关，这样就形成了一个循环链。他发现，在第一和第四、第二和第五、第三和第六位置出现的所有字母，都形成这样的链。这些规律每天都在变化：有时是几条长链带着许多环，有时是许多短链带着少量环。重要的是，链和环的个数，只取决于转子的顺序和当天的密钥，与插接板的配置无关。插接板只将两个字母互相交换，并不改变链的长度。于是，雷耶夫斯基将各种变化的可能性降到了105 456，这就是转子初始配置的数量。

可是，雷耶夫斯基还没来得及为自己的破译成果庆功时，德国人只是稍稍做了一点改进，波兰的破译方法就立即无效了。于是，雷耶夫斯基又赶紧设计了一种机械化装置来检查所有可能的转子设置，称为"邦巴机"。这种高约1米的邦巴机，本质上就是同时工作的六台恩尼格玛密码机，使得每台都有一种不同的转子设置。这样，雷耶夫斯基又扳回了一分。

1938年12月15日，德国又增加了两个转子，将可能的设置从6提高到60。于是，雷耶夫斯基就得建造十倍的邦巴机。此外，插接板电线的数量从6也增加到10，更不巧的是，此时施密特也中断了其情报出卖工作；书中暗表，实际上这时的施密特已经被捕。换句话说，波兰再也没有继续破译恩尼格玛密码机的实力了，所以波兰便寻求与英法密码破译专家合作。英法专家原本认为恩尼格玛密码机牢不可破，但当雷耶夫斯基展示了波兰情报部门数年的破译成果后，来访者大吃一惊。于是，在二战爆发前两周，波兰提供的复制恩尼格玛密码机，及自制的邦巴机蓝图等关键设施，就被运抵伦敦；此后，恩尼格玛密码机的破译中心，才开始慢慢转向英国。

当然，波兰与英法之间，针对恩尼格玛密码的破译成果，仍在不断交流。比如，雷耶夫斯基又发现，有时会出现密文的第一与第四个字母重复，第二与第五重复、第三与第六重复。这种重复称为"雌性重复"。它意味着，明文消息中的重复字母，转换到密文时也是同样的字母，尽管转子前进了三格。这只能在转子的某些特定初始设置时才会发生。于是，波兰团队开始对该情况进行记录和编目，"波兰三杰"中的另一杰——佐加尔斯基更提出了一种简单方法来充分利用该规律：他制作了六套26个字母的卡片，每套卡片对应于三转子的每种可能组合。每张卡片对应左侧转子的一个位置，顶端的字母表则表示中间转子的位置，字母表沿侧面从上往下，表示右侧转子的位置。在转子配置的交叉处，打一个孔，这样就产生了一个"雌性重复"。

其破译原理是：当这些卡片相重叠，依照严格计划，按适当顺序和方式相互移动时，可见的小孔数量将逐渐减少；而且，若有足够多的数据可用，最终将只剩下一个小孔；从该小孔的位置，就可计算出转子的顺序设置和圆环设置；换句话说，就得到了整个密钥。若在某天的通信中，只有12个"雌性重复"，那就有可能把最初的转子设置范围缩小到1或2个。如果有两个，那就用恩尼格玛密码机执行一遍解密过程，便可以知道究竟哪个正确了；因为错误的设置会产生乱码，而正确的设置将给出有意义的明文。1939年7月24日，波兰向英国通报了用穿孔卡片破解恩尼格玛的方法。于是，英国赶紧制作了一批卡片，交给在法国的波兰人，以帮助他们破解每天的恩尼格玛密钥。1939年9月1日，纳粹入侵波兰，波兰密码破译专家被迫逃亡法国；不久后，法国也沦陷了。这些波兰人便暂时躲在自由法国抵抗组织内，直到整个法国沦陷后，他们才逃到了英国；当然，波兰人随时都在尽力协助英国破译德国密码。

客观地说，波兰、英国和法国对恩尼格玛密码机的所谓破译，只能算是"救火式"破译，即努力读懂正在破译的密文；直到另一位密码天才图灵的出现，恩尼格玛密码才最终被彻底地，从数学原理上给破译了，从此，恩尼格玛密码机才真正从主流上退出了历史舞台；不过，那已是二战末期的事了，此处暂且不表。

"盟军已破解恩尼格玛密码机"的事实，直到1970年才得以公开。从那以后，人们对恩尼格玛密码机产生了越来越浓厚的兴趣，美国与欧洲的许多博物馆也开始展出一些恩尼格玛密码机。比如，慕尼黑的德国博物馆，就有一台3转子和一台4转子恩尼格玛密码机，还有几台商用恩尼格玛密码机。美国国家安全局的国家密码学博物馆，也有一台恩尼格玛密码机，甚至参观者还可用它来现场加密及解密信息。此外，美国的计算机历史博物馆、英国的布莱切利园、澳大利亚的战争纪念馆、圣迭戈州立大学图书馆等都展示有不同的恩尼格玛密码机，更多的恩尼格玛密码机则成了昂贵的私人收藏品。

5.5 波兰密码三杰

5.4节介绍了恩尼格玛密码机的相关技术部分，本节再来看看涉及恩尼格玛密码的相关人员，包括密码机的设计人员和破译人员，当然重点是三位破译恩尼格玛密码的主要功臣，即"波兰三杰"。

其实，恩尼格玛密码从构想到基本成熟，并非一人之力，更非一日之功。实际上，早在第一次世界大战结束前，准确地说是在1917至1923年间，全球至少有4个人，都各自独立发明了一种新的加密设备——转轮机；它们都是恩尼格玛密码机的技术之源。接下来分别对这些发明人进行简要介绍。

第一位发明者是爱德华·休·赫本。他在1917年，首次提出了转轮机加密系统，并于1918年制作了转轮机原型，取名为"狮身人面密码机"。1921年，赫本集资38万美元，在美国办厂，生产并公开销售该型密码机。虽然美国海军下了订单，但赫本的经营仍很惨淡，甚至血本无归；因为他最终只卖出了区区十余台密码机，总收入不足2000美元。1926年，赫本遭到其他股东起诉，并被判有罪而入狱。

第二位发明者是瑞典人阿维德·达姆，他基于类似的原理也获得了一个专利。达姆本打算将他的密码机投入市场，可在公司刚有起色时，自己却突然在1927年去世，他的专利也就停在了纸面上。直到1940年，当鲍里斯·哈格林接管了达姆的公司后，才总算将其密码机卖给了美国陆军，并取名为M-209密码机。在二战期间，M-209虽不是美国最安全的密码机，但却是操作最简单、携带最方便的密码机。哈格林也因此挣了好几百万美元，并于1944年回到瑞典。冷战期间，哈格林又因该密码机发了一笔横财，并将其公司迁到瑞士。

第三位发明者是荷兰的雨果·亚历山大·科赫。他也在1919年，独创了转轮加密机；可是，在申请完专利"秘密写作机器"后，他就再也没有能力进行商业化推广了。于是，他在1927年，干脆把该专利卖给了德国发明家兼电气工程师亚瑟·雪毕伍斯。因此，也有一种说法是，雪毕伍斯其实是根据科赫的专利而研制出了恩尼格玛密码机。

第四位也是最重要的一位发明者，便是刚刚提到的那位雪毕伍斯。正是因为他的不懈努力，才最终使得转轮式加密机得到大规模推广；也是因为他的巧妙取名，该类加密机才被统称为"恩尼格玛密码机"；毕竟，"哑谜"一词听起来就容易让用户产生安全感。雪毕伍斯之所以敢于和愿意在恩尼格玛密码机上豪赌一把，是因为他敏锐地意识到，传统的纸笔手工加密方法，在机械化战争时代已经过时了；所以，在1918年2月23日，他也申请了一项使用旋转有线转子的密码机专利；并在当年的春季攻势中，给法西斯德国的海军部写了一封长信，描述了该专利的细节，并强调："同一串文字即使被重复上百万次，该密码机也可避免出现任何一次重复"，更重要的是"即使某台密码机落入敌手，对方照样也很难破译；因为它需要一个预定的密钥系统"。反正，若无雪毕伍斯的长期坚持和努力，就不会有恩尼格玛密码机后来的辉煌。

雪毕伍斯，1878年10月20日生于法兰克福的一个小商人之家。25岁时，毕业于慕尼黑技术学院电力专业；然后在汉诺威技术学院学习，并在一年后，他以题为"建造水轮机间接调速器的提议"（Proposal for the Construction of an Indirect Water Turbine Governor）的学位论文获得博士学位。随后，他先后进入德国和瑞士的几家电气公司工作。他对转子的原理非常熟悉，并以此发明了许多东西，如异步电动机、电枕头和陶瓷加热部件等；特别是他还发明了一种"以旋转轮为基础的螺旋桨"，这几乎就是后来"恩尼格玛密码机"的最核心部分。虽然雪毕伍斯开创的恩尼格玛密码登上了机械式密码的巅峰，但非常可惜的是，他本人却没能亲眼看到自己的巨大成功；因为在1929年5月13日的一次赛马运动中，雪毕伍斯不幸坠马身亡，享年仅仅51岁。

恩尼格玛密码机对机械密码的设计，具有非常深远的影响，许多转子机械都起源于它。比如，英国的Typex密码机，就起源于恩尼格玛密码机的专利设计，它甚至包含了真实的恩尼格玛密码机中并未应用的专利设计，但为了保密，英国政府没有为此支付过版税。日本也使用过一种名叫GREEN的恩尼格玛密码机复制品，它的四个转子是垂直排列的。美国的M-325密码机，也是一台与恩尼格玛密码机相似的机器。

简介完恩尼格玛密码机的设计者之后，接下来就该说说恩尼格玛密码机的破译者了，当然主要是以"波兰三杰"为代表的前期破译者。至于二战期间的众多其他破译者，比如图灵等，将放在第6章中介绍；毕竟，恩尼格玛密码机的故事实在太多。

首先来看"波兰三杰"中的第一杰，他的名字叫马里安·雷耶夫斯基，1905年8月26日，生于波兰中北部的比得哥什。由于他的出生地曾是德国领土，所以从小就讲得一口流利的德语；这也是他后来被征召从事德国密码破译的初始原因。当然，他被选中的另一个重要原因就是，他是数学系的学霸。其实，从波兹南大学数学系的研究生毕业后，他本想进入保险行业，却被系主任直接推荐到了一个神秘机构；于是，这位架着近视眼镜，脸上略带羞涩的23岁小伙子，便进入了波兰军事情报局，还在1929年1月参加了一个短期的密码破译培训；后来，又去德国哥廷根大学进修了统计学，回国后便加入了波兰军情局密码处；这时，他的两位同班同学佐加尔斯基和罗佐基（即"波兰三杰"中的另两杰），也都已在那里工作了。很快，他们三人就接到命令，开始全力以赴破译德军刚投入使用的新型密码系统——

恩尼格玛密码。

从20世纪30年代开始，雷耶夫斯基领导波兰密码学家，率先对德国的恩尼格玛密码进行了系统性的研究和破译。在破译过程中，他首次将严格的数学方法应用到密码破译领域，从根本上发展了密码分析学，这在密码学的历史上是一个重要里程碑。因为在他之前，密码分析都主要是利用了自然语言中的模式与统计特性，如字母的频率等展开破译。然而，雷耶夫斯基在对恩尼格玛密码的破译中，却首次应用了纯数学方法，不仅推演出了恩尼格玛密码机的转子配线，还给出了破译这种密码的可行方法，研制了一种名为"邦巴机"的密码破译仪，为二战期间盟国最终破译德军恩尼格玛密码奠定了坚实基础。从1933年1月到1939年9月，雷耶夫斯基等人破译了来自德国的近十万条信息，使波兰掌握了德国大量的机密情报。

1939年9月1日德军入侵波兰后，雷耶夫斯基的破译成果被带往英国和法国，用于破译新的德国电报；而雷耶夫斯基等则被迫逃往罗马尼亚，而后穿越南斯拉夫和意大利边界到达法国巴黎。在那里他们成立了Z小组，继续从事破译恩尼格玛密码的工作，且长达两年之久。其间，他们又破译了九千余条德军情报，直接或间接导致了德军在南斯拉夫、希腊和苏联的惨败，有力地支持了盟军在北非开辟战场的作战计划。

德国入侵法国后，Z小组的处境越来越危险；于是，在1942年11月9日，即盟军登陆北非的次日，雷耶夫斯基等不得不开始继续流亡。1943年1月29日，他们在法国比利牛斯山脉试图穿越西班牙边境时，被边境安全警察逮捕，投入了难民营。难民营的艰苦生活，令雷耶夫斯基患上了风湿病；不过幸好，他的身份始终未暴露，所以同年5月，他幸运获释，前往直布罗陀，随后乘船到达英国。虽然英国人早就知道他在破译恩尼格玛密码中曾做出过巨大贡献，但出于安全考虑，毕竟谁也不知道他在难民营中是否已变节，所以，只安排他从事另一种不太重要的密码，SS密码的破译工作。

二战结束后，1946年，雷耶夫斯基返回波兰与妻子和两个孩子团聚，并任职于波兹南大学，直到1967年退休。但是，他对自己在战前和战时所做的工作始终保持沉默；同时，他也真的不知道自己的破译工作到底有多重要，直到20世纪70年代，英国政府公布了二战期间的密码破译工作后；特别是1974年，曾在布莱切利园工作过的温特伯坦姆的《超级机密》一书出版并引发轰动后，雷耶夫斯基等幕后英雄，才开始被公众所知；虽然《超级机密》一书既搞错了雷耶夫斯基的姓名，更搞错了他的性别。也是直到这时，年近七旬的雷耶夫斯基，才首次得知他本人对恩尼格玛密码的破译方法，竟然是二战期间盟军破译德军恩尼格玛密码的基石。

1980年2月13日，雷耶夫斯基在华沙去世，享年75岁。二十年后的2000年7月17日，波兰政府才向"波兰三杰"追授了波兰最高勋章。2001年4月21日，"波兰三杰"纪念基金在华沙设立，基金会还分别在华沙和伦敦设置了铭牌，以纪念波兰数学家。

接着再来看"波兰三杰"中的第二杰，他的名字叫杰尔兹·罗佐基，1909年7月24日生于波兰。由于他在破译恩尼格玛密码过程中的许多工作，都是与"波兰三杰"中的另两杰一起完成的，所以这里就不再重复叙述了。唯一的区别，也是巨大的遗憾便是，他虽然于1941年下半年逃到法国并进入Z小组继续监听恩尼格玛密码，但是在1942年1月9日，当他乘坐"拉莫里斯"号返回法国途经巴利阿里岛时，他乘坐的轮船撞上了水下不明物体；于是，罗佐基和另外两名密码破译专家，以及船上两百余名乘客全部遇难。时年，罗佐基年仅33岁。

最后再来看"波兰三杰"中的第三杰，他的名字叫亨里克·佐加尔斯基，1906年生。直到二战结束前，他的人生经历几乎与雷耶夫斯基完全相同，而且许多工作也是共同完成的，唯一的区别是：二战结束后，他留在了英国，在巴特尔西技术学院任教。1978年，佐加尔斯基在普利茅茨去世，享年72岁。

除了上述光彩夺目的"波兰三杰"之外，在恩尼格玛密码的破译方面，还有三个特殊人物必须提及。

第一个特殊人物名叫简·科瓦莱夫斯基（1892—1965），他是"波兰三杰"的伯乐兼老板。准确地说，他是波兰密码局的创始人，是他招募并培养了"波兰三杰"；当然，更重要的是，他本人也是一位密码破译专家。1913年，他从列日大学化学系毕业后，就回到波兰，并应召进入俄罗斯军队，参加第一次世界大战。他先是一名工程与信号兵，直到1917年俄罗斯投降；然后，成了波兰第四步兵师的情报局长。1919年，他在波兰总参谋部任职，恰逢一位朋友要外出结婚，便请他临时替班，其任务之一就是：翻译和评估所截获的电报。某日，一封从俄罗斯截获的密电放在了他的办公桌上，出于好奇，他竟然无意中破解了它；原来，这封密电揭示了在俄罗斯内战中，白俄罗斯军队与苏联红军作战的部署。

为了发现更多对波兰有重要意义的情报，他参加了乌克兰战争，并被调到华沙无线电情报部门。在那里，他招募了一批数学家，试图破译更多的俄罗斯密码。由于在波兰对苏战争中取得的杰出破译成就，科瓦莱夫斯基被授予波兰最高军事勋章，波兰银十字军事勋章。

1923年，科瓦莱夫斯基前往东京，为日本军官开设无线电情报课程。然后在巴黎军事高等学校学习。后来，在莫斯科担任武官，1929年被俄罗斯驱逐出境。1939年，当纳粹德国入侵波兰引发二战后，科瓦莱夫斯基从罗马尼亚逃到法国，并在那里参加了波兰流亡军队。由于1940年法国沦陷，他又逃到葡萄牙；在那里，他组织协调了收集情报和抵抗工作。尽管他的活动对英国人来说很有价值，但由于他激怒了苏联盟友，便被赶出了葡萄牙。他后来转移到位于伦敦的波兰作战局，为诺曼底登陆做准备。战争结束后，他一直流亡英国；在那里，他对历史上的一些密码分析发生了浓厚兴趣，甚至破译了波兰民族主义者罗穆尔德·特罗哥特在1864年1月暴动中使用过的密码。

第二个特殊人物有点不光彩，他名叫汉斯·提罗·施密特。不但他本人是一位纳粹党员，他哥哥更是当时德国通信部门的头目，甚至就是他哥正式命令"在德军中使用恩尼格玛密码机"。不过，施密特在破译恩尼格玛密码的过程中，事实上帮了盟国大忙，所以也必须得提及。

施密特，1888年生于柏林的一个中产阶级家庭，在一战时还当过兵，打过仗。一战后，根据《凡尔赛和约》，战败的德国必须裁军，施密特也不幸被裁。退伍后，走投无路的他开办了一家肥皂厂，本想赚点钱养家糊口；可战败后的德国经济萧条，通货膨胀，施密特很快就破产了。

与他的潦倒处境相反，他大哥却在一战后春风得意，不但未被德军裁员，相反却一路高升；这让施密特脸上无光。但迫于生活压力，施密特不得不放下自尊去求大哥，希望谋个职位。于是，大哥就安排他进入了德国密码处，这是一个专门负责德国密码通信的机构，即恩尼格玛密码指挥中心，拥有大量绝密情报。施密特把家属留在巴伐利亚，因为那里的生活费用相对较低，勉强可以度日。就这样他只身一人搬到柏林，当上了"裸官"。由于自己的工资实在太低，他对大哥就更加嫉妒，也对抛弃他的德国社会更加痛恨。

于是，为了报复社会，也为了挣点外快，他就走上了一条间谍不归路：把自己能轻松搞到的绝密消息，出卖给外国情报机构。1931年11月8日，施密特化名为艾斯克，和法国情报人员在比利时接头，并在旅馆里向法国提供了两份珍贵的有关恩尼格玛密码机的操作和转子内部线路的资料，并为此得到了1万马克情报费。后来，依靠这两份资料，法国终于复制出了军用恩尼格玛密码机。

第三个特殊人物名叫古斯塔夫·贝特兰。他其实是一名特工，但他在破译恩尼格玛密码中，起到了至关重要但却容易被忽视的作用，因为他将一台盟国复制的恩尼格玛密码机，从法国送到了波兰，大大促进了"波兰三杰"的破译工作。但是，甚至连他自己都没意识到自己曾经传递的信息和设备是多么重要，他对波兰人破译恩尼格玛密码也不知情。不过他知道，1939年7月在华沙附近召开的法国、英国和波兰会议上，恩尼格玛密码已被破译了。

德国入侵法国后，贝特兰的处境非常危险。比如，他的一位同道REX，真名鲁道夫·勒莫依尼，虽然生于柏林，但仍被盖世太保逮捕。尽管REX拒绝为德国效力，不愿做双面间谍，但由于纳粹把他羁押太久，以至于他无法对法国尽忠，最终出卖了施密特，即上述第二位特殊人物；于是，后者被逮捕，后来死在狱中，可能是服用了某人偷偷带给他的氰化物。

后来，贝特兰自己也被盖世太保逮捕，并被押到柏林。纳粹怀疑他是英国间谍，并试图诱使他成为双面间谍。他假装同意后，就乘机溜走；随后四处躲藏，并最终逃往英国。战争结束后，他又被法国俘虏并受审。再后来，他出版了《恩尼格玛》一书，首次揭开了二战中恩尼格玛密码的秘闻。1946年，贝特兰去世。

对了，由于机械密码与二战密不可分，所以，第6章将聚焦于二战密码的精彩故事。

第6章

二战密码

所谓第二次世界大战（简称"二战"），在很大程度上说，其实就是交战各方的密码战。谁的密码破译能力强，谁就能知己知彼，从而在战前部署、战场应对及战后谈判等方面取得绝对的主动地位；谁的密码能最终守住秘密，谁就能运筹于帷幄，决胜于千里。二战中的事实再一次表明，敌对双方的密码战，在很大程度上会影响战争的走向。比如，1941年春天，英国军队节节败退，德国潜艇击沉了前往英国的大部分食品和原料运输船队；但是，当德国海军的恩尼格玛密码被破译后，被击沉的船只数量便骤降75%。又比如，由于盟军在密码破译战中的绝对优势，使得二战提前了2至4年结束。甚至可以说，若无密码破译方面的决定性胜利，同盟国很可能会输掉二战。

由于二战对密码的巨大需要，密码发展史上又出现了一个新高峰。实际上，从技术角度看，二战促使机械密码发展到了极致，出现了恩尼格玛密码等一大批高水平的密码机；同时，也由于破译密码的海量计算需求，在二战后期，更催生了电子计算机，从而几乎宣判了所有机械密码的死刑，因为任何机械密码都经受不起超强电子计算机的攻击。从人才角度看，二战的实践，不但培养了图灵等密码破译理论专家，更培养了香农等一大批现代密码学家，使得密码的发展进入了全新阶段，即以电子密码为代表的现代密码新阶段。从理论角度看，一方面，许多数学工具被大量应用于密码破译，从而大大降低了密码破译的难度和计算量；另一方面，计算机的出现，使得几乎任何算法密码的编码都不再困难，比如，过去无法用机械方法实现的希尔密码等，在计算机的帮助下，都可轻松完成其加密过程，但同时，计算机也能轻松破译过去的许多超级密码，从而逼迫密码编码专家，在更高的数学平台上，设计出更奇妙的各种现代密码算法。总之，密码的发展历史，其实就是攻守双方相互博弈的历史，是加密手段与破译工具的水涨船高的历史，永远不会有"绝对安全"的密码，永远也没有天下无敌的破译手段。

本章将分别介绍二战期间各交战方的密码之战；当然，主要就是英法美等同盟国，与德意日轴心国之间的密码战。

6.1 英德密码战

首先，看看二战主角之一的英国，在密码破译战中是如何表现的。

英国政府特别重视密码人才的培养，早在1919年11月，就成立了专门的密码学校。该校的地位一直很高：最初它由海军部领导，后来又转给外交部，由秘密情报局的资深C号人物，即辛克莱爵士直接负责学校的管理。1924年开始，学校专注于海军密码和外交密码工作。1930年，又成立了陆军分部。1936年，再成立了空军分部。直到二战前夕，学校大约有90人，其中约有30人是密码专家，负责密码破译；而其他人员则来自军事部门，负责截获敌方的密信。二战中，为躲避德国的轰炸，该校于1938年迁到了白金汉郡郊外的布莱切利园。从此便诞生了人类密码史上的一个重要机构，俗称"布莱切利园"，正式名称叫"X站"；作为当时英国的最高秘密机构，它招募了一群古怪的数学家、语言学家、国际象棋大师和填字游戏高手等；而随后的事实表明，这些怪人的专长，在密码破译中都发挥了巨大的作用，帮助盟军赢得了战争。在人员最高峰时，布莱切利园中的密码破译人员竟高达1万人之多，其中绝大部分都是耐心很好的美女；由此可以想象，密码破译的工作量有多大，破译过程是多么枯燥无味。

英国密码破译的早期目标，其实并非德国，而是美国、苏联、法国、日本、意大利、西班牙、匈牙利等，因为当时德国军队的规模受到《凡尔赛和约》的限制，其通信消息很少。那时，来自意大利的威胁更大，因为独裁者墨索里尼已开始把地中海称为"我们的海"；而对英国来说，地中海是通往印度的重要通道。1935年，意大利又入侵了非洲东部国家阿比西尼亚，这就直接威胁到英国对埃及的控制。负责破译意大利密码的主攻手，名叫诺克斯，他是一位资深的密码专家，早年曾协助破译著名的齐默曼密码；后来又在破译美国密码和匈牙利密码中屡建奇功。果然，诺克斯很快就发现，意大利海军正在使用商用恩尼格玛密码；刚好，诺克斯也曾于1925年，在维也纳购买过一台商用恩尼格玛密码机，所以他知道该密码机中存在着转子和连线，而且还知道，破译的关键是要恢复出每天的编码方案，即转子的安装顺序，以及每天的密钥，即转子的起始位置。

为了破译商用恩尼格玛密码，诺克斯为三个转子的组合绘制了一张表，以显示出每种位置可能的变换，同时排除了许多不可能的情况。比如，一个字母不能转换成自身，两个不同的字母不能转换成同一个字母；此外，由于恩尼格玛密码机可同时用作加密和解密，所以，若A加密为D，那么D必然加密为A。总之，在排除了这些可能性之后，密码破译者就大大缩小了测试范围，减少了破译工作量。接下来，需要把一个"切入点"与密文片段进行匹配。为简化问题，诺克斯意识到，若用右边的最快速转子去带动中间转子，使它移动到空格时，就变成了处理一个简单的两步移位密码问题。商用恩尼格玛密码机键盘上的字母，连接在与第一个转子接触的入口环上。转子的连

163

线，把一个字母变为另一个字母。当其他转子和反射器保持静止时，它们就变成了一个虚拟反射器，可用来完成下一步替换。就这样，诺克斯用他发明的所谓"杠杆法"，逐步破译了西班牙佛朗哥将军的密码，也就破译了德国发往西班牙的密码。可是，当德国海军参战后，却使用了军用恩尼格玛密码机，即加装了插接板；于是，"杠杆法"就不灵了。

不过，"杠杆法"仍可用来破译意大利海军密码，只是过程相当单调乏味而已；于是，诺克斯聘用了一群细心的美女，让她们在浩瀚的密文中，寻找这样的特殊消息：以"FOR"开头且后面紧跟一个以X标记的空格。几个月下来，虽然很累，但却毫无成果，直到某位犀利姑娘终于发现了符合要求的第一个组合，并成功猜测它为PERSONALE；于是，她轻轻转动了第一个转子，接着又一步步往下猜，终于发现：这条消息是以PERSONALEXPERXSIGNORX开头，其后跟一个名字。这就足以确定当天的转子顺序和消息设置了。一旦意大利海军恩尼格玛密码的一部分能被解读，便可获得有用的"切入点"线索；于是，在接下来的时间里，破译密文就顺理成章了。从此以后，意大利海军的商用恩尼格玛密码就被破解了。

就在破译者们搬到布莱切利园后不久，德国战舰"SMS号"驶入了但泽港，名义上是要纪念埋葬在那里的"马格德堡"号沉没25周年；实际上，在1939年9月1日凌晨4时48分，该战舰的主炮瞄准了波兰军事基地，打响了二战的第一炮。后来，"波兰三杰"逃到法国，并很快就在那里于1939年10月28日破解了德国海军的密码；随后，又于1940年1月6日破解了德国空军的密码。

随着德军密码的不断改进，英国终于意识到，破译密码不能依靠人海战术；在机械化时代，必须聘用更多的数学家。于是，时年27岁的数学奇才图灵就成了第一位被聘者；他后来因为卓越的密码破译功勋，被英国首相丘吉尔赞扬为"在第二次世界大战中，为盟军战胜纳粹德国做出了最伟大的贡献"；当然，再后来，图灵更成了"计算机之父"和"人工智能之父"等；这是后话，此处就不多说。

在接受了密码学的简单培训后，图灵加入了诺克斯团队，与牛津大学数学家特温等人一起，开始研究恩尼格玛密码机。图灵很快就对波兰人的"邦巴机"产生了兴趣，并立即意识到，像诺克斯的"杠杆法"那样，在排除了所有不可能的情况后，便能大大缩小需要测试的密文范围。而且图灵相信，德国人很快就会发现其密码中的一个缺陷，即"消息关键字被加密两次放在开头"；但同时，图灵也相信，德国也可能使用其他的"切入点"。为了验证这些猜测，必须对整个消息进行测试，所以需要比"邦巴机"运行得更快的机器；为此，图灵自己设计了一个全新的、更复杂的新机器，称为"邦倍机"，并立即指定英国制表机器公司开始生产"邦倍机"。1940年3月18日，英国第一台名叫"胜利"的"邦倍机"来到了布莱切利园；这个庞然大物有2米高，2.2米长，0.6米宽，重量超过1吨；它还有36个扰频器，每个扰频器都仿真了一台恩尼格玛密码机；它包含108个转子，用来选择可能的密钥设置。与波兰的"邦巴机"类似，"邦倍机"也能缩小猜测链的可能范围；其转子不断旋转，直到转完一整圈。到了这一点后，机器就开始震动并停止转动，然后就可以读取设置了。然后，按此设置安装一台复制的恩尼格玛密码机，看看是否能输出德语明文。如果没有，机器就重新启动。

后来的事实表明，图灵真有远见；因为就在仅仅一个多月后，德国就于1940年5月改变了密码，使得过去的"邦巴机"几乎失效，同时也使图灵的"邦倍机"大显神威。第二台"邦倍机"名叫"神羔"，于1940年8月运到布莱切利园；它是图灵和剑桥数学家威奇曼，在第一台"邦倍机"的基础上改进而成的，它装上了威奇曼的对角线板，后续的所有"邦倍机"都装上了这种板子；从而使得破译速度更快。后来，"邦倍机"越来越多，以至几乎每天都能破译当天所截获的所有德国海军密信，每月能破译超过8万条消息。再后来，图灵等又集中力量，开始破译德国空军的密码；这项工作相对来说就容易多了，因为德国空军通信兵，未受过良好的保密训练，比如，他们经常使用女友的名字作为密钥。

由于布莱切利园已能破译德国海军的所有密码，且几乎和德国人的正常解密速度一样快，这些电文被作为"超级机密"交给政府。事实证明，破译德国海军的密码对英国取得胜利具有决定性的意义。比如，1941年6月，德国潜艇群对海上运输船只，发动了大规模的鱼雷袭击，以使英国陷入物资匮乏与饥饿，并逼迫英国投降。但是，在"超级机密"的帮助下，行驶于大西洋的物资供应船队，巧妙躲过了德军的袭击；损失的船只急剧下降，甚至连续23天，德国潜艇连英国船队的影子也没看到，反而是轴心国的舰队不断遭到重创。如何才能使德国人不怀疑其密码已被破译，消息已被泄露了呢？为此，英国故意散布了一些假消息，声称自己开发出了一种新型远程雷达，可探测潜艇，哪怕它们躲在深水中。又比如，1942年，五艘为轴心国提供补给的意大利船只，在北非被击沉；这也是"超级机密"的功劳；不过，为了掩人耳目，丘吉尔还假装向那不勒斯发了一封电报，向那里的一个虚构间谍表示祝贺。事后证明，该假动作全无必要，因为偏执的纳粹政权已经咬定，是某些间谍将潜艇行踪细节交给了英国。

英国之所以能在对德密码战中大获全胜，是因为他们建立了一整套完整的破译体系：除图灵、诺克斯等一线密码破译者之外，还有许多专职或兼职的协助人员。实际上，破译工作的许多改进和提高，都得益于其他战场上的"意外捕获"；甚至，若干偶然事件也给盟军提供了德国密码机和码书。比如，1940年4月26日早晨，就发生了这样一件事：英国拦截了一艘行驶在特隆赫姆南部的，悬挂荷兰国旗的"北极星号"渔船，但却偶然发现，该渔船竟然携带了弹药！原来，它其实是德国的"希夫26号"拖网船。登船搜查的一名英国士兵，找到了一个帆布包，发现了其中的操作员手册，其中记录了一段完整的"切入点"明文消息，以及插接板的设置和4月23日至24日密码机的起始位置等。利用这些信息，图灵团队很快就破解了随后6天的密码通信。

1941年3月4日早晨，英国在挪威罗弗敦岛外，俘虏了德军的"克雷布斯"号武装拖网渔船，并在船上发现了一些箱子，内有两个转子连同一份文件，其中给出了插接板和2月份的转子设置。尽管已过期，但它们对图灵重建双字母表仍然十分有用。

当布莱切利园的破译工作进展缓慢时，22岁的辛斯利意识到，德国拖网渔船之所以要去冰岛北部执行任务，其实可能是在回传天气报告。他突然灵机一动，这些弱小的气象船，肯定携带了恩尼格玛密码机和密码本。于是，在1941年5月7日，英国拦截了德国的"慕尼黑"号。果然，德国船员赶紧将恩尼格玛密码机和密码本扔进海里，但英国还是获得了6月份的密钥设置。

1941年5月9日，英国的深水炸弹把德国的U-110潜艇逼上了水面，并从该艇中缴获了一台正在使用的恩尼格玛密码机，以及同时配发的密码本。这些文件包括一个双字母表，刚好是图灵正在重建的表格，这证实了图灵工作的正确性。

1942年10月30日，英国在地中海东部截获了德国的U-559潜艇，并成功找到了一个记录天气预报的新版本，这提供了重要的新"切入点"，从而帮助图灵等于1942年12月2日，最终破译了德国新的四转子恩尼格玛密码。这意味着，现有的三转子"邦倍机"可以破解截获的短消息。由此入手，对较长的消息来说，研究第四个转子的设置就

密码简史

变得相对简单了。

英国密码破译者的杰出表现，获得了丘吉尔的高度赞扬，他不但亲自视察了布莱切利园，还会见了图灵、威奇曼和亚历山大等密码破译专家。但是，出乎丘吉尔意料的是，这些顶级密码学家竟然都披头散发，狼狈不堪，个个都像"歪瓜裂枣"；以至于这位风趣的首相先生，埋怨在场的官员说：我虽让你们无条件收罗奇才，但你们也太忽略外表了。二战胜利后，丘吉尔还对乔治六世国王说：多亏"超级机密"，我们才赢得了战争！

恩尼格玛密码被破译的事实，被作为超级机密，以至于在二战结束后30年都还不为外界所知；之所以如此，其原因之一是：同盟国希望继续造成该密码仍不可破的假象，以便对国际上许多仍在使用该密码的国家进行信息监听；此外，破译恩尼格玛密码的许多技术，还可用于破译其他加密机。

二战结束时，同盟国希望缴获尽可能多的德国密码设备和密码人员，结果其业绩好于预期；原来，德国更担心这些机器被苏联抢走，所以提前将它们埋入了地下。后来，这些从地下挖出来的宝贝，在冷战中帮了同盟国大忙，因为德国在二战中也破译了苏联的许多密码，这些成果都包含在挖出的宝贝中；当然，这一事实的保密期更长，直到1986年，《超级美国人》出版后，才首次对此揭秘。

二战中，德国陆军司令部还使用过洛伦兹SZ 40和SZ 42型战略级密码机，它们于1943年投入使用，其安全强度远远超过恩尼格玛密码机。可惜，由于加密人员的违规使用，很快就被英国人破解，当然人类的第一台可编程电子计算机"巨人"，在其中也发挥了重要作用；德国空军使用的是Sturgeon密码机，但由于其加密方法太简单，被一位瑞典数学家仅用两周就破解了。英国所使用的密码中，有些也有类似于恩尼格玛密码机，比如，一台名为X型的密码机器；而美国则使用了更为先进的 SIGABA 密码机，这也是整个二战期间，唯一未被敌方破译的密码机；此外，美国还使用过 Teletype 密码机，以及便携式机械密码机 M-209，它后来还在朝鲜战争中被广泛使用过。

由于不知道德国等轴心国对同盟国密码的破译情况，所以，本书对此忽略不述。反正，1941年12月7日，日本偷袭珍珠港后，希特勒也向美国宣战。英美结成盟友，于是，美国密码破译专家访问了布莱切利园，还带来了他们正在苦苦破译的日本主战密码机"紫密"。随后，图灵被派往美国，在曼哈顿的贝尔实验室工作，并参观了美国海军密码破译中心。从此，针对日本密码的破译战，也就正式打响了；当然，这时的攻方主角变成了美国。

6.2　美日密码战

出于旁观者心态，美国对其他国家的密码破译工作根本没有兴趣；甚至关闭了一战期间鼎鼎大名的密码破译机构"美国黑室"，美国陆军部也仅保留了孤单单的一位密码破译专家弗里德曼，后来，又批准弗里德曼以低薪雇用三名初级密码分析师。他们都是数学教师，对破解密码一无所知。直到1938年，弗里德曼才又获准再雇用另外三名薪水更低的、半文盲级的"密码办事员"。随着预算的缓慢增长，弗里德曼又从其他机构，东拼西凑雇用了四名公务员，包括两名男性和两名女性。他们之所以被选中，是因为他们喜欢玩桥牌和象棋，并能玩转神秘的填字游戏。虽然美国当时的密码破译技术不敢恭维，但出人意料的是，美国的破译业绩却并不差。实际上，当时日本的两种主战密码的许多密件，都先后被美国破译了：其中一种密码的破译材料，被装订成红色活页，故称为"红密"；另一种则被装订成紫色活页，故称为"紫密"。读者可能会纳闷了，这美国到底是如何破译那么多"红密"和"紫密"文件的呢？嘿嘿，一个字：偷！即美国特工闯入相关大楼，窃取或拍摄密码簿等材料，然后再交给情报处就行了；美国将这种密码破译法，美其名曰"黑袋操作"。

由于"黑袋操作"上不了台面，所以下面还是聚焦美国对日本的密码破译技术。首先看"红密"，它很容易就被英国和美国独立破译了。实际上，早在1934年11月，英国人就破译了"红密"，并在1935年8月仿造了一台"红密"机；美国在1936年年底，也破译了"红密"，并花费了两年时间造出了"红密"的模拟机。原来，"红密"使用的是罗马字母和日文音译成的罗马字。消息被分开加密成6×20的矩阵块，即元音被加密为元音，辅音被加密为辅音，Y被当成元音。而在罗马字中，元音出现频率较高，基本形成一个6×6的维吉尼亚表；辅音则组成一个20×20的维吉尼亚表。在键入每个字母时，两个字母都向下移动一个键位。机器设置的选项也很有限，通过对其维吉尼亚表的模式分析，美国情报处很快就发现，它的步进周期总是遵循41、42或43的循环。

"红密"还有一种变体，称为"橙密"，它也很快就被英国和美国独立破译了。后来，日本又对其密码进行了不断更新，所以美国在破译日本密码时，彩虹的所有颜色（红、橙、黄、绿、蓝、青和紫）全都用完了，而且还不够用。不过，在所有这些密码中，"紫密"的破译最有代表性，所以下面重点介绍。

从1939年2月20日起，情报处就开始破译"紫密"，它的结构更复杂，必须借鉴恩尼格玛密码的破译经验。特别是当年6月1日，日本又印发了新的密码本，相应的新密码被称为"JN-25"，因为它是日本海军的第25套系统。实际上，"紫密"密码机也像是电动打字机，它通过26根电线和一个插板与打字机相连。为了操作加密机，密码员要查阅一本书，确定每日所用密钥，然后再设置插板，并将加扰器中的四圆盘转换为给定的数字。然后输入消息，并将密码打印出来。同样的过程也能用来解密信息。

客观来说，日本从"红密"转向"紫密"是一个很正确的决定，但却采用了最糟糕的方式，慢慢过渡，甚至过渡了好几个月；其实，最好的做法应该是突变，比如，某个时刻，所有密码都同时升级为"紫密"。由于日本外交官仍在继续使用"红密"，这就为破译"紫密"提供了很有价值的"切入点"；因为相同的信息发给外交官和其他已使用"紫密"的地方后，美国便可轻松获得"紫密"的若干明文和密文配对。此外，日本人还有一个不良习惯，那就是在每次发报开始时，都喜欢把信息的编号写出来；并且，消息的前几个字，竟然还给出了信息流的详细通信日志。当然，这又极大地帮助了破译者。此外，美国的破译人员还猜测了"紫密"机的一个核心原理，那就是当时最先进的电话程控交换机；后来的事实表明，美国人果然猜对了。所以，美国情报处很快就发现，"紫密"仍把字母表分成6×20的矩阵块，但元音不再加密为元音，辅音也不再加密为辅音。此时的6个字母是由一个插板选择的，将它们连接到一个加扰器；另外20个字母连接到另一个插板。虽然连接关系每天都在变，但却很容易通过频率分析而确定，就像"红密"一样。虽然所选的6个字母也在彼此之间被加扰，但是它们的频率与明文却完全相同；这种规律也适合于20个字母的情况。被选中的这6个字母，可用纸和笔在一张6×25的表格中算出；虽然这项工作缓慢而复杂，但美国人还是找到了一种好办法，即用IBM制表机和穿孔卡片来完成这项工作。

破译者每天的主要任务，就是寻找4个"唯一选择器"的起点。但是，在这方面，日本人又主动提供了帮助；因为在本来多达390 625个可能的位置中，日本却仅使用了240个，这就让美国人占了大便宜。另外，根据所发消息前端的编号和标点符号等"切入点"也发现：在多达天文数字的26！（26的阶乘）种可能的插接方式中，日本竟只使用了大约1000种方式。反正，在美日密码战中，经常出现的情况是：

并非美国太聪明，而是日本太大意。比如，密码破译者有很多可用的"切入点"来反推密文，尤其当"紫密"被日本外交部门采用后，外交官习惯于使用标准短语，例如，"我荣幸地通知阁下"等，他们还喜欢给段落编号。此外，阅读日本报纸，也有助于了解被截密文的主题；美国国务院经常公布日本政府的外交照会全文，而这些外交照会在送交华盛顿特区的日本大使馆时，其密文形式已被截获。美国海军密码学家瑞文中尉还发现：在每月的三个旬期中，每个旬期每日的密钥之间存在某种关系，好像提供密钥的人，只是简单地将第一天的密钥打乱了一下顺序而已。因此，一旦破译了第一天的密钥，那么在接下来的九天内，破译截获内容就易如反掌了。

当然，美国在破译"紫密"的过程中，还得到了英国等多方面帮助；比如，英国送给了美国一台"紫密"密码机和相关文件，英国让美国的密码破译专家代表团，以加拿大代表团的身份进入了布莱切利园参观，并允许他们了解破译恩尼格玛密码的许多秘密，只是不允许拿走任何书面东西；英国还交出了从香港远东局和新加坡等地截获的"紫密"情报。所有这些东西，在很大程度上，促进了美国对"紫密"的破译。归纳一下，美国破译日本"紫密"的漫长过程，大约可分为以下三个阶段：

首先，1938年，美国陆军部决定全力以赴破译紫密。弗里德曼指挥他的19名部属，经过20个月的呕心沥血，终于在1940年秋采用仿制日本"九七式"密码打字机的方法，首次破译了日本密码。

其次，在成功仿制紫密打字机后，美国又获得了日本的密码本。这中间又有一段传奇式的插曲。1941年初春，一艘装载石油的日本船"日新丸"号，取道旧金山的萨克拉门托河开往德国。美国官员以检查毒品为名，强行打开船长室的保险柜，并得到了一套日本《船舶密码本》！原来，这是美方特工机构的预谋行动：先设圈套，再抢走密码本。由于日本商船是海上兵力的重要组成部分，因此，抢走《船舶密码本》，就等于泄露了日本海军的重要密码。为此，日方向美国提出了强烈抗议，这当然无济于事！

最后，美国获得日本密码本，又成功仿制了日本密码机，所以，随后获得的日本密码信息，都源源不断地被破译了。这就像美国戴了一副透视眼镜，把日本的五脏六腑看得清清楚楚。

虽然"紫密"已被破译，但日本用于指挥和控制通信的JN-25密码，却未被破译；即使美国动用了最强大的IBM制表机，其进展也很缓慢，直到美国发现日本密文信息的开端，往往会用一个编号来标明其前一条信息。后来，破译者又发现：00102、00204、00306和00408不断出现，另外，代码中还写入了一个保护符号串，以防止被篡改，即每个代码组中的数字总和，都可以被3整除。在布莱切利园，美国代表团发现，英国在JN-25的破译方面也取得了进展；但还没来得及高兴，日本又一次更新了密码；因为日本正在准备进攻珍珠港。

1941年6月，美国无线电专家、密码破译专家、精通日语的中将罗什福尔，受命接管夏威夷第14海军区的作战情报股。当华盛顿、菲律宾和新加坡的同行正在努力破译JN-25时，罗什福尔却攻破了日本方面有关工程、管理、人员、天气和舰队演习等低密级密码。7月，作战情报股无意中截获了一条秘密消息：日本打算在法国战败后，接管法国在印度、越南、老挝和柬埔寨等的殖民地。并且，日本舰队总司令已发出命令，人员也已开始调动，还变更了某些海军将领的信息地址。紧接着，舰队的通信变为无线电静默；据此推测，日本正在执行某个重大秘密行动。

作战情报股还注意到，日本航母之间的通信也停止了。根据过去的经验推测，这些信息可能隐藏在本地水域中；在那里，信息将通过低功率、短距离通信进行传输，而这些信息在到达美国监听站之前，就早已消失了。另外，作战情报股还在尽力窃听日本驻夏威夷领事馆的电话和电报。比如，1941年12月4日，就有一位名叫吉川武南的年轻少尉，给日本外相拍发电报说："4日凌晨1点，檀香山一艘轻型巡洋舰匆匆离去。"这条消息之所以能被破译，是因为它使用的不是海军密码JN-25，而是已被破译的日本外交密码。看来，日本已经盯上了珍珠港。

在袭击珍珠港之前，攻击部队开始集结于日本北部千岛群岛附近、较偏远的埃托福鲁岛。日本无线电官员，继续用过去的方式传递着看似例行的信息；但是，位于白恩布里奇岛的美国监测站，则收到一条信息，指示日本驻华盛顿大使馆收听日本每日短波新闻公报：若听到"东风雨"的气象报告，就意味着美日关系正在破裂，他们应立即销毁所有密码文件；若听到"北风多云"，就意味着与苏联的关系破裂；而"西风晴"，意味着与英国关系破裂。该信息被美国人破译后，监测站马上就把注意力转向短波广播，翻译人员也很快蜂拥而至。

1941年11月20日，日本大使向美国的国务卿赫尔发出了最后通牒：坚持要求美国放弃对中国的支持，允许日本进一步侵略中国，并给他们提供所需的石油。日本的其他驻外使馆也被告知，终止与美国的一切贸易往来。11月25日，32艘攻击舰艇在严格的无线电静默下，悄悄驶离千岛群岛；因为赫尔拒绝了日方要求，日本大使在给东京的一个加密电话中声称，谈判毫无进展。当然，美国人已窃听并破译了该电话线路。

美国事前约定，在密电中以婚姻家庭关系的方式来通报谈判结果，其中，罗斯福总统被称为"木子小姐"，而国务卿则被称为"粲子小姐"；若解决了中国问题，就称为"即将诞生一个孩子"等。日本方面也提前约定了更多暗语码字，以避免通信过于密集时，不得不用明文进行交流。例如，"ARIMURA"意味着禁止加密通信，"HATTORI"意味着与某特定国家的关系已达到危机点，"MINAMI"是美国的代号。为了表明这些单词是暗语，而非其字面意义，于是，含有暗语单词的电报，就以英文单词"STOP"结尾，而不是以日文的"OWARI"结尾。

同时，日本驻柏林大使发出的一封密电被美国截获了，此信告诉东京，德国外交部长已保证："若日本卷入对美战争，德国也会立即参战。"东京的回答则是："以绝密方式告诉德国，现在是一个极端危险时刻，盎格鲁－撒克逊国家和日本之间，可能会突然爆发战争，而且，这场战争爆发的时间，可能早于任何人的预想。"

1941年12月1日，日本海军突然改变了所有呼号，这种情况本来是每六个月发生一次，上次更改呼号是在11月1日。因此美国人意识到：有重要事情正在发生。但是，压根儿就不知道要发生什么事，甚至不知道日本航空母舰到底在哪里，没准还以为日本航母仍在本国水域内呢。不过，美国很快就注意到，这时日本的所有消息中，没有一条消息来自航母或潜艇；且通信流量似乎表明：南部某地，泰国或新加坡，将要受到攻击。同样是在12月1日，美国破译了东京给华盛顿特区日本驻美国使馆的一条紫密信息，告诉他们如何销毁密码机。另一条消息则暗示，日本计划攻击东南亚某地，而不是美国；因为它说：伦敦、新加坡和马尼拉的密码机，都已处理完毕，雅加达的密码机已运回日本。日本还向自己的所有舰只，广播了一条信息，其内容是"攀登日本神山"，意指"继续攻击"。

在檀香山，美国也破译到了"烧毁所有密码本和机密文件"的指令。第二天，12月3日，华盛顿特区的情报处破译了东京的一条紫密信息，也是命令那里的大使馆烧掉密码本。罗斯福总统读完这些消息后断定，战争不可避免。唯一的问题是，战争在何时、何地爆发？除了烧掉密码本和秘密文件外，日本驻华盛顿特区大使馆还被要求：除了保留一台"紫密"外，销毁所有其他密码机。首先，密码机必须拆卸；然后，将零件锤平并溶入酸液中。

12月4日，监测站收到一份天气预报，说"北风多云"。美国情报官员终于松了一口气，因为没有提及"东风雨"，并由此得出结论，日苏关系破裂并非真正的警告。由于赫尔拒绝了日方的最后通牒，日本外相于12月5日会见了日本陆军和海军代表，讨论他们该在何时，向美国发出宣战书。会议决定，计划宣战时间推迟半小时，至12月7日东部时间下午1时，即夏威夷黎明后一小时。

12月6日下午1时左右，日本宣战书抵达日本外交部门的电讯室。为了便于传输，龟山将5000字的宣战书分解成14个部分，然后在"紫密"上对这些部分进行加密。他还加密了一条简短的电文，提醒日本驻华盛顿大使馆，对美国国务卿赫尔的照会正在回复中。日本发送的宣战书前13部分，很快就被美国破译；可是，龟山却停止了发送最重要的第14部分密电。

与此同时，日本驻美国大使馆的密码员也正在处理这份宣战书。当日本人解密了前几部分后，就下班参加五月花饭店的一个告别晚会去了；这时，美国人却已破译了全部13个部分。罗斯福读完这13部分后，只说了一句话："这意味着战争！"当时有人建议罗斯福先下手为强。"我们不能那样做"，罗斯福说，"因为我们是一个民主与和平的国家。"

在檀香山，美国陆军反间谍部门也正在窃听一个电话，这是一名日本记者与她在东京的编辑之间的通话。该记者在电话中说："芙蓉和一品红正在盛开。"这会是暗语吗？与此同时，一位日本人吉川武南，也正将珍珠港的航运细节，用电报发回日本。

那天晚上，美国破译者们都盼望着尽早收到宣战书的第14部分，也是最后一部分。相关机构进行了反复检查，以确保任何监测站没有遗漏第14部分的截获，却始终无果。其实，日本外交部门一直在拖延，直到最后一刻。

终于，14个小时之后，白恩布里奇岛监听站截获了第14部分的电文。美国人花了1小时才完成破译，尽管如此，美国也远远领先于日本大使馆的密码员，因为日本密码员已回家睡了一夜，直到第二天早上8点才上班。凌晨4点，破译后的第14部分密电，被紧急送往白宫和国务院。上午9时，情报处也完成了另一条日文消息的破译；它命令日本大使馆，在下午1时将这份总共14部分的宣战书，交给美国赫尔国务卿，即日本正式向美国宣战。

日本本部的这些命令，几乎逼疯了日本驻美大使馆的密码员，因为，他们虽已解密了其余的13部分，但毕竟紫密机只有一台可用，其他早已遵命销毁了！

当第一批日本轰炸机从太平洋航空母舰起飞时，野村大使打电话给赫尔国务卿，要求下午1点碰面。还有一条日本密电也被截获，它是直接用日语明文传送的，以"STOP"结尾，其中还包括了"HATTORI MINAMI"等暗语。它其实是在命令：摧毁日本驻华盛顿特区大使馆的最后一台紫密机。

中午12时30分左右，日本大使馆终于完成了第14部分的解密，但前面的13部分仍在打印中。日本大使馆随后致电美国国务院，要求野村与赫尔的会晤推迟到下午1时45分。可是，仅仅几分钟后，日本轰炸机和鱼雷就在珍珠港袭击了美国太平洋舰队。下午2时05分，日本大使带着宣战书抵达美国国务院时，赫尔已接到罗斯福总统的电话说：收到一份未经证实的报告，珍珠港遭袭。

密码简史

下午2时20分，日本大使到了赫尔的办公室，他拒绝与日本大使握手，也没有请他们就座。大使告诉赫尔，日本政府指示他，在下午1点将这份文件交给美方，但由于解码困难，所以才被迫推迟。

赫尔后来在回忆录中写道：我假装浏览了文件，其实，我已知道了内容，但不想让对方察觉。然后，我转向野村大使，盯住他。"我必须告诉你"，我说，"在过去9个月里，在我和你的所有谈话中，我从未说过一句假话，这绝对是真的，是有记录为证的。在我50年的公务员生涯中，我从未见过一份像这样无耻的文件，满篇都是恶心的谎言和歪曲；其无耻程度之甚，简直令人不敢相信：在地球上竟有这样的政府，竟能编造出这样卑鄙下流的说辞！"

日本大使听完后，一言不发，灰溜溜地转身走了。

日本偷袭珍珠港，虽在战术上取得了胜利，但在密码战中已输了。其实，在随后的太平洋战争中，在美日密码战方面，日本输得更惨。其中，最令美国密码破译者们解气的事件是，1943年4月，美国密码破译专家截获了一份密电，确定了偷袭珍珠港的策划者，日本海军上将山本五十六将访问所罗门群岛的行程。于是，16架P-38战斗机飞往布干维尔岛上空，拦截山本的飞机，并将这位恶魔打成了筛子。而非常具有讽刺意味的是，破译山本五十六这份密码的人，竟然是美国的一位只上过8年小学的农村娃。

日美正式开战后，密码破译工作就更重要了。要跟上日本密码的频繁变化，虽然难度很大，但破译者还是逐渐摸清了日方更换密码的基本原则。于是，破译JN-25就变得不再困难，而主要就是工作量的问题了；于是，破译人员增加到了上百人，还采用了大量先进的计算设备。

1942年4月1日，日本引进了海军码本D，美国人称之为JN-25c。

由于分发新的密码本太难，因此，日方推迟到5月1日才开始使用JN-25c；这使得美国有更多时间来充分挖掘曾被破译的JN-25b密码的潜力，以帮助破译JN-25c。果然，到了4月17日，美国对日方密码已研究透彻，甚至发现日本正计划攻占新几内亚的莫尔兹比港，并威胁澳大利亚；于是，美国太平洋舰队新任总司令尼米兹上将，马上派出两艘航空母舰，从而揭开了珊瑚海之战的序幕。此战从5月4日持续至8日，是首次完全由飞机进行的海战，双方船只甚至根本相互看不见；当然，双方损失惨重，但对密码破译者来说，却是一次重大胜利，并鼓舞他们全天24小时连续工作。每当有密码被破解时，他们都会把破译的数据存储到IBM机器中，无论这些数据是自己的破译结果，还是友军提供的信息。

当然，并非所有拦截的密码都已破译，因为日本的通信量实在太大，且大部分都是例行公事。于是，只好通过分析消息来源、发送对象和时间长度等信息，以了解哪些是重要消息，哪些值得破译。对不能确定其重要性的消息，就只好通过部分破译来采样。对那些被认为是足够重要的文件，将全力以赴进行破译，并将结果交给尼米兹的参谋长，由他决定，哪些文件该交给海军上将。

1942年5月初，日本的无线通信量发生了巨大变化。仅凭通信量的突变，就可判断日本又在策划大事。幸运的是，日本使用JN-25c的时间又延后了一个月；此时，美国已构建了大约三分之一的JN-25b密码本，并已可读取大约90%的截获文件。

1942年5月14日，在一次拦截的破译结果中，美国读到了"攻击力量"这样的字眼，紧跟着就是位置AF。另一条消息命令将空军基地设备运到塞班，以备"AF空军地勤人员"使用。由此罗什福尔推知，"AF"是某个空军基地，而且很可能就在中途岛。从字里行间隐约可知，在对阿留申群岛的佯攻背后，日本似乎打算把美国残存的太平洋舰队引诱到中途岛，并在那里将其彻底摧毁。尼米兹断定：若美方能先赶到中途岛，便能扭转局势；但前提是，相关信息必须准确无误；否则，美方舰队一旦离开，夏威夷就成了不设防地区。

然而，美国的另一批密码破译人员却断定：不该是"AF"，而是"AG"，即约翰逊岛。还有人则认为，整件事就是日本人的一个骗局，并认为，日本的真正目标是美国西海岸。局势似乎变得越来越扑朔迷离，因为美国还截获了某个日本水上飞行队的消息，该消息竟然通知东京人事局说，他们的新地址是中途岛。总之，情报太多太乱，连马歇尔将军都承认，不知到底哪些才是可信的消息。

罗什福尔打算"投石问路"，并以此证明自己猜测的正确性。他让中途岛的驻岛美军发出一个报告，声称岛上的海水淡化设备坏了，这条消息肯定会被日本人听到。两天后，一个美国监测站截获了一条JN-25密码消息，报告说"AF"淡水不足；于是美方终于确认："AF"就是中途岛！为了把这个谎话编圆，夏威夷又向中途岛发了一条信息，说淡水供应正在路上。

1942年5月27日，彻夜未眠的罗什福尔，终于破解了JN-25b的一个关键部分，即用于表示日期的码中码。早些时候的破译结果已表明，对中途岛的空袭将来自西部。但现在他又进一步发现，突袭时间将是6月3日。这次破译，又归功于一次意外好运；因为，就在同一天，即5月27日，日本人更换了密码本和加密表，并对战斗部队实行了无线电静默；换句话说，若再晚哪怕一天，美方将很难知悉攻击时间了。

尼米兹派出了"企业号""大黄蜂号"和快速修复的"约克敦号"航空母舰，并于6月2日驻扎到了中途岛东北560千米处。与此同时，美国的一批巡洋舰和驱逐舰也向北驶往阿留申群岛，以保护美军侧翼。这次，美国的优势在于，他们在中途岛和夏威夷都拥有陆基飞机，夏威夷还在航程之内；而日本却无法对其航母提供陆基支持。

中途岛海战打响于6月3日，当天，美国轰炸机从中途岛起飞，袭击了日本航空母舰；当时，日本航空母舰仍在美国舰队西南350千米处。随后的战斗持续了四天，美国海军失去了"约克敦号"，但日本帝国海军的情况更糟，失去了4艘曾负责珍珠港袭击的大型航空母舰。日本人在太平洋的进攻，终于被遏制了！美国在中途岛取得密码战的胜利后，日本只能撤退。据说，美国在对日密码战中的优势，为太平洋战争节省了约1年时间。

在二战的中后期，还出现了许多新的密码对抗场景，如加密电话。此时，话音信息通过一个声音合成机，被合成为数字化声音与音调；随后，被分成12个频带；加密的比例，根据音调分为0至5个区域；然后，按照随机顺序通过这6个带宽区域传送。据说，麦克阿瑟将军在太平洋战役中，至少使用了3000次加密电话。

回顾美日在二战期间的密码破译战，虽然有很多方面值得肯定；但是，客观来说，双方的安全意识都很不够，甚至闹出了许多笑话。

美国的安全意识实在淡薄：日本消息的解密文本，甚至都带有日本的消息编号，竟还在通过公开的急件传送。甚至在一位总统助理的废纸箱里，还发现了一份"紫密破译"备忘录；在波士顿，还抓获了一名试图出售信息的密码员。

日本的安全意识也好不了多少：1940年4月28日，当德国向其同伙日本通报说"美国已掌握了它的密钥"时，美国破译者被吓得半死，可哪知，日本驻美大使野村却拍着胸脯向日本外务省保证："对所有密码保管者，都采取了最严格的防范措施。"事后，美国密码破译者，十分担心日本会修改密码，从而导致破译者又得重新开始艰苦的摸索工作；但出人意料的是，日本只是发信息，告诫大使馆加强安全，并要求大使馆在密码机上，用红漆印上"国家机密"几个字而已。看来日本和德国一样，也坚信自己的密码牢不可破。1941年10月16日，东条英机成为日本首相后的第一件事，就是传唤电信局局长龟山，询问他"外交通信是否安全"，而龟山则一口咬定：绝对没问题！

6.3　英国密码精英

密码之战归根结底，其实是人才之战。因此，既为了纪念相关英雄，也为了大家能更全面了解密码发展史，从现在开始，本章的后面三节，将分别介绍英国和美国等二战中的密码精英；只可惜，由于保密原因，他们中的许多人都最终成了无名英雄。另外，由于图灵对人类的贡献特别巨大，所以在本书6.4节"图灵传奇"中我们单独对他进行介绍。

首先来看看英国的几位密码精英。

第一位英国密码精英，名叫艾尔弗雷德·迪丽·诺克斯（1884—1943），他是一位古典主义者，曾经是后来成为英国首相的麦克米伦的导师。他又高又瘦，还戴着一副高度近视眼镜；父亲是曼彻斯特的主教；他的两个哥哥，一个是罗马天主教的高级教士，另一个是《笨拙》周刊的编辑。诺克斯本人则是一名数学家。

诺克斯从小就对密码破译十分着迷，一次在参观大英博物馆的纸莎草碎片（复制品）时，他不但很快就将这些碎片拼出了原形，更意外的是，他还发现：复制人员在抄写纸片上的文字时，竟犯了一个低级错误，抄错了一个单词"Herodas"。原来，这些复制人员在抄写时，只是照猫画虎，并不知悉所抄写的内容，所以就经常出错。通过这次事件，诺克斯充分意识到了自己的密码破译天赋，后来也就更沉溺于此了。

在一战中的1915年年初，诺克斯被招入英国海军密码分析局，后来又进入"40号房间"。其实，他有自己的办公室，里面不但有一张大号老板桌，还有一个大浴缸。为啥要特别强调浴缸呢？因为他经常在浴缸中思考问题，并真的像阿基米德那样，在水里泡出了灵感，戏剧性地破译了德国的"3字母海军旗语密码"。在一战中，他与同事一道，成功破译了当时德国的几乎所有外交和军事密码。

一战结束后，诺克斯留在了由英国外交部政府密码学校控制的密码分析局，当时几乎所有英国密码破译者都一致认为，诺克斯是世界上一流的密码专家，是少见的破译奇才。1920年，他与"40号房间"的同事奥丽弗·罗德姆结为伉俪。

1939年7月，诺克斯作为英国代表团成员之一，飞往波兰考察了令他们惊奇的"波兰三杰"对恩尼格玛密码的破译方法，从而解决了一些长期困扰着他的问题；原来，在商用恩尼格玛密码机中，QWERTZUIO键盘是有连线的，并按顺序连接到输入圆环的26个触点上。但是从截获的军用恩尼格玛密文分析中，诺克斯却发现连线方式已被改变。幸好，"波兰三杰"告诉他，德国人只是简单地按字母表顺序进行连接而已，对此，诺克斯感到从未有过的沮丧和震惊；于是，他一回到英国，就马上设计了一套能破译某些商用恩尼格玛密码的"连线棒"。后来，诺克斯使用该"连线棒"成功破译了意大利海军密码，促成了1941年的马塔潘角海战胜利。诺克斯还破译了德国反间谍机关的密码，即四转子、不带插接板的恩尼格玛密码机。这些破译成果为英国反间谍机构的"抓获并策反每个德国间谍的双十字行动"和"在诺曼底登陆前夕散布假情报欺骗德军的坚韧行动"的成功，提供了至关重要的信息。

密码简史

二战中，诺克斯与图灵一起，成功研制出了一部能破译恩尼格玛密码机的"万能机器"，它其实是一部最早的机械式数据处理机，其外形宛若一把老式钥匙，高达两米多；而且随着越来越多的数据输入该机器，再加操作人员的经验越来越丰富，该机器的密码破译效率也越来越高。

二战结束后，诺克斯本想重返学术界，太太却说服他留在了"政府编码与密码学校"，即后来的政府通信总部；在这里，他仍发挥着十分重要的作用，直到光荣退休。当然，他在密码破译方面的其他业绩，已在本书6.1节中多次提及，这里就不再复述了。

第二位英国密码精英，名叫高登·威奇曼（1906—1985），他也是被布莱切利园遗忘的重要天才之一。当他获得了剑桥大学三一学院数学系第一名后，就于1929年成为"苏塞克斯研究院"的一名研究员。后来，他受诺克斯之邀，加入了布莱切利园，并创立了园中最重要的两个研究小组：负责处理密码的"6号小屋"和负责处理情报的"3号小屋"。

二战中，在掌握了少数已被破译的恩尼格玛密码报文后，威奇曼便开始从事破解德国呼叫信号、地址识别码和使用频率等基础性工作。他很快意识到，自己的对手是一套完整的保密通信系统，该系统服务于德国陆军和空军；于是，他研发了一系列密码破译智能工具：不但独立设计了一个用打孔卡片来实施破译的系统；还设计了一种"对角线板"，以配合图灵的"邦倍机"，大大加快了寻找恩尼格玛密码密钥的速度。

二战结束后，他成为路易斯伙伴公司的研发部主任；之后，迁居美国，并于1962年加入美国国籍。他在计算机革命的神经中枢，美国麻省理工学院，开设了第一门计算机课程；再后来，加入了联邦政府资助的迈特公司，致力于为美国军方研究保密通信系统。

但非常遗憾的是，像威奇曼这样的二战功臣，不但被政府遗忘了；甚至在1982年，当他试图出版二战回忆录《六号小屋的故事》时，英国和美国政府都认为他泄露了太多机密，不但试图阻止该书出版，还威胁起诉他；甚至怂恿他任职的迈特公司，撤销了他的职务。两年后，威奇曼于1985年郁郁而终，享年79岁。在对待这些功臣方面，英国政府确实不够厚道；实际上，另一位密码破译"头号功臣"图灵，在二战后的遭遇更惨。

第三位英国密码精英，名叫休米·亚历山大（1909—1974）。他从剑桥大学获得数学系毕业生第一名后，成为路易斯伙伴公司的研发部主任。二战爆发时，亚历山大正作为英国象棋队的一员，在布宜诺斯艾利斯参加一个国际象棋大赛。1940年年初，他加入了布莱切利园"8号小屋"的图灵团队。他的一位同事评价说："亚历山大是我认识的最聪明家伙之一，虽然我认识很多聪明人。"

当图灵离开布莱切利园前往美国支援那里的密码破译工作后，亚历山大就接任了"8号小屋"的领导工作。然后在1944年12月，他开始着手破解日本海军密码，并于1945年夏天被派往位于斯里兰卡锡兰的信号情报站。

二战结束后，亚历山大回到原来的路易斯伙伴公司；在这里短暂停留后，他就进入了"政府编码与密码学校"，即后来的"政府通信总部"。此外，他还是《星期日时报》《金融时报》《晚间新闻》《旁观者》等著名媒体的国际象棋专栏记者。

第四位英国密码精英，名叫斯图尔特·米尔纳·巴里（1906—1995）。作为剑桥大学古典文学系的学生，他曾是伦敦的一名股票经纪人；但在业余时间里，他却很喜欢玩象棋等智力游戏，这也是他被招进布莱切利园从事密码破译工作的主要原因。1938年，他成为《泰晤士报》的国际象棋栏目记者。1939年二战爆发时，他和队友亚历山大一样，也正在布宜诺斯艾利斯参加一场国际象棋比赛。当他俩加入布莱切利园的"政府编码与密码学校"后，虽然从事的密码破译工作各不相同，但工作地点却是彼此相邻。

巴里是"6号小屋"负责人威奇曼的副手，并于1943年接任"6号小屋"主任之职。他延续并保持了"6号小屋"破译德国密码的优良业绩，尽管后来德国对恩尼格玛密码又进行了重大改进。

二战结束后，巴里加入了英国财政部。当然，他仍继续参加国际象棋锦标赛，并于1970年至1973年担任了英国象棋联合会主席。

第五位英国密码精英，名叫约翰·蒂尔特曼（1894—1982）。他曾参加过一战，并在法国服役时，在索姆河战役中受了重伤。一战后，他加入了伦敦的一个小型信息情报组织，随后被派往印度西姆拉，从事了八年的密码破译工作。

20世纪30年代，蒂尔特曼领导的团队破译了共产国际的一个密电码，消息显示，英国共产党获得了莫斯科的支持。后来，他在贝德福德开办了一个培训课程，专门招收和培养信息情报人员。1939年，他成为布莱切利园军事部门负责人，并在那里晋升为首席密码专家。

1941年2月，蒂尔特曼破译了德国铁路系统使用的恩尼格玛密码，揭示了德方正准备袭击希腊和苏联的秘密。他精通日语，还与美国人合作破译了日本的JN-25海军密码。战后，他继续留在"英国政府通信总部"工作。退休后，他搬到华盛顿特区，担任了美国国家安全局顾问。

第六位英国密码精英，名叫比尔·图特，生于1917年5月14日。他虽然以化学专业第一名的成绩从剑桥大学毕业，但他的真正兴趣是数学。1940年他应征入伍，经过初步的密码训练后，被送到布莱切利园，从事"东尼"工作。1943年，年仅26岁的图特借助德军发报员的一次疏忽，仅仅依靠拦截的信息，就成功破译了比恩尼格玛密码更隐蔽、更为强大的洛伦兹密码，还成功虚拟重建了极其复杂的洛伦兹密码机。该项破译成果，让库尔斯克会战成为苏德战场的转折点。艾森豪威尔将军曾评价道：洛伦兹密码的破译，至少让战争缩短了两年时间，拯救了几千万人的生命。

二战结束后，图特回到剑桥三一学院读研究生，发表了一篇有关代数图论的博士论文。1948年，他在多伦多大学任职，又提出了一些新的数学思想。并获得了以他名字命名的"图特多项式"。1962年，图特进入加拿大新成立的滑铁卢大学，继续研究计算机数学，直到1985年退休。

在80岁生日的一次公开演讲中，图特终于打破沉默，讲出了当年在布莱切利园的秘密经历。1987年，他成为英国皇家学会院士，但却从未收到来自故乡英国对他密码破译成就的表彰。2002年5月2日，图特在平静中去世，享年85岁。

第七位英国密码精英，名叫汤米·弗劳尔斯（1905—1998）。他生于伦敦东区，曾在一所技术学院学习并获得了一份奖学金。从16岁开始，他就在伍尔维奇区的皇家阿森纳机械厂当学徒，同时，还在夜校修读工程学位。1926年，他以电气工程师的身份加入英国邮局，四年后加入多利斯山实验室。早在1934年，他就在那里用3000多个电子管建造了实验设备。

二战中的1944年，原本在邮政局任工程师的弗劳尔斯进入布莱切利园后，在图特的理论基础上，发明了世界上第一台半编程型电子计算机"巨人"。因此，有一种说法称，他才是电子计算机的真正发明者；但因签署了保密协议，所以直至美国宣布"发明了世界上第一台电子计算机ENIAC"时，他也不能抗议，只能摇头叹息。他的"巨人"原型机，具有高度的可靠性；因此，被小批量生产，用于协助密码破译。直到二战后期，已有多达10台"巨人"在运行。后来，他又开创了用户中继拨号的先河，并帮助国家物理实验室建立了存储程序计算机ACE。他还设计了一种电子随机数发生器，用来筛选优质债券的赢家。

但是，与许多密码精英一样，弗劳尔斯的卓越功勋也被英国政府遗忘了。直到2011年，英国广播公司（BBC）才将弗劳尔斯和图特在布莱切利园的过往传奇，拍成了纪录片《密码破译者：布莱切利园的幕后英雄》；从此，他们的故事才逐渐拨云见日。但是，一切都太迟了，因为弗劳尔斯早已在1998年，以93岁的高龄去世了。他的晚年非常落寞，更具讽刺意味的是，在计算机兴起的20世纪90年代，他买了一台计算机，在当地选修了一门计算机课程；终于，在1993年，这位本该是计算机发明者的弗劳尔斯，在自己发明计算机半个世纪后，在87岁的高龄，才总算拿到了计算机课程的毕业证书。总之，与其卓越功勋相比，弗劳尔斯这位无名英雄所获认可，确实太少太少；甚至，自从以他名字命名的那个IT中心倒闭后，弗劳尔斯所获的唯一认可，就只剩下家乡那条以他名字命名的羊肠小街了。

当然，英国的密码精英绝不只有上述几位，其实还有许多被埋没的英雄；本节显然无法为他们逐一列传。比如，仅仅在布莱切利园中，就有许多取得过优异成绩的"花木兰"；当然，因为当年的密码破译工作实在枯燥，故招募了大量心细的年轻美女，通常都是刚刚踏入社会的知识女性；她们被称为布莱切利园的"百灵鸟"，其中不乏顶尖数学家和密码专家。

比如，克拉克就是其中一只"百灵鸟"，她与图灵密切合作，后来成为"8号小屋"的副主管，二战结束后，她仍在"政府编码与密码学校"工作，直到1977年退休。

又比如，梅维斯·贝蒂就是另一只"百灵鸟"，她曾协助诺克斯，在马塔潘战役前，成功破译了意大利的海军密码；她还破译了贝尔格莱德与柏林之间的一条消息，使得诺克斯团队解决了纳粹德国反间谍机关"阿勃维尔"的恩尼格玛密码机的连线问题。

还比如，玛格丽特·罗克也是一只"百灵鸟"，她致力于破译"阿勃维尔"的恩尼格玛密码，并在诺曼底登陆战中起到了至关重要的作用，她一直在"政府编码与密码学校"工作，直到1963年退休。

再比如，珍妮·休斯这只"百灵鸟"是"6号小屋"妇女小组负责人，她破译了德国军舰"俾斯麦"号的位置信息，两天后该舰被英国皇家海军击沉。

前面已说过，英国最著名的密码精英当数图灵。下一节，就专门奉献给这位英雄。由于图灵的科学成就太多，所以介绍也就不限于密码了。

6.4 图灵传奇

艾伦·麦席森·图灵（简称图灵），英国数学家、逻辑学家，被称为计算机科学之父、人工智能之父。在二战中，他在破译敌方密码方面做出重大贡献，于1945年获政府的最高奖——大英帝国荣誉勋章（O.B.E.勋章）。图灵的成就彻底改变了人类的生活和思维方式，他是为全人类创造无穷福祉的伟大科学家，然而，竟因人类认知的局限与偏见被判有罪，并最终于1954年6月7日，被迫服毒自杀，年仅42岁！

也许稍微值得欣慰的是，1966年，美国计算机协会设立了一年一度的"图灵奖"，一方面纪念伟大的图灵，另一方面用以表彰做出突出贡献的计算机科学家。如今，"图灵奖"已被公认为"计算机领域的诺贝尔奖"。2009年，英国科学家发起了为图灵平反的请愿，签名人数很快突破3万；为此，当时的英国首相布朗，不得不代表政府，向曾经拯救过英国的恩人图灵正式道歉：承认当年图灵所受遭遇，是"骇人听闻的"和"完全不公的"，整个英国对图灵的亏欠是巨大的。2012年，霍金等11位著名科学家，又致函英国首相卡梅伦，要求为图灵平反。2013年，应司法大臣恳求，英国女王终于向"当今最伟大、最值得纪念的人物之一""即使把所有崇高致意都奉献给他，其实也不为过的英雄之一""现代最杰出的数学家之一"的图灵，颁发了皇家赦免书，并向这位世纪伟人致敬；紧接着，英国司法部宣布："晚年的图灵，因其性取向而备受虐待；我们承认，当时的判决是不公的！这种歧视现象，如今已被废除"，还承认"图灵对英国，甚至对整个人类的贡献无与伦比"。2016年，英国政府通信总部，也对自己当年"错误开除图灵"表示深刻道歉，并承认：图灵遭受折磨，既是自己的损失，也是国家的损失，更是全人类的损失。2019年，图灵的肖像，终于登上了面值50镑的英国纸币。面对如此众多的真诚道歉和纪念，图灵的在天之灵也许可稍稍安息了！

图灵对人类的贡献到底有多大呢？这个问题很难正面回答，倘若图灵复活后，不允许人类使用其科研成果，那么人类文明将可能整体倒退半个世纪，因为图灵的科研成果早已广泛应用于现在各行各业。也就是说，当今各种与信息通信相关的系统和设备都离不开他的科研成果。当然，假若图灵的冤案能使人们早日觉悟，那么这也算图灵对人类文明的又一巨大贡献。本节不打算罗列，其实也不可能罗列图灵的众多科学成就，只想尽力恢复一个真实的科学家图灵。

1912年6月23日，图灵诞生于英国伦敦上流社会的一个学术世家。爷爷是一位牧师，毕业于剑桥大学三一学院数学系；爸爸虽不善数学，但喜欢长途跋涉，是牛津大学历史系高才生，后来从政，被派往印度，担任民政部官员；妈妈来自富贵的工程师之家，曾就读于巴黎大学文理学院。

幼年的图灵，其实是典型的"留守儿童"：父母远在印度，他与哥哥一起被寄养在英国老家。因此，父母对其早期成长，其实影响不大；但这绝不意味着父母不爱他，相反，却相当支持他，不但支持儿子从事自己喜爱的科研工作，即使后来在图灵的生命晚期，在他最落魄潦倒的时候，他的家庭也是他最坚实的支柱。

图灵从小就与众不同：一方面，他继承了爷爷的聪明基因，可谓智力超群：只用三周，就学会了阅读；然后用更短的时间，就学会了识数，并迷上了数字智力游戏，喜欢见到数字就大声读出来，久而久之，就养成了一个奇怪习惯：每次经过路灯，都非要读读灯上的编号，否则就走不动。但另一方面，他却笨得出奇，甚至连左右都不分，只好在左拇指上画个红点来提醒自己。此外，他还很善辩，比如有一次，妈妈要回印度，临走前叮嘱他说："宝贝，你答应过妈妈，会做一个听话的孩子，对吗？"哪知，这顶"高帽子"并未镇住"狡猾的"小图灵，他巧妙地答道："是的，妈妈，我答应过你。但我记性不好，有时候就忘了，这不能怪我哟！"

也许是继承了父亲的运动基因，图灵生性好动，体力充沛，从小就喜欢长跑，这个习惯终生未变；后来，在国王学院任教时，他还经常在剑桥和伊利之间长跑31英里！二战期间，也偶尔从伦敦跑步40英里前往布莱切利园从事密码破译工作。他几乎成为奥林匹克长跑运动员：1946年，参加了3英里的长跑比赛，并夺得第一名，其成绩在当年全英排名中，也能进前20；1948年，他在马拉松锦标赛上，竟以2小时46分钟的成绩，排名第五，只比那年的奥运冠军慢了区区11分钟。关于自己的长跑动机，他曾解释说：工作压力太大，摆脱压力的唯一方法就是努力运动，长跑是释放自我的唯一途径。

他的直觉创造力和科学探索精神，也很早就表露无遗。据说，3岁时，他就完成了自己的首次科学实验：把一个忒喜欢的玩具埋入花园，然后浇水施肥，希望"种瓜得瓜，种豆得豆"，尽快长出更多玩具来。6岁时进入小学，很快就成了学霸；8岁时，开始撰写一部"科学著作"，虽然其中的错别字不少，语法也漏洞百出，但其描述却基本通顺，大有"猪鼻子插葱"的味道。10岁上中学时，不但迷上了国际象棋，更产生了"人体也是机器！"的惊人想法；果然，后来他模仿人脑，不但设计出了通用计算机，还首先开发出了人机博弈的国际象棋软件，更开辟了人工智能学科。12岁时，他开始研究如何"用最少的能量，以最自然的方式，做最多的事情"。总之，科研对他来说，是一种激情！他喜欢充分表达自己的创意，努力发现世界的自然奇观，他"似乎总想从最普通的东西中，弄出些名堂来"，就连玩足球，他也乐意放弃前锋和进球的露脸机会，只喜欢在场外巡边；因为这样才有机会计算"球飞出边界时的角度"。难怪，他的老师评价说："图灵同学的思维，像袋鼠一样在不断跳跃！"

14岁时，图灵被英国最古老的公立学校录取，而且，在报到的第一天，他就完成了一个轰动性的体能实验：原来，那天刚好铁路大罢工，他竟然骑行60英里，还野宿了一夜！这一壮举很快就登上了当地的多家报纸。良好的中学教育，既提高了他的自然科学兴趣，也训练了其敏锐的数学头脑；甚至在没学过微积分之前，他已能够解答许多高深的科学难题了。例如，15岁时，他开始阅读爱因斯坦的著作，不但能理解表面内容，还看出了弦外之音，比如，爱因斯坦对牛顿运动定律，其实存有质疑。后来，为辅导父母学习相对论，他专门撰写了一部科普著作，详细讲解了爱因斯坦的相关成果，从而也表现出了非凡的数学水平和科学理解力。中学期间，他不但两次获得了校级自然科学奖，还获得过"国王数学金盾奖章"。

图灵在各方面都显得早熟，在感情方面也不例外。这一点，也许是继承了妈妈的浪漫基因。他的同性恋趋向，早在15岁左右就已开始表现。一方面，他害羞、孤独，总是衣衫不整、墨迹斑斑，甚至在其他男生眼里，"他的所有特征都是笑柄，尤其他那尖声细语的口吃"；另一方面，他却很早就找到了自己的初恋，一位比自己年长一岁的莫科姆，白炽灯独立发明人斯万爵士的外孙。两人交往甚密，拥有不少共同兴趣：他们一起做化学实验，一起交流数学公式，还一起探讨天文学和物理学的诸多问题。1929 年 12 月，他们还一起前往剑桥大学，参加为期一周的奖学金考试，一起沐浴在培根、牛顿和麦克斯韦的母校中，感到无比幸福，他们多么希望今后能在剑桥大学比翼双飞呀！可是，图灵落榜了，莫科姆却被录取了！为此，图灵下定决心，来年考入剑桥，要与爱人形影不离。可是，苍天无情，仅仅两月后，莫科姆就死于一场疾病！可怜的图灵，几乎崩溃！后来，他虽然也与其他男生保持着更亲密的关系，但他对莫科姆的爱，却始终未被任何人取代。为了继承莫科姆的遗志，他于 1930 年 12 月，再次冲刺，终于考入了剑桥大学国王学院，专攻数学专业。

在剑桥大学，图灵的数学能力突飞猛进：在毕业前，他的处女作就于 1935 年，发表在权威的《伦敦数学会会刊》上；同一年，他还完成了另一篇著名论文"论高斯误差函数"，该文不但使他当选为国王学院研究员，还于次年荣获英国著名的史密斯数学奖，更成为国王学院声名显赫的毕业生之一。

1936 年，图灵应邀到美国普林斯顿高级研究院学习，一边研究群论，一边撰写博士论文；并迎来了自己的首个大丰收之年，1937 年！这一年，他的最重要代表作之一"论数字计算在决断难题中的应用"，发表于《伦敦数学会文集》，立即引起了广泛注意；该文首次描述了一种可以辅助数学研究的机器，即当今的"图灵机"；其革命性的思想在于，它首次将纯数学的符号逻辑，对应上了实体世界。如今，所有的计算机和人工智能等，都是基于"图灵机"而实现的。同样是在1937年，他还发表了另一篇重要论文，首次对计算理论进行了严格化，奠定了计算机科学的坚实基础。鉴于如此众多的伟大成果，他于1938年，获得了普林斯顿大学博士学位；他的博士论文，又对数理逻辑产生了深远影响！

1938年，图灵回到剑桥大学国王学院任教，继续研究数理逻辑和计算理论。这时，二战爆发了，正常的科研被打断了。1939年秋，图灵应召到英国外交部通信处从事军事项目，主要任务就是破译敌方密码。关于图灵在密码破译方面的巨大贡献，许多影视、传记和小说都有精彩描绘；比如，有兴趣的读者，可阅读拙作《安全简史》；又比如，英国首相丘吉尔，就曾在回忆录中说："图灵作为破译恩尼格玛密码的英雄，他为盟军最终成功取得二战胜利，做出了最大贡献。"换一种更形象的话来说：在图灵未出山之前，英国被德国打得哭爹喊娘，几近灭国；待到图灵稍微发力，弹指间破译了德国的主战密码后，德国被打得满地找牙。由于其密码破译的突出成就，图灵获得了英国政府的最高奖，大英帝国荣誉勋章。

1945年二战结束后，图灵恢复了战前的计算机理论研究，并结合战时体会，试图研制出真正的计算机；于是，他来到英国国家物理研究所，开始"自动计算机（ACE）"的逻辑设计和研制工作。这一年，他完成了一份长达50页的"ACE设计说明书"。该说明书可不得了啦，它在保密了27年之后才正式公开；而正是在它的指导下，英国才终于研制出了可实用的大型ACE；也正是在它的指导下，人类才最终进入了计算机时代；为此，业界一致公认：通用计算机的概念，归功于图灵的ACE；图灵作为"计算机科学之父"，当之无愧。

1948年，图灵被聘为曼彻斯特大学高级讲师，并被指定为"自动数字计算机"的课题负责人；1949年，又晋升为该校计算机实验室副主任，负责最早的、真正意义上的计算机——"曼彻斯特一号"的软件理论开发；因此，他是把计算机实际用于数学研究的首位科学家。

1950年，又是图灵的另一个丰收年！这一年，他提出了著名的"图灵测试"，即若第三者无法辨别人类与机器的思辨差别，则可断言该机器具备人工智能！同年，他还提出机器思维的问题，引起了全球广泛关注，并产生了深远影响。这年十月，他发表了划时代的作品《机器能思考吗》，从而毫无疑问地赢得了"人工智能之父"的桂冠。半个多世纪以来，随着人工智能的深入和普及，人们越来越认识到，图灵思想的远见性和深刻性；实际上，他的思想，至今仍是人工智能的灵魂。

可是，就在图灵的事业蒸蒸日上之际，灾难却突然从天而降！1952年，他本想大干一场，为人类文明再创辉煌；他甚至为此辞去了剑桥大学的职务，专心于曼彻斯特大学的计算机研制，并首创了"国际象棋计算机程序"，甚至模仿计算机与另一位棋友博弈；结果，悲剧发生了，程序输了！当然，这一年最大的悲剧，不是程序输了，而是他的同性恋行为被意外曝光！于是，警方以"明显的猥亵和性颠倒行为罪"为名，对他进行起诉。

1954年6月7日，也就是"化学阉割"终于结束后不久，年仅42岁的图灵，在其最辉煌的创造顶峰，在来不及发表更多、更具革命性的成就之前，被发现自杀于家中！他安详地沉睡着，一切都和往常一样；只是这一次，他永远睡着了；他身旁那只被咬过一口的毒苹果，也跟着睡着了。

6.5　美国密码精英

说完英国的密码精英后，下面该转向二战中的美国密码精英了。

第一位美国密码精英，名叫威廉·弗里德曼（1891—1969）。他生于俄罗斯，父母都是犹太人，1岁时来到美国。24岁时，他从康奈尔大学遗传学专业毕业后，先是留在康奈尔大学任教，后来又被一个巨富聘为其河岸实验室遗传学部主任。这位巨富有一个怪癖，他总怀疑莎士比亚的某些作品是由"枪手"代笔的，甚至认为那位喊出"知识就是力量"的著名作家弗朗西斯·培根就是"枪手"之一。于是，他投巨资创建了一个实验室，取名为"河岸实验室"，并招募众多莎士比亚铁杆粉丝，努力从各方面挖掘相关证据，来验证他的猜测。而弗里德曼就是这位巨富招募的众多怪才之一。可哪知，这"河岸实验室"却歪打正着，竟成了美国最早的密码研究机构，更成了弗里德曼事业腾飞的平台。果然，来到河岸实验室不久，弗里德曼就为这位巨富的猜测找到了一个"证据"；即找出了"莎士比亚剧本"中隐藏着的密码，而该密码破译后却显示了剧本的真正作者是培根。

弗里德曼性格内向，不喜欢运动，但为人真诚。他有一个特点，那就是他坚信"一切皆有可能"，无论是在攻克密码难关方面，还是在追女朋友方面。果然，1917年5月，他就娶到了一位了不起的太太，一位著名的密码学家；她后来甚至成为美国财政部的高级密码分析师，破译了许多走私犯和毒品犯的密码。有关他太太的情况，我们将在随后介绍，此处暂且按下不表。

1917年，美国被突然卷入第一次世界大战。但面对战争，特别是面对密码破译这样的情报战，当时美国几乎毫无准备，但军方又急于打败敌人；于是，赶紧拦截了许多来自海外的无线电信号。但是，这些信号全都是密文，让军方"丈二和尚——摸不着头脑"。幸好，军方知道河岸实验室有一批怪才，正在从事密码破译工作；同时，这位巨富的爱国心也爆棚，甚至愿意献出河岸实验室，以帮助美国陆军破译德国密码。于是，在一战中，许多美国军官就来到河岸实验室进修，听取弗里德曼讲授密码学课程。那时，弗里德曼已出版了多部密码专著，比如，《基础军事密码学》《高等军事密码学》《军事密码分析》《密码分析原理》等。这些书都成了当时陆军高级课程的宝贵教材。后来，弗里德曼本人也参了军，去了法国，并在那里担任了潘兴将军的私人密码员。

一战结束后的1921年，弗里德曼进入陆军通信部，刚开始时他的职级为中校，后来成了国际部首席密码学家；二战期间，他担任信号情报局局长。1940年8月，他领导课题组，成功破译了日本的外交密码"紫密"，从而使得日本外务省与其驻美外交使团的所有通信联系，变得一目了然。

二战结束后，弗里德曼出任新成立的武装部队安全局密码部门负责人。1947年以后，他一直担任国防部密码分析员。1952年，他任美国国家安全局（NSA）的首席密码学家，两年后任局长特别助理；其间，他与瑞士密码机器制造商Crypto AG签订了一项秘密协议，以便NSA能读取其密码机的输出结果。在业余时间，弗里德曼一直在持续努力，试图破译著名的伏尼契手稿，即一本出自中世纪的神秘书籍，估计是炼金术秘籍。1955年退休后，他又与太太一起，旧话重提，再次试图挖掘莎士比亚作品中的密码，希望为那位巨富的猜测找到更多证据。

1956年，美国国会同意支付弗里德曼10万美元，以补偿他从1933年至1944年间的9项重大发明。其中有2项发明十分机密，未申请专利；有4项发明被国家专利局按机密处理，其中3项涉及M134-C转轮密码机，另一项涉及M228密码机。其他3项则是公开专利，分别为：一种杰斐逊圆柱体类型的条形密码机、M325转轮密码机，以及一种传真加密体制等。实际上，在这些发明中，至少有5项是他从别人的发明中移植过来的。

密码简史

弗里德曼不但是密码破译高手，还是密码理论研究高手。比如，他把混乱的众多密码体制进行了条理化，制定了合理的分类标准，总结了许多浅显易懂的密码术语。他编写的密码教材，训练出了数千名后起之秀。以至他的众多徒子徒孙，广泛分布在今天庞大的美国密码组织中，也遍布在世界各地的密码截收站里。所以，他被美国人称为"世界上最伟大的密码专家"和"美国监测系统之父"。

第二位美国密码精英，名叫伊丽莎白·史密斯·弗里德曼，简称伊丽莎白。对，她就是弗里德曼的那位了不起的太太；其实，她不是数学家，而是诗人和作家，但她却能把自己的知识，深入应用到密码研究的方方面面。她对密码的巨大贡献，并不逊色于丈夫；特别是她破解了南美洲纳粹间谍团伙的密码后，几乎让这些纳粹分子全部被绳之以法；所以，她被誉为"美国女密码学家第一人"。当然，非常遗憾的是，她的许多密码破译成就，几乎被遗忘；直到数十年后，才部分公之于众。

伊丽莎白生于1892年，是家中九个孩子的老幺。她父亲既是一位富商，又是银行家和政治家，但其思想却相当保守；比如，父亲当初并不打算让幺女接受高等教育。但是，伊丽莎白却非要读书不可，她甚至自己借回高利贷来充当学费，最后才总算进入了俄亥俄州的伍斯特学院，并在那里学习了很短一段时间。之后，她毕业于密歇根州希尔斯代尔学院的英国文学专业。大学期间，她充分展示了自己的语言天赋，学习了包括拉丁语、希腊语和德语等多门语言学课程；此外，她随时都精力充沛，但她也固执己见，特别鄙视各种愚蠢的人和事。她是全班有名的热心人，既是大家的免费理发师，更是裁缝兼时尚顾问；反正，只要遇到啥困难，大家都乐意找她帮忙。

大学毕业后，她先是进入了一个乡镇高中，在那里当了一年多的校长；后来，23岁的她，辞职去了芝加哥，并被那里的纽伯里图书馆深深吸引，因为馆里有一本"原版的莎士比亚作品集"；原来，她也是一位莎士比亚的狂热粉丝。再后来，经图书馆一位馆员介绍，她于1916年，被前面提到过的那位巨富招募进入了"河岸实验室"，专门研究该巨富的一个奇怪猜测，即努力回答这样的问题：莎士比亚作品的作者，到底是他本人的，还是另有"枪手"？也正是在这里，也正是在这种奇怪研究的过程中，她结识了另一位莎士比亚的铁杆粉丝，威廉·弗里德曼。两人很快就坠入了爱河，并结成秦晋之好。

河岸实验室的研究工作虽然显得莫名其妙，但是，那位巨富的奇怪猜测，却让伊丽莎白大开眼界，也让她发现了自己的一个惊人本领，那就是：擅长于将各种毫不相关的碎片信息拼凑在一起，挖掘出最终奥秘！这就激发了她终生对密码、编码和破译工作的强烈兴趣。

一战中，当美国军政人员来到河岸实验室寻求帮助，或接受培训进修时，伊丽莎白当时其实只是一个"半罐子密码专家"；但是，特殊时期，面对特殊任务，只能特殊处理；于是，她现学现卖，一边从事真实的密码破译工作，一边又充当密码培训讲师，当然，同时跟着丈夫学习相关的密码知识。1921年，美国陆军要求他们夫妇一起前往华盛顿特区工作。这正中了她的下怀，因为她年轻时就一直向往着华盛顿的各种摩登事物，所以，一到首都，就迫不及待钻入了各种剧院和音乐厅，狠狠过了一把文艺瘾；同时，她也在财政部的各机构间频繁调动，反正，哪里有密码破译方面的急事，她就前往哪里"救火"。

1923年，伊丽莎白开始在美国海军从事密码破译工作，并取得了突出成就。比如，1925年时，她破译了23条密文，从而掌握了一个大型走私团伙的犯罪证据，也再次显示她的密码破译才能和谨慎的天性；1933年，她又因破译了一个贩毒团伙的密码，而成为当时的"明星证人"。

密码简史

在二战的密码对抗活动中，伊丽莎白的密码破译能力，终于达到顶峰。实际上，二战开始后，她就进入了美国海岸警卫队，一边从事密码人员的培训工作；一边大规模拦截和破译许多看似毫无意义的密文消息，它们其实是纳粹间谍的加密信息。当时，纳粹正向中立的南美洲蔓延，并渗透进了美国和墨西哥；所以，本来专注于对付走私犯的伊丽莎白团队，突然间就变成了追捕纳粹间谍的主力，而这些纳粹间谍所使用的密码，显然比走私分子的密码更隐蔽，更难破译；同时，伊丽莎白等的破译成果，也就更有价值。比如，被美国联邦调查局认为是"西半球最危险的纳粹间谍"的贝克尔，就是一个既阴险又难对付的"间谍王"。他使用的密码，就是德国正规军的恩尼格玛密码的某种变形。这位间谍王，以阿根廷为中心，指挥着50多名间谍，向德国传达了数千份关键信息，收集了美国和英国的大量机密，并竭力鼓动南美国家发动军事政变，向纳粹靠拢。而伊丽莎白等的密码破译成果，最终帮助政府及时消灭了该间谍网中的所有间谍。

二战结束后，伊丽莎白夫妇同时进入了美国国家安全局；在那里，他俩被同事们羡称为亚当和夏娃。后来，她成了国际货币基金组织的密码顾问。对了，伊丽莎白还有一项罕见的能力，那就是她非常善于处理各种错综复杂的"乱麻"；每当大家不知所措时，都会立即请出她这位治乱高手；所以，她对美国中央情报局和联邦调查局产生了深远影响。

1946年，伊丽莎白光荣退休后，又恢复了"莎士比亚迷"的本色；她甚至在1957年与丈夫一起，又发表了一篇研究莎士比亚密码的文章；但是，这次他俩的结论，却与上次的结论完全相反。1980年，在丈夫去世11年后，伊丽莎白也安然逝世，享年88岁。

第三位美国密码精英，名叫赫伯特·雅德利，1889年4月13日，生于美国印第安纳州沃辛顿。母亲在他 13 岁时就去世了，父亲是一个铁路小站站长，所以雅德利从小就跟着父亲学会了电报技术，并成为一名铁路报务员。

青年时期，雅德利就显露出了数学天才；他喜欢玩扑克，并将这一爱好保持到晚年。18 岁高中毕业后，他考入芝加哥大学，但仅仅一年后，他就回家接了父亲的班。23 岁时，他通过考试来到华盛顿，当上了美国国务院机要员，负责抄收和破译一些密码和文件。在享受了几次成功的密码破译之后，他竟渐渐迷上了这份工作，不但自学了不少密码知识，还将破译密码视作自己终身追求的目标。

1917 年 4 月，美国对德国宣战后，雅德利成为美国陆军通信兵。但是，令他大为震惊的是，他竟然发现：美国总统的密码，已超过 10 年没更新了！于是，他立即提出了保护美国密码的建议，并奉命组建了军事情报部密码局，即现在美国国家安全局（NSA）的前身。从此，美国的密码破译能力大增，在接下来的 18 个月中，密码局共破译了 578 条密文，解密了 10 735 条消息；其中一条信息，指认了德国间谍韦兹克的罪证。

1918 年 8 月，雅德利来到欧洲，向英国和法国学习密码经验。回国后，他于 1919 年，向国务院递交了一份备忘录，建议聘用 50 名密码专家和机要员，成立一个独立于军队的特殊组织，专门负责破译情报部门获得的密码信息。几天后，国务院和陆军部采纳了他的建议，于是，美国的"黑室"就这样诞生了，密码局也迁到了纽约。

由于当时大家都认为日本非常好战，所以，在 1921 年 2 月的限制海军军备竞赛的重要会议（华盛顿海军会议）期间，雅德利负责的"美国黑室"紧盯日本动向，并成功破译了日本的外交密码，使得美国在这次会上处于有利地位。可惜，1929 年，书呆子国务卿史汀生上台后，竟下令关闭了美国黑室，其理由竟是"君子不读他人信件！"

密码简史

美国黑室解散后，雅德利也失业了；再加1929年美国股市大崩盘，他的家庭经济也陷入重重困难，以致他不得不靠写作来养家糊口。于是，1931年，他出版了《美国黑室》一书，详述了美国破译小组的工作。可哪知，这本国际畅销书一问世，就引起了轩然大波：多达19个国家更换了自己的外交密码，其中反应最强烈的当数日本。在美国国内，这本书也使国务院陷入尴尬境地，甚至促使美国政府修改了《间谍法》，禁止披露外交密码或任何以编码方式发送的信息；所以他后来的几本书，比如，《日本外交密码（1921—1922）》就被美国政府直接封杀了。此外，雅德利也遭到业界同行的质疑，因为这样做确实违背了秘密工作准则。于是，美国政府以"危害国家安全罪"起诉了雅德利。但是，慑于《保密法》，检方无法提供充足的证据，这就不但使雅德利逃过了一劫，还使他成了轰动一时的名人，以至米高梅电影公司，特意为他拍摄了一部电影，反映雅德利破译德国密码，挫败德国煽动墨西哥反美的阴谋。

1938年至1940年，在中国抗日战争最艰难的时候，雅德利受邀来到中国，创建了由30多名留日学生组成的，专门破译日本密码的"中国黑室"，为中国抗日战争立下了汗马功劳，成为中国隐蔽战线上当之无愧的第一外援。在雅德利的领导下，"中国黑室"破译了大量日军密码，清除了多名汉奸，为保卫重庆乃至整个中国，做出了巨大贡献。但是，由于各方面复杂的原因，有关雅德利的故事，中美政府等各方都讳莫如深。即使后来雅德利根据自己在重庆的日记完成的《中国黑室》一书，也被美国封杀了40年，直到20世纪80年代才获出版。对普通中国读者来说，更得等到2006年，才能从中央电视台的纪录片《探索发现》的抗日战争系列《密码疑案》中，首次听到雅德利的名字。

1940年7月，雅德利离开了生活两年多的重庆。后来，他又去了加拿大，帮助对方建立了密码机构；可是，在1941年11月，雅德利又因美国军方的干涉，而被迫离开了加拿大。

在结束了漫长的密码破译生涯后，雅德利回到家乡开办了一家饭馆，然而生意非常惨淡。因此，他晚年主要靠写小说为生，连续出了三部间谍悬疑小说《金发伯爵夫人》《太阳的子孙》《乌鸦的巢穴》。1957年，他出版了自己的最后一本书，《一个玩扑克牌的人》，这其实是他的自传。

1958年8月7日，在严重中风一周后，雅德利不幸病逝，安葬于阿灵顿国家公墓。《纽约时报》在讣闻中称他为"美国密码之父"。1999年，他的名字，终于进入了美国联邦调查局的名人殿堂。

第四位美国密码精英，也是一位女性，她名叫艾格尼丝·迈耶·德里斯科尔（1889—1971）。在密码圈中，她被尊称为"X夫人"；甚至在某种意义上说，她是美国密码圈中与教父对应的"教母"。无论是一战还是二战，她都在情报领域做出了巨大贡献。她拥有数学和物理学的学位，其法语、德语、拉丁语和日语也讲得很流利。她既担任过菲利普斯军事学院的音乐总监，又担任过高中的数学老师。

1918年，美国海军终于允许女性入伍后，她很快就进入了海军通信总部的编码和信号部门，并破译了不少手工密码。一战结束后，她恢复了平民生活，并短期工作于一家编码公司，并向老板展示了"怎样破解他公司的密码"，吓得老板脊背发凉，赶紧把她恭恭敬敬地请走了。

二战中，她教会了罗什福尔和代尔等如何破解密码，她的许多弟子都成了美国密码破译领域的栋梁。她还与罗什福尔一起破解了日本的"红密"和"蓝密"，而且她对破解JN-25起到了关键性的作用；

203

后来，她又被调去对付德国海军的恩尼格玛密码。

第五位美国密码精英，名叫弗兰克·罗莱特（1908—1998）。他在获得了数学和化学学位后，于1930年被弗里德曼聘为初级密码分析员。在破解了日本"红密"后，罗莱特继续领导其团队试图破译"紫密"。他和弗里德曼对希伯伦的电码机进行了改造，生产出了西格巴密码机。据说，由于西格巴密码机的安全通信，在二战期间拯救了许多美国人的生命。

1943年，罗莱特成为信号安全局密码分析科科长。二战后，他调到国家安全局的前身武装部队安全局；后来，又调到中央情报局，并作为局长特别助理回到国家安全局；最后，升任国家密码学校校长。

第六位美国密码精英，名叫约瑟夫·罗什福尔（1900—1976）。他高中毕业后就加入了美国海军；后来，因擅长填字游戏和玩桥牌，1925年至1927年他被推荐到海军密码部门工作；之后，又被调入新成立的OP-20-G机构，即美国海军通信办公室第20分部海军行动处处长办公室G科。他曾被派往日本学习日语，后来又转入海军情报部门。

1941年，他被派往夏威夷指挥作战情报股，也称为"海波站"。由于未能对珍珠港事件发出预警，他全力以赴投入了英美合作破译日本海军JN-25密码的工作。虽然他的破译工作没有最终完成，但他已发现：日本人打算进攻中途岛。

第七位美国密码精英，名叫阿瑟·麦克科勒姆（1898—1976），生于日本长崎，父母都是浸信会传教士。1921年，从马里兰州安纳波利斯美国海军学院毕业后，他回到日本，当了三年口译和笔译员。他是一名职业海军军官，曾指挥过一艘潜艇，还在战舰上服过役。作为东京助理海军武官和太平洋舰队情报官员，他对远东局势有特别深入的了解；作为美国海军情报局远东部的负责人，他的职责是，截获并分发日本情报，包括日本对美国的有效宣战等。

1940年10月，他在海军情报局工作时，提出了所谓的"麦克科勒姆备忘录"，其中，详述了在不违反罗斯福总统1935年签署的《中立法》情况下，如何挑起对日本战争的八点计划。

第八位美国密码精英，名叫托马斯·代尔（1902—1985）。1924年从美国海军军官学校毕业后，他就担任了通信官。1931年，他被派往OP-20-G，并在那里接受了"X夫人"的训练。随后，他开始使用IBM制表机，对密码和编码的无数种解决方案进行分类，因此赢得了"机器密码分析之父"的荣誉。

1936年，他随IBM机器一起，来到夏威夷，并很快显示出了奇才：他能用这些机器破解任何编码或密码。他借助IBM机器对JN-25密码的成功破译，促成了美国在中途岛战争中的胜利。

1946年2月，他被调到华盛顿特区的海军安全站工作。1949年，又被调到武装部队安全局。后来，又在东京担任美国国家安全局远东局长。1954年，他回到华盛顿特区，成为美国国家安全局的第一位历史学博士学位获得者。1955年，他从美国海军退役后，前往马里兰大学数学系任教。

第7章

现代密码

与机械密码相比，现代密码具有非常鲜明的特点。

首先，无论是明文还是密文等，所有信息都被比特化了，这当然归因于各种数字计算机的推广与普及。由此给密码破译带来的好消息是，破译方的计算能力得到了空前增强，若用电子计算机去破译过去的、包括恩尼格玛密码在内的任何机械密码，几乎都是小菜一碟；坏消息就是，密码破译的频率分析法被彻底淘汰了，信息加密算法的思路也获得了空前解放，加密能力被大幅度提升，许多千奇百怪的算法，许多过去想也不敢想的数学难题，均被用于了信息加密，让密码破译方简直不知道如何下手；不好不坏的消息是，密码对抗的工具平台，已不再是复杂的转轮或连线，而是各种各样的计算机系统，人海战术压根儿就没用了。

其次，信息加密被普遍民用化了，密码再也不是军政等特殊部门的专利了，这当然归因于发达的信息通信系统，归因于人类自私的天性：谁都不愿意让无关人员知道自己的秘密，而谁都想尽情探听别人的秘密。由此给密码编码方带来的挑战是，密码算法的设计者和使用者不再彼此信任，密码的加密者与解密者之间也不再彼此信任；所以，密码算法必须公开，必须经受得起民间高手的任意攻击，必须要有办法确认对方的身份与其声称的身份是否一致，必须能防止比特信息被无痕篡改，否则，就没人敢使用这样的密码算法。

再次，无论是加密或解密过程，都被标准化了，这当然归因于社会的标准化趋势。毕竟，无论有多么特殊，加密或解密设备也只是一种产品，是产品就得标准化，否则就无法进行大规模工业化生产。毕竟，加密和解密操作也是一种经济行为，只有标准化才能降低成本，才能在市场上得到迅速推广。毕竟，大规模民用化后，用户之间不再彼此相关，甚至压根儿就互不相识；如果没有双方公认的标准，那么加密者和解密者之间根本就无法沟通，宛若鸡同鸭讲，这显然不是密码的初衷。

最后，无论是加密或解密过程，都已被数学化，甚至算法化了。这主要归因于信息的计算化趋势，其实包括人工智能在内的所有IT行为，几乎都被算法化了；当然，今后以量子纠缠为原理的量子密码出现后，也许不再算法化，但是，至少到目前为止，算法化还是主流。对密码破译方来说，数学化的结果就是，密码学家必须越来越像数学家，否则将两眼一抹黑；实际上，如今密码学家们所使用的许多数学知识相当生僻，甚至连普通数学家也谈之色变。所以，在介绍本章内容时，我们将尽量弱化数学味，努力用大白话将高深的数学原理说清楚。

7.1 密码过渡

现代密码当然不是一夜之间突然冒出来的，而是在破译机械密码或机电密码过程中，不断积累正反两方面经验，特别是在与计算机的互动中，逐渐演化出来的，虽然在该过程中也有"基因"突变的成分，比如，香农突然创立了信息论，计算机技术突然发生飞跃等。换句话说：计算机的发展，促进了密码破译能力的提高；反过来，破译密码的巨大计算需求，又刺激了计算机的改进，特别是催生了通用电子计算机的出现；最后，电子计算机的普及，又大大提高了密码的编解码能力，从而使人类进入了现代密码时代。

下面先来看看二战后期，计算机是如何帮助同盟国成功破译恩尼格玛密码等轴心国密码的；特别是图灵等布莱切利园的密码破译者，如何破译德国最高司令部的、由洛伦兹机所产生的、更复杂更安全的密码。密码破译的胜利，使同盟国取得了战争的主动权，知道了敌人正在干什么和将要干什么，甚至直接促成了英国战役、阿拉曼战役和大西洋战役的巨大胜利。

1942年11月，图灵开始破译德国洛伦兹密码机产生的新电文。洛伦兹密码机不但安全，而且使用起来也很方便：操作员只需输入明文信息，或用纸带将信息打孔；然后，机器就能自动完成加密操作，并以标准的五位"波多"码进行传输。在接收端，密文信息则被另一台洛伦兹机解密，并打印出明文信息来。德国人对洛伦兹系统的安全性也充满信心，以至省略了明文信息的预编码过程；从而，只需敲击洛伦兹机的某个按键，字母便被数字编码。机器内部共有12个轮子，产生出一串看似随机的数字流，这些数字将被加载到消息编码上。在接收端，洛伦兹机以相同方式设置，产生相同的随机数字流。从接收到的密文数字中减去这些数字流，就能使原来的明文消息清晰可见。

在布莱切利园，密码学家蒂尔特曼很快就发现了洛伦兹密码的一个缺陷：它使用了密码破译圈中众所周知的维尔南系统。于是，蒂尔特曼推断，若两条消息使用相同密钥对机器进行初始设置，那么将这两条消息简单相加在一起后，就可轻松抵消洛伦兹机生成的随机数，从而使这两个消息混合在一起。果然，蒂尔特曼利用这个聪明的猜测，计算出了消息的各个部分。当然，这得感谢德国人所犯的一个致命错误：原来，某报务员从雅典向维也纳发送了一条大约4000个字符的长消息，但接收端的报务员却发现出了乱码，于是请求对方重发该消息；可是，该报务员严重违规，竟使用了相同的密钥设置来重发这条消息；于是，蒂尔特曼就成功了！通过这段密文，蒂尔特曼进一步发现：第一条消息是以SPRUCHNUMMER作为"消息编号"开头的，而第二条消息缩写为SPRUCHNR。这两者之间的细微差别，使蒂尔特曼轻松破译了这两个消息的明文。不仅如此，他还通过将信息叠加到密文中，计算出了洛伦兹机产生的随机数。

蒂尔特曼把他的发现，告诉了一位名叫图特的化学系毕业生。令图特惊讶的是，由于"标志码"含有12个字母，所以洛伦兹密码一定是由12个轮子产生的。于是，图特开始寻找重复周期。他发现的第一个周期是41，又发现了31、29、26和23等其他周期。然后，他在周期43、47、51、53和59等处，发现了更多的模式规律。通过逐个分析，图特意识到，原来洛伦兹机采用了两个数字流加在一起来产生密钥。他甚至连洛伦兹机的外形是啥样都不知道，就已准确知悉了它的工作过程。即所有12个轮子的圆周上都有插销，操作员将这些插销设置为活动或不活动的；活动插销产生一个连接，输出一个脉冲；不活动的插销，不产生脉冲，输出一个空格或零。插销的数量，给出了伪随机模式的周期长度。前五个轮子称为"chi-轮"，其插销周期分别为41、31、29、26和23。它们有规律地移动，产生了"chi-密钥流"。接下来的五个轮子，即"psi-轮"，具有43、47、51、53和59的插销周期。当有脉冲时，它们就移动；当无脉冲时，它们便静止不动，这样产生"psi-密钥流"。另外还有两个轮子，称为"马达轮"，其插销周期分别为61和37。长的那个"马达轮"按正常移动；短的那个"马达轮"，在有脉冲时，就移动一格；在没有脉冲时，就保持静止。所有这些规则，都是从传输信息本身推断出来的。英国从未企图窃取洛伦兹机，因为这反而可能促使德国人替换更复杂的密码机。所以，直到二战结束前，布莱切利园的破译者们从未见过洛伦兹机。

　　了解机器的工作原理和破解密码，完全是两回事。但是，"将chi-密钥流和psi-密钥流加在一起，以生成密钥流，并将密钥流加到消息中以生成密文"是一个纯粹的数学过程；换句话说，从理论上看，可以用纯数学方法来破译洛伦兹密码。于是，破译主角，数学奇才图灵，就扛着一支铅笔、一张纸、外加一块橡皮登场了。他采用的是一种叫作"差分"的方法，即把一个字符与另一个字符进行异或运算。图灵通过计算发现：就平均而言，对psi-字符进行异或时，有一半的可能性会出现00000。当它被添加到chi-字符时，就不会引起任何改变。

　　图灵画出了一些轮子图，每幅图都有一个chi-轮，这些轮子的可能设置，以列的形式写出。然后，他采用了一个反复迭代过程，给出了若干猜测。当输出结果出现矛盾时，它们便被放弃；否则，它们就被保留。这样一来，就可以推导出轮子的设置情况。然后，就有可能反推回去，计算出"psi-轮"和"马达轮"的设置，并求出密钥。这种方法称为"图灵法"，它使得布莱切利园的破译者，甚至能够阅读希特勒本人签署的绝密命令。1943年库尔斯克战役期间，英国甚至送给俄国一份破译后的洛伦兹密码信息，它详细描述了德军每个师和作战单位的部署情况。于是，苏联红军就取得了决定性的胜利，像秋风扫落叶一样，向柏林快速挺进。尽管如此，苏联也没发现英国已破解了洛伦兹密码；以至战争结束后，苏联自己也在使用缴获的洛伦兹密码机，他们还以为那很安全呢。

　　随着二战的白热化，需要破译的通信密码越来越多，仅仅依靠手工操作或人海战术，已不能满足需求了；因此，如何开发能够自动破译密码的机器，就成了一个重要任务。为此，图灵及其导师纽曼等便设想，借助于专用的、基于纸带和光电的快速电子设备来自动完成密码破译工作。于是，他们设计了两条很长的电传打字机磁带，其中一

密码简史

个磁带上存储了密文消息，其位移长度为1；另一个磁带上，存储了chi-轮的所有可能的启动位置，其位移长度也为1。机器对这两条磁带上的信息字符进行逐个比较，并计算出重合度。在这两个磁带间，当其重合度达到最大值时，chi-轮的设置就正确了。该机器运转速度很快，它能使纸带以每小时48千米的速度来回穿梭。可是，chi-轮纸带被多次使用后，就会被拉长变形而不能再实现同步了；为了克服这个困难，弗劳尔斯等密码破译专家，在位于伦敦多利士山的邮政研究局，整整花了10个月时间，终于造出了第一台大型数字计算机的原型机，称为"巨人Mark I"，以下简称"巨人I"；它是第一部完全电子化的计算机器件，使用了1500个电子管组成的十进制计数器；它以纸带作为输入器件，能执行各种布尔逻辑运算；它的程序以接插方式执行，有的是永久性的，有的则是临时插入的。1944年1月，"巨人I"到达布莱切利园；当时，这台机器安装在一个7英尺高、16英尺宽的箱子里，其体积差不多相当于一个小房间，重约一吨，功率达4.5千瓦。它运行时散发大量的热气，经常把操作人员搞得满头大汗。

"巨人I"省去了chi-轮纸带，取而代之的却是，用电子方式存储轮子模式。在破译密码时，密文磁带能以最高每小时85千米的速度运行；当然，设置的保险速度是每小时43.9千米，允许机器每秒读取5000个字符。在诺曼底战役打响的当天，"巨人I"的升级版"巨人Mark II"（以下简称"巨人II"）也已准备就绪，它有2500个电子管，使用了五个磁带通道，这比其原型机要快五倍，它每秒能读取25 000个字符，与30年后推出的首款英特尔微处理器芯片相当。

可惜，二战结束后，为了严格保密，丘吉尔亲自下令，将巨人机（包括"巨人I"和"巨人II"）的实体器件、设计图样和操作方法等资料，全部彻底销毁，相关部件被送到曼彻斯特大学的计算机实验室。因此，巨人机未能在历史上留下任何准确信息，就算是英国布莱切利园展示的那台样机，也只是后人仅凭记忆制造的仿制品。

虽然今天的媒体经常提及巨人机，但由于资料来源不尽相同，所以，难免会出现各种互相矛盾的说法，毕竟巨人机属于高度机密。但是，至少有一点是可以肯定的，那就是巨人机是人类第一台可编程的电子计算机；它比二战后由宾夕法尼亚大学研制的"电子数字积分器和计算机（ENIAC）"要早至少两年。

巨人机的建造者虽非图灵，但确实是在图灵于1936年发表的有关通用机器理论的指导下完成的。二战结束后，图灵等访问了德国，一位工程师自豪地向他们展示了洛伦兹密码机，并向他们保证其输出"绝对安全"；而图灵嘴上没说，心里却在暗笑：哼，真能吹，这玩意儿的工作原理我们早就了如指掌，在多年前就已破译了。在访德期间，图灵也发现，其实德国海军，也已破译了英国皇家海军的一些密码，所以，德国潜艇知道了护航舰队的位置；只可惜，德国对密码破译不够重视，比如，未像英国人在布莱切利园那样，组成庞大的团队来努力破解对方密码。此外，英国雇用了许多聪明的人才，而这些人才很多都是犹太人；而在德国，这样的人都是敌人，要么逃走了，要么被关在集中营。

二战结束后，紧接着就是冷战；此时虽无前线的硝烟和炮火，但在密码对抗方面，其紧张程度一点也不亚于二战。特别是在间谍战方面，更是有过之而无不及；因为大家都明白，谁控制了密码，谁就控制了世界，谁就控制了未来。冷战期间的间谍术，可谓数不胜数，包括但不限于不可见墨水、一次性密码、投递死信、微型颗粒和无线电瞬间高速发送等；当然，加密、解密和破译仍不可少。

二战期间，英美苏虽为盟友，但彼此间的间谍活动却从未中断。二战后，特别是冷战期间，美英仍是盟友，特别是在情报方面的盟友；但苏联却成了敌人，更是情报方面的敌人；因此，彼此在对方都

密码简史

部署了严密的间谍网；特工广泛使用了被认为是相当安全的一次性密钥签等间谍工具；这些工具体积很小，容易隐藏，且平时存放在各地大使馆的保险箱里。比如，一位出生在英国的苏联情报官员阿贝尔，就携带了一个邮票大小的一次性密钥签。当假扮成艺术家的他，1957年在纽约落网时，他的密钥签竟藏在一个被掏空的木块里，该木块又用砂纸包着，活像一块随手扔进废纸箱的破旧砂纸打磨块。

电子情报也可以被高速突发传输，这意味着，即使不断扫描无线电频谱，也很难检测到它们。在城市里，相关消息也可采用所谓的"预约投递员"方法，在各特工之间秘密传送；比如，双方可以这样约定隐蔽的信息交流渠道：在某公园桥下的某块砖下，或某堵墙的某条缝里等。

缩微胶卷也经常用于隐藏特工信息，因为它不但容量大，还能挤藏到很小的地方，比如，挖空的铅笔、螺栓、电池或硬币等地，并且很难发现。1953年夏天，一位报童不小心掉了一枚硬币；结果，该硬币竟然摔碎了，露出一张显示出一系列数字的小照片。好奇的报童立即向FBI报警，结果，即使是该小照片的画面被放大数倍，也只能看到十列数字，每列五位数，大部分列中都有21个数字。当FBI确定这不是魔术道具后，就试图破解这段密码，但失败了，只知这些数字是用外国打字机打印的。四年后，这个谜底才终于被揭开，原来，这是一封用专用密码编写的苏联特务指令；而且所用到的密码还非常复杂：明文的字母顺序被打乱，字母被填写在棋盘格中的数字所取代，该棋盘格的行和列，分别用俄语单词"降雪"的前7个字母来编号；所以，相关特工只需要记住俄语"降雪"一词的拼写、俄罗斯的二战结束日和特工自己的私人钥匙号就行了。从理论上看，这个密码的破译本来不难，但由于FBI知道的信息太少，甚至都不知道是哪国文字，所以根本无从下手，更甭说破译了。总之，间谍密码的破译，在某种意义上来说可能更难,因为它的个性化特色更浓;当然,它的设计和使用成本更高,不适用于大规模、长时间使用,甚至经常仅供一个人使用一次,然后就得替换。

当然,间谍在彼此联系或跟踪对方时,也发明了许多特定的肢体密码。比如,用手或手帕触摸鼻子,表示"注意!目标接近";用手敲击头发或抬高帽檐,表示"目标移动,进一步追踪或超越";单手放在背上或胃部,表示"目标站在原地";弯腰系鞋带,表示"受到威胁希望友方终止行动"等。

不过,从整体上说,间谍密码并非主流,特别随着"巨人"和ENIAC等可编程计算机的发展,密码学开始进入全新领域。如今,面对二战期间的经典密码,破译者若借助计算机,便可轻松穷举所有可能的密钥,直到找出正确的密钥为止。另外,密码编码学家也可借助计算机,构建越来越复杂的密码系统;因为可以用程序编写出任何虚拟转子,让它们顺时针或逆时针旋转,转得更慢、更快或更随机;而且整个加密过程也可更迅速,毕竟计算机比任何机械系统运行得都快。同时,密码破译也发生了翻天覆地的变化;过去,哪怕是象棋冠军或填字游戏专家,只要受过一点特殊训练,就可以坐下来仅用笔和纸,开始密码破解工作;如今,这样的日子早已一去不复返了。

但是,无论加解密或破译,手段虽已变,但许多基本思路是相同的,只不过换成了更加数学化的表现形式而已。比如,即使在今天,加密的基本要素,仍然只是替换和置换两种,并且还可扩展到字母本身;实际上,在数字计算机世界中,所有信息都可转换成二进制的比特串,所以,密码战攻守双方的主战场,也就转移到比特串上了。比如,一种简单的比特串加密方法,可以将比特串中的比特成对取出,然后颠倒顺序后,再放回去就行了。例如:

明文01000001 01000111 01000101 01001110 01010100

密文10000010 10001011 10001010 10001101 10101000

要解密这段密文，只需再次从密文中，依次取出成对的数字，并把顺序颠倒，再放回去就行了。

7.2　香农外传

现代密码的第一个，也是最重要的标志性事件，便是香农在1949年发表的一篇具有里程碑意义的论文"加密系统的通信原理"；香农在该文中还特别指出："本文的材料来自1946年9月1日的机密文件，密码学的数学理论，现在它已被解密了。"由此可见，现代密码学确实根植于第二次世界大战；因为香农在二战中的主要任务，就是为罗斯福总统和丘吉尔首相之间的战时通信，研制一套语音加密系统。

在那篇标志性的论文中，香农首次建立了密码系统的安全度量，即用密文与明文之间的"互信息"来证明密码的安全性；比如，他严格证明了：在"一次一密"的密码系统中，如果密钥流是绝对随机的，那么破译者能从密文中获得的有关明文消息的信息量将为零；换句话说，这种"一次一密"当然也就"无条件安全"了。不过，必须强调的是，这样的密码系统根本无法实现；所以在现实生活中，请大家千万别相信什么"绝对安全"的神话。

由于香农在之前的1948年就已创立了著名的信息论，所以，他在建立密码理论时，自然也是比特思维了；而前面已经说过，现代密码的主要特征之一便是比特化，这又得归功于香农。另外，在本书5.2节中，我们曾说过，香农在柯克霍夫的"密码算法六大原则"基础上，提出了密码算法的香农六原则，它们便是现代密码的民用化基础。更重要的是，香农的信息论，不但成了现代通信的基础理论，也成了指导现代密码学的核心理论；总之一句话，自从香农的成果问世后，密码便从过去的加解密技巧，变成了一门基于数学理论的严谨学科，即"现代密码学"终于诞生了。

香农还发现了现代密码学中的两个重要概念，扩散和混淆，从而实质性地指导了此后各种密码算法的设计思路。比如，在著名的数据加密标准DES中，就非常明确地包含了扩散和混淆的思想。所谓"扩散"，意指明文信息的每个比特，都会影响到密文中的所有比特；形象地说，加密算法需将明文信息扩散到所有密文比特中，从而使得破译者无法对密文进行逐段破译，密文必须被当作一个整体来对待，因此就更难恢复明文消息；所以"扩散"有时候也称为雪崩效应。"混淆"则意味着使明文和密文之间的关系变得更复杂，甚至使得破译者：即使知道了大量的明文和相应的密文，以及加密算法后，也仍不能确定密钥，仍无法破译密文。在现代密码算法中，设计者经常利用各种替换，来进行混淆；通过各种置换，来实现扩散。当然，扩散和混淆也有其缺点，即误差传播很严重，任何一个比特的错误，都将影响整个明文的解密。

为了纪念香农对密码理论的巨大贡献，此处专门为这位现代密码学的开山鼻祖，奉献一篇评书版的香农外传——香农创立信息论，科学天才玩童心。为啥是外传呢？因为他的正传太多，我们不想重复前人的思路而已。下列内容主要取材于本人的拙作《安全简史》，希望您喜欢。

啪，列位看官，且听我演绎一段香农外传！

你可能要问啦，那香农是谁呀？嘿嘿，香农不是人！准确地说：其实，他是神，至少是"神人"！

他老爸更神：生下儿子后，不取名，却直接将自己的名字与儿共享，他老爸也许早已预料到：这个名字，注定将永垂青史！当然，本文纪念的是儿子"香农"，而非老爸"香农"。

他的一个远房亲戚更是"神上加神"！谁呀？说出来，吓你一跳：托马斯·阿尔瓦·爱迪生！对，就是"1%的灵感加99%的汗水"的那位发明大王；当然，必须补充的是，爱迪生的这句话后面，其实还有一句点睛之笔被国内有意无意地忽略了，那就是：有时候，那1%灵感的重要性，远远超过99%的汗水。

唉，真是龙生龙，凤生凤，老鼠生来会打洞啊！

都说香农是数学家、密码学家、计算机专家、人工智能学家、信息科学家等等，反正"这家、那家"帽子一大堆。但是，我们咋总觉得，他哪家也都不是呢！若非要说他是什么"家"的话，我们宁愿选择他是"玩家"，或者尊称为"老人家"。其实，他是标准的"游击队长"，那种"打一枪换个地方"的游击队长。只不过，他"枪枪命中要害，处处开天辟地"！

先说数学吧。

俗话说"三岁看大，七岁看老"。香农同学早在童年时，就给姐姐凯瑟琳当"枪手"，帮她做数学作业。20岁就从密歇根大学数学系毕业，并任麻省理工学院（MIT）数学助教；24岁获MIT数学博士学位；25岁加入贝尔实验室数学部；40岁重返MIT，任数学终身教授和名誉教授，直至2001年2月26日，以84岁高龄仙逝。他的代表作《通信的数学理论》《微分分析器的数学理论》《继电器与开关电路的符号分析》《理论遗传学的代数学》《保密系统的通信理论》等，除了数学，还是数学。因此，可以说香农一生"吃的都是数学饭"，当然可以算作数学家了。

既然是数学家，你就应该老老实实地、公平地研究0,1,2,…,9这十个阿拉伯数字呀！可是，他偏不！非要抛弃2,3,…,9这八个较大的数字不管，只醉心于0和1这两个最小的数，难道真是"皇帝爱长子，百姓爱幺儿"？！更可气的是，他在22岁时，竟然只用0、1两个数，仅靠一篇硕士论文，就把近百年前（19世纪中叶）英国数学家乔治·布尔的布尔代数，完美地融入了电子电路的开关和继电器之中，使得过去需要"反复进行冗长实物线路检验和试错"的电路设计工作，简化成了直接的数学推理。于是，电子工程界的权威们，不得不将其硕士学位论文评为"可能是20世纪最重要、最著名的一篇硕士论文"，并轰轰烈烈地，给他颁发了业界人人仰慕的"美国电气工程师学会奖"。正当大家都以为"一个电子工程新星即将诞生"的时候，一转眼，他又不见了！

原来，他又玩进了"八竿子打不着"的人类遗传学领域，并且像变魔术那样，两年后，完成了MIT博士论文《理论遗传学的代数学》！然后，再次抛弃博士论文选题领域，摇身一变，玩成了早期的机械模拟计算机元老，并于1941年发表了重要论文《微分分析器的数学理论》。

喂，香老汉儿，你消停点行不？！每个领域的"数学理论"都被你搞完了，我们咋办？总该给咱留条活路嘛！

各位看官，稍息，稍息！口都渴了，请容我喝口茶，接着讲解。……

好了，该说密码了。

小时候，香农就热衷于安装无线电收音机，痴迷于莫尔斯电报码，还担任过中学信使，冥冥之中，与保密通信早就结下了姻缘。特别是一本破译神秘地图的推理小说《金甲虫》，在他幼小的心灵中，播下了密码种子。终于，苍天开眼，二战期间，他碰巧作为小组成员之一，参与了研发"数字加密系统"的工作，并为丘吉尔和罗斯福的越洋电话会议提供过密码保障。很快，他就脱颖而出，成了盟军的著名密码破译权威，并在"追踪和预警德国飞机、火箭对英国的闪电战"方面，立下了汗马功劳。据说，他把敌机和火箭追得满天飞。

战争结束了，按理说，你"香将军"就该解甲归田，玩别的"家家"去了吧。可是，香农就是香农，一会儿动如脱兔，一会儿又静若处子。这次，他一反常态，非要"咬定青山不放松"，一鼓作气，把战争中的密码实践经验通过归纳、总结和提高，于1949年完成了现代密码学的奠基性论著《保密系统的通信理论》，愣是活生生地将"保密通信"这门几千年来一直就依赖"技术和工匠技巧"的东西，提升成了科学，而且，还是以数学为灵魂的科学；还严格证明了人类至今已知的、唯一的、牢不可破的密码：一次一密随机密码！

你说可气不可气！你为啥"老走别人的路，让别人无路可走"呢？你这样，让恺撒大帝、拿破仑等历代军事密码家，情何以堪？！

算了，闲话少扯，言归正传，该聊聊他神龛上的那个"信息论"了。

伙计，你若问我啥叫"信息"，如何度量信息，如何高效、可靠地传输信息，如何压缩信息？嘿嘿，小菜一碟，一百度，马上就可给出完整的答复。

可是，在1948年香农发表《通信的数学理论》之前，对这些问题，连上帝都不知道其答案哟，更甭说世间芸芸众生了。虽然，早在1837年，莫尔斯就发明了有线电报来"传送信息"；1875年，博多发明了定长电报编码来规范化"信息的远程传输"；1924年，奈奎斯特给出了固定带宽的电报信道上，无码间干扰的"最大可用信息传输速率"；1928年，哈特利给出了用在带限信道中，可靠通信的最大"数据信息传输率"；1939—1942年，科尔莫戈罗夫和维纳发明了最佳线性滤波器，来"清洗信息"；1947年，柯特林柯夫发明了相干解调，来从噪声中"提取信息"，但是，人们对"信息"的了解，却始终只是一头雾水。

经过至少100年的"盲人摸象"后，全世界科学家，面对"信息"这东西，仍然觉得"惚兮恍兮，其中有象；恍兮惚兮，其中有物"。

那么，"信息"到底是什么"物"呢？唉，"其之为物，惟恍惟惚"！

就算使尽浑身解数，抓条"信息"来测测吧，结果却发现，它具有的只是"无状之状，无物之象，惚恍惚恍"。

"信息"呀，求求你，给个面子，让科学家们只看一眼尊容，总可以了吧！结果，"信息"还是再次"放了人类的鸽子"，只让大家"迎之不见其首，随之不见其尾"！

终于，科学家们准备投降了。

说时迟，那时快。就在这关键时刻，香农来了！

接下来，真不知该咋写了。只好从阴间请回"评书艺术大师"袁阔成老先生，求他演绎出如下"香农温酒斩信息"的故事来。

只见香农，不慌不忙，温热三杯庆功酒，也不急饮，骑着杂耍独轮车，双手悬抛着四个保龄球，腾腾腾就出了"中军大帐"。他左手一挥，瞬间那保龄球就化作"数学青龙偃月刀"，只见一个大大的"熵"字，在刀锋旁闪闪发光。他右手紧了紧肚带，摸了摸本来就没有的胡子，嘿~，还挺光滑的，这才"唵嘛呢呗咪吽"地念了个六字咒语，咔嚓一下，就把独轮车变成了高跷摩托！

来到两军阵前，香农对"信息"大吼一声："鼠辈，休得张狂，少时我定斩你不饶！"

"信息"一瞧，心里纳闷儿：怎么突然冲出个杂耍小丑来？也没带多少兵卒呀？怎么回事？"来将通名！"

"贝尔实验室数学部香农是也！"

"信息"一听，"噗哧"笑了，心想：可见这人类真没招啦，干吗不叫个名牌大学的教授来呢！

"速速回营，某家刀下不死无名之鬼！"

"信息"这"鬼"字还没落地，香农举起"数学青龙偃月刀"，直奔"信息"而来，急似流星，快如闪电，唰的一声，斜肩带背杀向"信息"。好快呀，"信息"再躲，可就来不及啰！耳边就听得"扑哧"，脑袋就掉了。于是，"信息容量极限"等一大批核心定理，就被《通信中的数学理论》收入囊中。

就这么快，那个"熵"字都还没有认清楚，"信息"就成了刀下鬼。

香农得胜回营，再饮那三杯庆功酒，嗨，那酒还温着呢！

……

好了，谢谢袁阔成老先生！

从此，信息变得可度量了，无差错传输信息的极限知道了；信源、信息、信息量、信道、编码、解码、传输、接收、滤波等一系列基本概念，都有了严格的数学描述和定量度量；信息研究总算从粗糙的定性分析阶段，进入到精密的定量阶段了；一门真正的通信学科——信息论，诞生了。

其实香农刚刚完成信息论时，并非只收获了"点赞"。由于过分超前，当时贝尔实验室很多实用派人物都认为"香农的理论很有趣，但并不怎么能派用场"。因为当时的真空管电路，显然不能胜任"处理接近香农极限"所需要的复杂编码。伊利诺伊大学著名数学家杜布，甚至对香农的论文做出了负面评价；历史学家阿斯普拉也指出，香农的概念架构体系"无论如何，还没有发展到可以实用的程度"。

事实胜于雄辩！到了20世纪70年代初，随着大规模集成电路的出现，《信息论》得到了全面应用，并已深入到信息的存储、处理、传输等几乎所有领域，由此足显香农的远见卓识。

于是，才出现了如今耳熟能详的如潮好评："香农的影响力无论怎样形容都不过分""香农对信息系统的贡献，就像字母的发明者对文学的贡献""它对数字通信的奠基作用，等同于《自由大宪章》对于世界宪政的深远意义""若干年后，当人们重新回顾时，有些科学发现似乎是那个时代必然会发生的事件，但香农的发现显然不属于此类"……

当人们极力吹捧香农，甚至把他当作圈子中的"上帝"来敬仰时，他却再一次选择了急流勇退，甚至数年不参加该领域的学术会议。直到1985年，他突然出现在英格兰布莱顿举行的"国际信息理论研讨会"上，会场顿时欢声雷动，那情形简直就像牛顿出现在物理学会议上。有些与会的年青学者，甚至都不敢相信自己的眼睛，因为他们真还不知道"传说中的香农仍然还活在世上"！

哥们儿，这就叫"虽然你已远离江湖多年，但你的神话却仍在江湖流传"！

老子写完《道德经》后，就骑青牛出函谷关，升天了。

可是，香农创立信息论后，又到哪儿去了呢？

经考察，这次他去了幼儿园，到那里也成仙了。所以，他的名字，也被翻译成"仙农"。

他将自己的家，改装成了幼儿园。把其他科学家望尘莫及的什么富兰克林奖章、美国工业电子工程协会凯莱奖、美国全国科学研究合作奖、莱伯曼纪念奖、美国电机和电子工程协会荣誉奖章、美国技术协会哈维奖、比利时皇家科学院和荷兰皇家艺术科学院的院士证书、牛津大学等许多高等学府的荣誉博士证书、美国科学院院士证书、美国工程院院士证书等，统统扔进一个小房间，只把一张恶作剧似的"杂耍学博士"证书，扬扬得意地摆在显眼处。

"幼儿园"的其他房间可就热闹了：光是钢琴，就多达5台；从短笛到各种铜管乐器30多种，应有尽有；由3个小丑同玩11个环的杂耍机器；钟表驱动的7个球和5个棍子；会说话的下棋机器；杂耍器械及智力阅读机；用3个指头便能抓起棋子的手臂；蜂鸣器及记录仪；有一百个刀片的折叠刀；装了发动机的弹簧高跷杖；用火箭驱动的飞碟；能猜测你心思的读心机；等等。这些玩具大部分都是他亲手制作的。甚至，他还建造了供孩子们到湖边玩耍的升降机，长约183米，还带多个座位。

怎么样，这位身高1.78米的香大爷，不愧为名副其实的老儿童吧。

要不是上帝急着请他去当助理，估计人类的下一个里程碑成果，就会出现在杂耍界了，因为，据说在仙逝前，老儿童已经开始撰写《统一的杂耍场理论》了。甚至，他创作的诗歌代表作也命名为"魔方的礼仪"，其大意是：向20世纪70年代后期非常流行的"鲁比克魔方"致敬。

伙计，还记得大败棋圣李世石的阿尔法狗吧！其实，香爷爷早就开始研究"能下国际象棋的机器"了，他是世界上首批提出"计算机能够和人类进行国际象棋对弈"的科学家之一。1950年，他就为《科学美国人》撰写过一篇文章，阐述了"实现人机博弈的方法"；他设计的国际象棋程序，也发表在当年的一篇论文中。1956年，在洛斯阿拉莫斯的MANIAC计算机上，他又实现了国际象棋的下棋程序。为探求下棋机器的奥妙，他居然花费大量的工作时间来玩国际象棋。这让上司"或多或少有点尴尬"，但又不好意思阻止他。对此，香大牛一点也不觉歉意，反倒有些兴高采烈："我常常随着自己的兴趣做事，不太看重它们最后产生的价值，更不在乎这事儿对于世界的价值。我花了很多时间在纯粹没什么用的东西上。"

你看看，你看看，这叫啥话，上班纪律还要不要了！

香爷爷还制造了一台宣称"能在六角棋游戏中打败任何人"的机器。该游戏是一种棋盘游戏，几十年前在数学爱好者中很流行。调皮爷爷事先悄悄改造了棋盘，使得人类棋手这一边比机器对手一边的六角形格子要多，人类如果要取胜，就必须在棋盘中间的六角形格子里落子，然后对应着对手的打法走下去。该机器本来可以马上落下棋子的，但是为了假装表现出它"似乎是在思索该如何走下一步棋"，调皮爷爷在电路中加了个延时开关。一位绝顶聪明的哈佛大学数学家，信心满满地前来挑战，结果被机器打得落花流水。等到数学家不服次日再来叫阵时，香大爷才承认了隐藏在机器背后的"老千"，搞得这位数学家哭笑不得。

除了玩棋，香儿童还制作了一台用来玩赌币游戏的"猜心机器"，它可猜出参加游戏的人将会选硬币的正面还是反面。其最初样机，本来是贝尔实验室的一位同事制作的，它通过分析记录对手过往的选择情况，从中寻找出规律用来预测"游戏者的下一次选择"，而且准确率高达53%以上。后来，经过老儿童的改进，"香农猜心机"不但大败同事的猜心机，还打遍贝尔实验室无敌手，茶余饭后，让这里的科学家"无颜见江东父老"。当然，唯一的例外是老爷爷自己，因为只有他才知道"香农猜心机"的死穴在哪里。最近，我们给出了更好的，能够打败"香农猜心机"的新方法，当然，其核心思想，仍然是香农的信道容量极限定理，详见拙作《安全通论》。

老儿童还发明了另一个有趣的玩意儿——迷宫鼠，即能"解决迷宫问题"的电子老鼠。可见，阿尔法狗的祖宗，其实是阿尔法鼠。香农管这只老鼠叫"忒休斯"，那个在古希腊神话中杀死"人身牛头怪"后，从可怕的迷宫中走出来的英雄。我们却偏叫它"香农鼠"。该鼠可自动地在迷宫中找到出路，然后直奔一大块黄铜奶酪。"香农鼠"拥有独立的"大脑"，可以在不断尝试和失败中学习怎样走出迷宫，然后在下一次进入迷宫时，能避免错误顺利走出来。"香农鼠"的"大脑"，就是藏在迷宫地板下面的一大堆电子管电路，它们通过控制一个磁铁的运动来指挥老鼠。

好了，写累了。该对香爷爷做个小结了。

他虽然发现了"信息是用来减少随机不定性的东西"，可是，其游戏的一生，却明明白白地增加了"工作与娱乐、学科界限等之间的"随机不定性。可见，所谓的专业不对口，其实只是借口。牛人在哪里都发光，而凡人干什么都一样。

他的名言是"我感到奇妙的是：事物何以总是集成一体"。可是，我们更莫名其妙：他何以总能把那么多互不相关的奇妙事物集成一体？

他预言"几十年后机器将超越人类……"。可是，像他那样的人类，哪有什么机器可以超越？！

他承认"好奇心比实用性对他的刺激更大"。可是，我们普通人如果也这样去好奇，年终考核怎么过关？！

在他众多的卓越发明中，他竟然最中意"菲尔兹杂耍机器人"。唉，与他相比，我们连机器人都不如了！

总之，香农的故事告诉我们：不会玩杂耍的信息论专家，不是优秀的数学家！

哈哈，谢天谢地，终于找到一样东西，我们与香农等同啦！那就是，他与我们一样，都崇拜爱迪生。可仔细一想，还是不平等。因为爱迪生是他远亲，却只是我们的偶像。

唉，真是：人比人，比死人。

算了，算了，不说了，说多了满眼都是泪，做人最重要的是开心嘛！

肚子都饿了，翠花，翠花，上酸菜！

再见，我们也该玩去啰，没准哪天玩出一只"阿尔法猫"来！

7.3　对称密码

不知何故，自从香农在1949年发表了现代密码的奠基性论文后，密码学的发展好像突然就停止了，甚至静默了20多年！我们不打算追究具体原因，毕竟，香农的思想和理论确实太超前，外界总得需要一些时间来理解和消化。但是我们只想强调的是，这绝非意味着社会对密码的需求不强烈，反而随着网络通信的突飞猛进；特别是随着20世纪60年代起，商用计算机的迅速普及；企业和个人也开始对密码产生了强烈需求。于是，大规模的民用密码开始自发研制，甚至到20世纪70年代初，民用密码市场早已混乱不堪，千奇百怪的密码算法鱼龙混杂。至此，以"公开打擂"的全新方式，研制标准化的加密系统，便提上了官方议事日程。

密码简史

1972年，美国国家标准局（NBS），即现在的国家标准与技术研究所（NIST）的前身，拟定了一个旨在保护计算机和通信数据的计划，明确提出："要开发一个单独的标准对称密码算法，用于电子数据加密。"

1973年，NBS正式公开向社会征集标准密码的候选算法，任何单位和个人均可公开提出自己的候选算法；同时，任何人也可对别人提出的候选算法进行攻击；一旦某个算法被攻破，该算法自然也就被淘汰。形象地说，NBS设置了一个征集密码算法的"擂台"，并以擂台赛的方式来选择最满意的候选算法。

刚开始时，"擂台"效果并不理想；所以，1974年，NBS又启动了第二次密码算法公开征集工作。这次终于收到了一个比较满意的候选算法，它就是IBM公司的一位员工霍斯特·费斯特尔（1915—1990），在1970年左右开发的一种名叫"Lucifer"的密码算法改进版，准确地说是弱化版。说起这位费斯特尔，他也是一位既厉害又神秘的人物。他于1915年出生在柏林，1934年移居美国。二战期间，当德国在1941年向美国宣战时，他便被美国软禁。1944年，他获得了美国国籍，并在空军剑桥研究中心工作。随后，他分别在麻省理工学院林肯实验室和迈特公司工作过；不知何故，他在密码方面的研究工作，始终都受到新成立的美国国家安全局（NSA）的干扰。也不知出于何种原因，反正，早在NBS公开征集民用算法之前两年，他就躲在纽约附近的"IBM沃森研究中心"开发出了"Lucifer"算法。

收到"Lucifer"加密算法后，为保险计，NBS将它转交NSA进行审定。1975年3月，NBS公布了该算法细节。其间，NBS和NSA之间，可能有些误会：其实，NSA原本打算只向社会提供该加密算法的硬件；但NBS却迫不及待地公布了过多细节，以至大家都可据此自行编写加密软件。若NSA料到随后民用密码的火山式爆发，它或许就不会

228

同意公布该算法了。

1976年11月，该算法被美国政府采纳为联邦标准，并授权在非密级的政府通信中使用；该算法被冠名为"DES"，意指"数据加密标准"。1981年，美国国家标准研究所（ANSI）批准DES作为私营部门的密码标准（ANSI X3.92）。

其实，在推广DES之初，官方的NSA和民间密码专家彼此都不信任对方；毕竟，在密码史上，这是第一次按如此公开透明的方式来研制密码算法，也是大规模的民用密码首次登上历史舞台。比如，民间的许多密码学家，都很担心NSA会暗地捣鬼，担心NSA会修改算法以安装陷门，所以要求公开算法细节，不接受NSA提供的纯粹硬件加密器件；民间还担心DES的某些内部机理中藏有隐患，如差分分析的威胁等。而官方的心情更复杂，NSA既害怕DES不够安全，否则黑客们会给社会造成严重损失；又害怕DES太过安全，否则NSA自己就变成了盲人，就无法对民用网络进行有效监控，所以，NSA将原定的128位密钥缩短为56位，也就是说，降低了DES的保密性能，NSA当时的理由是：任何商业公司都没有足够的计算能力来穷尽所有这样的56位密钥，只有NSA才有这种资源。再后来，为了控制民用密码，时任美国总统里根曾于1984年9月签署了一项命令，责成美国国防部研制一种新的数据加密标准CCEP，并计划于1988年取代DES；此举立即遭到了金融界用户的强烈反对，最后，在国会的压力下，才不得不撤销了里根的命令。

当然，如今回过头来再重新审视时，双方当初的这些担心其实都属多余。毕竟，DES已成功使用了近30年，远远高于其预期寿命，而且其推广应用效果奇佳，几乎遍及了全球IT领域的所有重要应用；特别是在国际银行及金融界更普遍，比如，很多信用卡中的加密算法都是DES。

本书当然不打算介绍DES的技术细节，只是从密码发展史的角度介绍一下DES的特色。

首先，DES是比特化的分组密码，即明文信息都被切割成长度为64比特的分组，每次对一个分组进行加密，然后得到一个仍然是64比特的密文分组。特别需要指出的是，在DES中，香农的"扩散"和"混淆"获得了充分体现，它是通过一个名叫"Feistel系统"部件来实现的。而Feistel系统的工作原理非常形象，简直就像在揉面团。

设想一下这样的情境：给你一团面和一碗盐，然后请你将这碗盐均匀融入这团面中，你将如何办呢？嘿嘿，DES是这样办的：它先将面团揉成一条长为64比特的面片，再将少许盐粒均匀撒在面片的右半边，然后将面片对半折叠成32比特的短面片，并将面片再揉成64比特的长面片；接着，再将少许盐粒撒在长面片的右半边，最后重复进行上述过程；最终直到所有盐粒被撒完为止。具体说来，DES将长度为64比特的面团，通过16次的反复折叠，终于把那碗56比特的密钥之盐均匀地揉进了64比特的密文中。

当然，与纯粹"揉面团"不同的是，DES还必须有技巧，能够使得合法的解密方，可以在收信端轻松地将原来的面团和盐粒分离出来。实际上，DES把64比特长的明文分组切割成两部分，其中一半通过加扰器函数，再加到另一半上。然后重组该数据块，并重复此过程。在密文传输前，该过程要重复很多次。解密时，则只需颠倒上述程序就行了。当然，发送方和接收方，必须事先商定加扰器参数和功能；而且，加密和解密工作都很轻松，操作者只需输入密钥数据和消息就行了。

其次，与之前的所有密码算法不同，DES算法是公开的，唯一被保密的东西，就是每个用户自己的密钥，这也就满足了香农六大准则的第2条。而且，DES中的密钥，必须是成对分配的，这也是DES之所以称为"对称密码"的原因；毕竟，此时从密钥角度来看，收发双方的地位是对称的嘛。具体来说，发信方甲和收信方乙在保密通信前，必须事先获得相同的密钥，分别用于甲方的加密和乙方的解密。

形象地说，一个对称密码系统，就像是一个带锁的箱子：甲乙双方都事先拥有一个能打开同一把锁的钥匙，甲方将自己的机要信息放入箱子并锁好，然后将该箱子通过公开渠道传输给乙方；在收信端，乙方只需要掏出自己的那把钥匙，将锁打开，然后就可以获得甲方所传的明文信息。如果箱子在传输过程中被截获，由于破译者没有正确的钥匙，所以他就打不开锁，无法阅读明文消息。

由于DES的所有加密细节，都是对外公开的，唯一保密的是用户自己的密钥；而且DES所使用的数学运算也很简单，无非是置换、异或、代换、移位等四种基本操作。因此，自DES公布使用之日起，全世界的各种势力（黑客、红客、各国政府）都在明里或暗里对DES进行攻击，试图早日破译它，因为一旦有效破译了DES，其经济利益将十分巨大。但难以置信的是，事实证明，DES成功地经受住了来自全世界的二十余年的狂轰滥炸式的攻击！1977年时，人们估计需要耗资两千万美元才能建成一个专用计算机来破译DES，且所需时间至少要12小时；所以，当时DES被认为是一种十分强壮的加密方法。

当然，若从纯学术角度看，DES也有它的天生弱项。比如，密钥长度太短（只有56比特，这是NSA故意缩短的），不能抵抗最基本的穷举搜索攻击，事实也证明的确如此；存在弱密钥；存在固定的熵漏模式；难以对抗差分攻击；难以抵抗专用芯片的快速密钥搜索；等等。从实际情况看，在历史上，DES遭受的有力挑战主要有三次：

第一次源于1997年1月28日，美国RSA数据安全公司，在RSA安全年会上公布了一项"秘密密钥挑战竞赛"，悬赏一万美元用于攻破密钥长度为56比特的DES算法。于是，美国科罗拉多州的一位程序员，从1997年3月13日起，耗费了96天，在互联网上数万名志愿者的协同下，终于在1997年6月17日，成功找到了DES的密钥，获得了1万美元。其后，又有人利用计算机网络，只用了39天就破解了DES。

第二次是1998年7月17日，美国电子边境基金会使用一台25万美元的计算机，在56小时内破解了56位的DES。

第三次挑战也是来自RSA公司在1998年12月22日发起的"第三届DES挑战赛"。主办方宣称，从1999年1月18日到1999年3月23日期间；凡能少于 24小时破译DES者，将获奖金一万美元；少于48小时的破译者，将获奖金五千美元；等于或大于56小时的破译者，将获奖金一千美元。结果，又是美国电子边境基金会，用22小时15分钟就宣告完成。后来，有人特别设计了一种超级计算机来破译DES，它相当于1万台联网的个人电脑，每秒能测试2450亿个密钥。

在全球志愿者的攻击下，DES虽然未能被有效攻破（因为各次挑战的成功，都是在特殊条件下进行的，不具普遍性），但是，其弱点越来越明显！于是，终于在2001年11月26日，美国国家标准与技术研究院（NIST）发布了一种名叫"高级加密标准"（简称AES）的新型分组对称加密算法，并规定：编号FIPS PUB 197的AES标准，于2002年5月26日正式生效。如今，AES已经代替DES，成为对称密钥加密中最流行的算法。不过，掐指算来，DES已成功使用了近三十年，可谓是功德圆满了。

好了，下面该说说这AES的前世今生了。

早在1997年1月，面对全球密码学家对DES的疯狂围攻，美国政府终于不淡定了：DES这杆红旗到底还能打多久，万一被攻破了该咋办，该如何为DES选出接班人？经过一番深思熟虑后，NIST一拍脑袋：好，仿照当年DES的做法；打擂，继续打擂，面向全世界打擂！

说时迟，那时快，只见NIST瞬间就向全世界发布了征集新型分组对称密码算法的邀标书。一时间，哇，全球密码学界可谓是风起云涌，巨浪滔天，立即就掀起了一个算法设计新高潮。

也不知有多少信心满满的密码算法跃上了擂台，更不知有多少算法刚一露面，就被同行飞起一脚，踢下了擂台；反正，经过一通互相残杀的混战后，待到1998年8月的半决赛开始时，擂台上早已血流成河，还能勉强支撑站立于"第一届高级加密标准候选会议"上的候选算法，只剩下区区15个了。于是，一声哨响，这15名猛士又彼此"仇人相见分外眼红"，台下的全球密码学看客也不闲着，或投枪，或使绊，对擂台选手发起了无差别攻击，反正恨不能把所有算法全都攻破，一个也不留。擂台上那飞沙走石的乱象哟，简直惨不忍睹。待到硝烟散尽时，能参加1999年3月"第二届高级加密标准候选会议"且有望夺标的候选算法，也就只有5个了，而且个个都遍体鳞伤。

好在裁判还有点人性，给出了足够的时间，允许决赛选手们回家好好调养，根据前期的厮杀经验和教训，对自己的候选算法再进行充分改进。书说简短，当最后一名选手被踢下擂台后，众目睽睽之下，还在2000年4月"第三届高级加密标准候选会议"上屹立未倒的冠军，竟然是由两个年轻的比利时密码学教授Joan Daemen和Vincent Rijmen所设计的一个名字很怪的，甚至都不知道如何发音的密码算法——Rijdael。原来，该算法的名称是由这两位设计者的名字的前一半拼接而来的。于是，在2000年10月2日，NIST宣布：高级加密标准AES诞生啦！

AES与DES一样，其所有加密算法细节都是公开的。幸运的是，AES从多方面解决了一些令人担忧的问题，比如，实际上，过去数十年来积累的攻击DES的那些手段，对AES来说都不再有效了；自公布之日起，到现在，已经二十余年了，仍未发现其致命弱点。当然，这也许是由于AES才诞生不久，全球破译者还来不及对它进行全面攻击；随着AES的广泛应用，相信会像DES当年的情况一样，AES也将面临全球密码学家的狂轰滥炸。比如，2005年4月，就已有人公布了一种缓存时序攻击法，它能攻破装载有OpenSSL AES加密系统的客户服务器；该攻击算法使用了2亿多条筛选过的明码，所以目前它并不实用。2005年10月，又有人展示了数种针对AES的边信道攻击，其中一种攻击法只需要800个写入动作，费时65毫秒，就能得到一个完整的AES密钥；但其前提条件是，攻击者必须拥有相关加密系统的程序运行权限，这显然也不实用。但愿AES能够长期安全，当然，肯定不可能永远安全，因为对任何密码算法来说，安全都是相对的，不安全才是绝对的！

作为当前的主流分组密码，AES与DES不同，它不再使用Feistel架构，而是另一种新的置换组合架构；另外，AES的密钥长度和迭代轮数，不再是64比特和16轮，而是128比特和10轮，或192比特和12轮，或256比特和14轮。AES在软件及硬件上都能快速加解密，相对来说较易于实现，且只需很少的存储器；大多数AES计算，都可在一个特别有限域中完成。若采用真正的128位（甚至256位）加密技术，那么，即使蛮力攻击，也只能望洋兴叹。AES还有其他一些优点，比如，具有灵活的加密长度、可变的密钥个数和数据分组长度等，以满足各种应用要求，为用户提供大范围的可选安全强度；避免了多重加密的使用，减少了实际应用中的密钥数量，可以简化安全协议和系统的设计等。在此预祝AES能像DES那样功德圆满，笑到最后。

当然，在过去的半个多世纪以来，在全球公开使用过的分组对称加密算法绝不只有DES和AES。与DES类似的算法至少有：1990年提出的LOKI算法、苏联提出的GOST算法、快速加密算法FEAL等。特别值得一提的是，还有一种国际数据加密算法（IDEA），它是由上海交通大学来学嘉教授与瑞士学者梅西，于1990年在苏黎世联邦理工学院联合提出的。IDEA是迭代式的分组密码，它使用了128位的密钥和8个循环。通过支付专利使用费，全球用户都可使用。

在对称密码中，分组密码是重要的主角，它通过某个置换来实现明文分组的加密变换。分组密码将定长的明文分组，转换成等长的密文；这一过程是在密钥的控制下完成的。它使用逆向变换和同一密钥来实现解密，所以也是对称密码。为了保证密码算法的安全强度，首先，必须确保分组长度足够大，否则，它仍然保留了明文的统计信息，给攻击者留下可乘之机。因为攻击者可有效穷举明文空间，得到密码变换本身。其次，分组密码的密钥量还必须足够大，否则，攻击者可有效穷举密钥空间以确定所有的置换，从而对密文进行解密，恢复明文。最后，分组密码的变换还得足够复杂，以使攻击者除穷举法以外，找不到其他快捷的破译方法。目前，对分组密码威胁最大的攻击，主要有差分攻击、线性分析和强力攻击等。从理论上看，差分攻击和线性分析最为有效；从实际应用上看，强力攻击最为可靠。

在分组密码中还有一个重要特例，那就是当分组长度为1时的情况；此时的密码称为序列密码或流密码，即每次只对一个比特进行模2加法的加解密。其安全性完全取决于相应密钥序列的预测难度；由于相关内容的数学味太浓，此处只点到为止。

总之，经过半个多世纪的发展，以分组密码为代表的对称密码，已成为现代密码学中的一个重要分支，其诞生和发展有着广泛的实用背景和重要的理论价值。目前这一领域还有许多理论和实际问题有待继续研究和完善，比如，能否设计可证明安全的密码算法，如何加强现有算法及其工作模式的安全性，如何测试密码算法的安全性，如何设计安全的密码组件等。分组密码的研究，主要包括三个方面：设计原理、安全性分析和统计性能测试。当然，从宏观上说，与所有其他密码类似，对称密码的设计与分析也是两个既相互对立又相互依存的研究方向；正是由于这种对立，才促进了它的飞速发展。

7.4 公钥密码

前面介绍的包括DES和AES等在内的所有对称密码，都存在一个共同的重要问题，一个困扰了密码学家们几个世纪的问题，即收发双方在消息的创建和传输前，必须共同协商一个密钥；换句话说，即所谓的密钥分发问题，或密文接收者如何获得解密密钥。比如，DES和AES密码的收发双方，只有在拥有相同密钥的情况下，才能进行安全通信。然而，若以电子方式发送该密钥，显然又是一个安全漏洞；因为一旦黑客截取了该密钥，那么DES和AES加密也就没意义了，因为此时的黑客已能够轻松阅读密文信息；换句话说，DES和AES的安全强度与密钥的安全强度等同。

唯一安全的密钥分配方式，就是通过特殊信使，它们将DES和AES密钥锁在公文包中，飞往全球各地。这就成了一个大问题，因为需要分配的密钥简直多如牛毛；比如，若有n个用户，那么，就得事先分配差不多$n \times n$对密钥。而且，这么多密钥的保存和管理也很困难，若这些密钥被张冠李戴了，那么就会要么泄密，要么让正常的通信双方无法正确恢复明文。

后来，1976年，即大约在美国政府公开征集DES标准算法期间，有三位数学家迪菲、赫尔曼和默克尔，合作解决了这个问题，提出了下面著名的DHM方案，可以在不安全的信道上共享密钥。此处之所以要强调1976年这个时间点，目的是想指出：1949年香农奠基了密码理论基础，现代密码学在沉寂了近三十年之后，第一个高潮终于出现了。几乎同时在实用方面，诞生了DES等对称密码；在理论方面，诞生了公钥密码（又称为非对称密码）。从此，现代密码学就进入了高速发展的快车道。

与对称密码的先驱不同的是，公钥密码的先驱，几乎都是标准的学院派；准确地说，几乎都是数学家，因为公钥密码大都涉及高深的数学领域。比如，提出下面DHM方案中的第一发明人，名叫惠特菲尔德·迪菲，生于1944年，从小就对编码和密码感兴趣。他毕业于麻省理工学院（MIT），并获得数学学士学位，然后他开始计算机编程。迪菲是一名和平主义者，在越南战争期间，他为一家国防承包商迈特公司工作，从而逃过了兵役。后来他转业到斯坦福人工智能实验室，但为追求自己的密码学兴趣，他又放弃了这份工作。一次在访问IBM沃森研究中心时，有人向他推荐了MIT的赫尔曼教授，因为那时后者正负责一个密码研究计划。随后，他俩就与默克尔一起，提出了DHM密钥交换方案。

DHM的第二位发明人，名叫马丁·赫尔曼，生于1945年。他喜欢交朋友，喜欢高空滑翔，喜欢极速滑冰，更喜欢徒步旅行；他讨厌战争，更是把20余年的激情，用于了反对核武器方面的运动。在"布朗克斯科学高中"毕业后，他考入了纽约大学电气工程专业；后来分别获得斯坦福大学的硕士和博士学位。1968年，他在IBM沃森研究中心工作，并在那里遇到了一位神秘人物，即那位后来设计DES的霍斯特·费斯特尔；后者令赫尔曼眼界大开，并对他随后的科研方向产生了深远影响。之后赫尔曼转到MIT，后来又回到斯坦福大学电气工程系，在那里他遇到了迪菲。1976年，他们联名发表了那篇标志着公钥密码诞生的著名论文——"密码学新方向"，文中提出了DHM方案。此处，由D和H联名的论文成果，为啥要多出一个M呢？原来，赫尔曼认为，该方案的思想，也部分来自另一位学者拉尔夫·默克尔。后来，赫尔曼和迪菲获得了2000年的马可尼奖，以及2015年的图灵奖；而默克尔也于1996年，获得了"计算机机械协会奖"。

好了，下面该简要介绍一下DHM密钥交换方案了。其实，该方案可用三个虚构的角色来解释：

假定甲和乙是通信双方，丙是窃听者。甲为了保证与乙通信的安全性，甲每次都必须使用不同的密钥；但问题是，甲必须把密钥告诉乙，但又不能让随时在线窃听的丙得到密钥。一种方法是，甲和乙直接见面交换密钥，这当然很不方便。另一种方法是，通过信使传送密钥，这种方法也很昂贵而且有风险，因为信使可能被贿赂、勒索或抢劫等。

于是，迪菲等就提出了另一种所谓的"双重锁"方法，从而圆满解决了这个问题：甲把密钥放在一个金属盒子里，用挂锁把它锁住，然后把盒子寄给乙；乙没有钥匙也无法打开该金属盒子，但是，乙不仅不设法打开盒子，反而将自己的挂锁也锁在盒子上，然后把盒子寄还给甲；甲再用他自己的钥匙，打开他自己的那把挂锁，再把盒子寄回乙；此时的盒子仍然安全，因为上面有乙的锁；乙第二次收到盒子后，只需用自己的钥匙打开盒子，就能读到里面的密钥了。

若把上述过程翻译成密码语言，就是：甲用自己的密钥加密信息，然后通过互联网把它发给乙。只要加密足够强，无论丙是否截获该密文都不重要了。乙没有密钥来解密甲的密文，所以乙便用自己的密钥重新对甲的密文再做一次加密运算，并把双重加密的密文发回给甲。然后，甲用自己的密钥解密，并将结果发回给乙。最后，乙用自己的密钥解密该消息，就能读取消息了。显然在一般情况下，这通常是行不通的；除非设计特殊的加密系统，使得甲和乙的加解密结果，不因加解密的顺序而受到影响；而幸运的是，迪菲等还真设计出了这种奇特的加密算法，其核心就是一种所谓的"单向函数"。

单向函数是一种不可逆函数，或难可逆函数。关于不可逆的事情，其实在日常生活中几乎司空见惯。比如，将一种颜料添加到另一种颜料中，是很容易的事情；但是，将混合后的颜料再次分离出原来的两种颜料，几乎是不可能的。又比如，推倒积木很容易，但重新搭起来就难了。数学中的单向函数，就是这样的函数，它的正向运算很容易，逆向运算却非常困难。比如，给定整数a、k和N之后，很容易计算出$a^k \bmod N$，这里的$x \bmod N$意指模运算，即用x除以N所得到的余数；但是，数学家们很早就知道，即使知道N、a和$a^k \bmod N$的值，如M，那么也无法快速求出k；换句话说，方程$a^k \bmod N = M$的求解问题，是一个非常困难的问题。

至此，迪菲等所设计的DHM密钥共享算法就出来了，即甲和乙可以事先公开约定相同的，甚至可以让窃听者丙知道的a和N；当然，a和N还得满足一定的数学条件。然后，甲秘密地选择一个整数s，乙则秘密地选择另一个整数t。最后，甲计算出$a^s \bmod N = M_1$，并将它公开传送给乙；同时，乙计算出$a^t \bmod N = M_2$，并将它公开传送给甲；于是，甲和乙就获得了一个相同的、只有他俩才能计算出的一个密钥值K（$K = a^{st} \bmod N$）；实际上，甲只需计算$(M_2)^s$，而乙只需计算$(M_1)^t$，且这两个值是相等的，它们都等于K。到此，甲和乙就商定好了一个密钥，但是他们并没有见面，密钥K也没有在不安全信道上传输。

由于丙不知道甲和乙的秘密数s,t，所以就猜不出密钥到底是什么。同时，甲也不知道乙的秘密数t，乙也不知道甲的秘密数s，因为他们从来没有交换过这些数字。当然，丙仍可用穷举所有的可能性，去寻找正确的密钥。但是，由于通常使用了非常大的数字作为密钥，因此这种穷举无论从有效时间角度，还是从经济成本角度来看，几乎都是不可行的了。

不过，DHM算法有一个致命弱点，那就是承受不起所谓的"中间人攻击"。啥叫中间人攻击呢？形象地说，假若甲与乙想偷偷握手，那他们只需将各自的手伸到台面下就行了；但是，假若此时桌下蹲着一位黑客丙，而丙只需用自己的左右手，分别与甲和乙握手，就可骗过甲和乙，他们还以为在彼此握手呢。具体说来，在DHM方案中，黑客丙只需要冒充乙就能与甲获得一个共同的密钥A，同时，丙再冒充甲就能与乙获得一个共同的密钥B；虽然A和B可能互不相同，但甲却以为自己是在与乙通话，乙也误以为自己在与甲通话，其实他们都在与丙通话，至于丙在甲和乙之间如何传话嘛，嘿嘿，那就是丙自己的事了。

特别说明，迪菲等的这个DHM密钥共享算法，其实早在20世纪60年代，就由英国政府通信部的密码学家威廉姆森发现了；但由于保密原因，一直未对外公开而已。

前面已说过，DES和AES是一种对称加密，即甲使用共享密钥向乙发送消息。丙虽能看到密文，但看不到明文，因为丙没有密钥；同时，在接收端，乙也使用共享密钥来解密消息。但是，除对称密码之外，在现代密码中，还有一种奇妙的非对称密码，也称为公钥密码，它的最初思路也来自迪菲。即在非对称密码系统中，有一个加密密钥，又有一个解密密钥，它们互不相同。然后，可以将加密密钥公开，这样一来，任何人都可以用它对消息进行加密。但是，只有掌握解密密钥的人，才能读取消息，而这个解密密钥需要保密。

公钥密码的思路，可类比为某种带挂锁的盒子：任何人只要按一下挂锁就可以锁上，但是，只有带钥匙的那个人才可以打开盒子。任何人都可以拿到带有甲的挂锁的盒子，并把消息放进去，然后按下挂锁，把盒子锁上；但只有甲才有钥匙打开盒子。对国内读者来说，公钥密码的思路，还可类比为带挂锁的信报箱，即任何人都可以通过信报箱的那条缝，把他的信息放进箱里（相当于加密运算）；但是，只有带钥匙的那个人，即信报箱的主人，才可以打开箱子，取出其中的信息。此时，信报箱的那条缝，就是主人的公钥，任何人都能用它完成加密任务（向信报箱里投信件）；而打开信报箱的那把钥匙，便是私钥，只有主人自己才拥有，别人都不知，所以，也就只有主人才能打开信报箱。

于是，公钥密码的原理，便可归纳为以下流程：

（1）在公钥密码系统中，每个用户都要生成自己的公钥和私钥，其中公钥公开，私钥自己保密；

（2）若甲要向乙发送信息，那么甲就用乙的公钥加密信息（乙的公钥是公开的，所以甲能够知晓它），然后将密文通过公开信道发送给乙；

（3）乙收到密文消息后，只需用自己的私钥解密就行了；而其他人都无法解密这段密文，因为大家都不知道乙的私钥。

若从数学角度来看，设计一种公钥密码系统，就相当于寻找一种特殊的函数，即陷门单向函数：如果不知道那个陷门，则该函数就是单向函数，即很难求解其逆函数；如果知道了陷门，则求解该函数的逆，一下子就变得易如反掌。如何来寻找这样的陷门单向函数呢？麻省理工学院的三位计算机科学家李维斯特、沙米尔和数学家阿德尔曼，历经3年的冥思苦想，在攻破了自己提出的至少32种密码方案后，终于共同合作找到了这样的数学函数，如今这个密码系统以三位发明者名字的首字母命名，即RSA。

与前面所述的单向函数类似，这时甲将利用两个大素数p和q的相乘，来创建密钥，即$p \cdot q = N$。这两个数字p和q是甲的私钥，被保留在甲自己的手中。它们的乘积N是公钥的一部分，甲将该公钥与另一个整数e一起，公开给所有人。由于所有信息，都是某种二进制代码；

所以，从本质上讲，它也是一个数字。于是，可将明文称为某个数字 M，将密文称为数字 C，而RSA的加密函数则是：

$$C=M^e \bmod N，任何人都能做加密运算$$

为了将消息解密，甲必须使用以下公式，计算出他的解密密钥 d，使得

$$d \cdot e=1(\bmod (p-1) \cdot (q-1))$$

于是，要想解密出明文消息，甲只需使用以下公式就行了：

$$M=C^d \bmod N，只有甲才能做解密运算$$

当然，在真正的应用过程中，素数 p 和 q 的取值将非常大，但把它们相乘计算出公钥 N 还是很容易的。但是一旦有了公钥 N，在不知道 p 和 q 的情况下，想把它分解回两个素数的乘积却是非常困难的。

据说，在思考RSA的过程中，第二位发明者沙米尔奇遇了这样一次灵感。当时，他正在滑雪场快速冲下陡坡，突然间就"有了一个出色的方案"。后来，沙米尔回忆说："我当时激动不已，以至下坡时把滑雪板都落在了身后，然后又弄丢了滑雪杆；可是，接下来，闪念间，我又再也想不起刚才的方案到底是什么了！"至今，沙米尔也不敢确定，当时他是否与某个绝妙的公钥密码系统失之交臂。

其实，关于公钥密码的真正先驱者，并不是上述的迪菲、赫尔曼、默克尔、李维斯特、沙米尔或阿德尔曼等公开英雄，虽然他们确实重新独立发现了公钥密码系统，但真正的公钥密码先驱，应该是英国政府通信部的密码学家詹姆斯·埃利斯，他早在20世纪60年代就已经提出了这个突破性的思想，只是因为他受到当时的国家保密法的约束，而被禁止公开报道而已。不过，由于埃利斯不是数学家，所以，他确实从未设计出真正的公钥密码算法；反倒是他团队中的一个年轻

人，剑桥大学毕业生柯克斯花了不到半个小时，就设计出了后来称为RSA的东西，只可惜，仍然因为保密，柯克斯的成果也始终未对外公布。总之，英国没兴趣与全球共享他们的密码发明，只想独占它们，以保护自己的秘密；幸好，美国密码学家顶住了来自NSA的压力，公开了他们的发明，以至如今，密钥共享方案和RSA一起，已成为非常成功的商业产品。比如，全球各个国家的国内生产总值的一半，都是通过世界国际金融电信协会而实现的，而该协会在提供银行之间的安全通信时，所使用的密码方案都主要是公钥密码体系。

RSA最终能被公开发表，其实也有不少精彩的内幕。据说，RSA刚向国际著名学术刊物IEEE IT投稿后，编辑部就收到一封来自美国国家安全局的恐吓信，声称：涉及密码学的出版物可能违反1954年的《军火管制法》《武器出口管制法》《国际武器贸易条例》等。换句话说，从事密码研究的民间人士，可能会受到类似于核武器研制的限制；所有密码学论文，在发表前，都必须经过NSA的审查；信中还明确表示：原子武器和密码学，也同样包含在特殊的保密法中。可哪知，这封挑衅性信件不但没吓住编辑部，反而激怒了公众，更促使IEEE于1977年10月10日，在康奈尔大学召开了一次密码学专题研讨会；RSA的三位作者都在研讨会上做了精彩报告；著名的《科学》杂志，也对研讨会和那封挑衅信进行了公开报道。

但当时在那个研讨会上做密码报告，其实也是相当危险的。据赫尔曼回忆，当初到底由谁在会上报告DHM方案，也经过了一番波折。从扩大学术影响角度看，赫尔曼本想让那几位在DHM方案设计中做出杰出贡献的学生上台演讲，但学生们的父母都不同意，学生们自己也害怕因得罪NSA而惹上官司；于是，已是终身教授的赫尔曼，一咬牙，一跺脚，就豁出去了；自己亲自冲上讲台，承担了这次风险。"幸好，有惊无险！"赫尔曼后来怀着后怕的心情回忆说。不过，赫尔曼做报告时，还是让学生们站在台前，让大家在同行面前，安全地露了一次脸。迪菲虽未在研讨会上做报告，但他在一个非正式会议上也发表了演讲，以此表明：他并未被NSA吓倒。总之，现代密码学能够发展到今天，我们真该感谢这些前辈：感谢他们的智慧，更感激他们的勇气。

公钥密码发展到现在，当然早已不止RSA一种了；实际上，在各类学术刊物上发表的公钥密码系统，至少有上百种之多。其中，比较有影响的主要还有盖莫尔加密算法、背包算法、格密码、多变量密码、Rabin、椭圆曲线加密算法等；不过，由于它们的数学味太浓，此处就不做介绍了。但是，任何公钥密码系统的设计难点和重点都是相同的，那就是如何防止黑客从公开的公钥中，反向推导出相关用户的私钥。毕竟，公钥和私钥是成双出现的，从严格的数学理论上来说，它们是彼此对应的，由公钥肯定能反推出私钥；但是，好的公钥密码系统必须能够阻止黑客的这种行为，换句话说，黑客的反推将非常复杂，以至从成本和工程实现等角度看，根本就不可行，或得不偿失。

归纳一下，若与DES和AES等对称密码相比较，公钥密码具有以下特点：

首先，公钥密码巧妙解决了密钥更新、管理与分配的困难，最终用户不再需要提前交换密钥，因为此时有两种密钥，且其中的一种是公开的，因而就无须像对称密码那样事先传输密钥。

其次，由于公钥密码算法通常都很复杂，几乎都是由尚未解决的数学难题演化而来的，所以其加解密速度相对于对称密码来说，普遍偏慢，甚至要慢上千倍。因此，在实用中的技巧经常是这样的：用公钥密码来传递只有收发双方知悉的密钥，然后，用该密钥来操作某个对称密码，从而实现快速的加解密过程，即将对称密码和公钥密码混合使用。

再次，公钥密码的安全性，在很大程度上依赖于相关数学难题；万一这些难题有朝一日被解决了，那么相应的公钥密码系统也就彻底被打破了。比如，一旦量子计算机成为现实，那么将有超强的并行算法，可以很快完成大数的分解；于是，以RSA等为代表的众多类似的公钥密码系统，将全部被淘汰。另外，在公钥密码对应的陷门单向函数中，陷门的设计也很重要，一旦陷门出现漏洞，相应的公钥密码也将被彻底破译；实际上，许多公钥密码就是这样被破译的。

最后，公钥密码的功能，当然不仅仅限于加密和解密；其中比较有代表性的扩展功能和应用，将在7.5节中介绍。

7.5 密码认证

密码的大规模民用化，自然会在网络通信中产生新的需求，出现新的问题，从而为现代密码学增加新的研究内容；因为与小规模的军用密码系统相比，在民用密码系统中，用户彼此之间的信任度早已大幅度降低。比如，如何防止收信方篡改消息，把"传皇位十四子"改为"传皇位于四子"，毕竟，与纸质文档不同，电子文档的修改可以不留任何痕迹；于是，这便引出了所谓的消息认证需求。又比如，如何确认发信方确实是他自己所声称的那个人，毕竟在网上，你甚至都很难搞清对方到底是人还是狗；于是，这便引出了所谓的身份认证需求。归纳而言，除信息加密之外，现代密码的另一项重要任务，就是密码认证；幸好，加密和认证彼此密切相关，它们共同组成了现代密码学的两个主体。

本节将主要介绍密码认证方面的内容，当然，尽量揭示认证与加密间的关系。

7.5.1 数字签名

日常生活经验告诉我们，为了防止你的纸质文件被他人篡改，最简单也最可靠的办法就是签字或盖章；如此一来，恶意者即使可以篡改文件内容，但却很难伪造你的签章，从而也就无法蒙混过关。但是，当你的文档是电子版本时，情况就不那么简单了；因为，即使你粘贴上你的手写签名电子版，恶意者在篡改了你的文件后，照样也可以将你的签名粘贴在修改后的文档上，而不留下任何传统意义上的痕迹。此时该咋办呢？嘿嘿，有办法，不用愁，因为密码学家早已为你准备了一种全新的技术，即数字签名技术。

所谓数字签名，就是手写签名的电子对应物，也具有"合法签名易，伪造签名难"和"可以仲裁"等功能。同时，它与手写签名也有一些相异点。比如，手写签名是被签名文件的物理组成部分，而电子签名则可与被签名文件分离；手写签名的工作量与被签名文件的大小无关，而数字签名则是对被签名文件的某种数学运算；手写签名的验证采用与真实签名比较异同的方法，而数字签名则采用公开的验证算法来实现；手写签名与其拷贝很容易区分，而数字签名则与其拷贝完全一样；数字签名可以用于所有数字文档，无论它们是文本、音频或视频等。

此外，数字签名的种类更加丰富，例如：一次性签名，只能一次性地验证所签文件的真假；防抵赖式签名，对操作行为或操作者的身份进行验证；防篡改式签名，对文件是否被修改进行验证；故障停止式签名，事后能发现伪造签名的无效性；组签名，只有组员才能签名，且签名者的身份不会被暴露，在必要的仲裁时可辨别签名者；多重签名，相当于多方合同的签名；批签名，相当于骑缝章；代理数字签名，相当于授权签名；等等。

数字签名可用公钥密码算法来实现，实际上，数字签名就是非对称密码的一种重要功能。比如，在公钥密码系统中，如果用户甲要对某个消息签名，那么他只需要用自己的私钥对该消息加密，然后将它公开或发给签名文件的收信方乙。为了验证该签名是否真实，乙只需用甲的公钥，再对签名文件进行一次运算就行了；如果输出结果是甲声称的那份文件，就说明签名有效，文件未被任何人篡改；如果输出结果是乱码，就说明签名无效，或文件曾被篡改过。当然，数字签名的算法还有很多，而且大都相当复杂，这里就不再细述了。

数字签名不但可以防止消息被篡改，还可防止身份被假冒。这可以用公钥密码的信报箱模型来形象解释。比如，甲若想确认乙的身份是否为真，那么甲只需要随便将一份文件扔进"那个声称是乙的信报箱"中，然后请乙通过公开信道传回信报箱中的文件内容；如果乙能正确回复，那他就是那个信报箱的主人，从而其身份得到认证，因为只有乙才拥有打开那个信报箱的钥匙；否则，乙就无法回复甲的要求。当然，与数字签名类似，身份认证也是一个非常复杂的专门课题，这里也不再细述。

数字签名其实是"只有信息发送者才能产生的、别人无法伪造的"一段数字串，它同时也是对所发信息真实性的一个有效证明，它可用于解决数字世界中的伪造、抵赖、冒充和篡改等问题；数字签名也是附加在数据单元上的一些数据，或对数据单元所做的密码变换；它们被用于确认数据单元的来源和完整性，用于保护数据，防止被伪造。一套数字签名，通常由两种互补的运算组成；其中，一个运算用于签名，另一个则用于验证。数字签名是公钥密码的一种应用。

数字签名的功能主要有以下几种：

鉴权，即让信息接收者确认发送者的身份，若身份不符，就拒绝其信息。比如，若某银行储蓄所向其后台管理系统发送的指令，就该被执行；因此，储蓄所在收到某甲的100元存款后，就向后台发送某个指令X，从而在某甲的账户上增加100元。但是，若某甲是黑客，且已截获了指令X，如果没有鉴权，那么，某甲便可以反复向后台发送X指令，从而使得自己的账户金额越来越多；这便是所谓的"重放攻击"。但是，如果银行系统拥有良好的鉴权功能，那么同样的指令X，由储蓄所发出时就有效，而由别人发出时就无效，甚至报警。

完整性保护，即防止消息在传输过程中被修改。黑客虽然无法读懂加密消息，但他可以修改消息，比如，切掉消息的一部分，因为在分组加密中，明文消息是分组独立进行加密和解密操作的；所以，从理论上看，黑客就有可能将纪晓岚的颂歌"这个婆娘不是人，九天仙女下凡尘"中的后一句话去掉，变成与原意完全相反的骂人帖"这个婆娘不是人"。数字签名能及时发现消息是否被修改。

不可抵赖性，即消息的接收方可以通过数字签名来防止所有后续的抵赖行为，因为接收方可以出示签名给别人，以此证明信息的来源。比如，如果某甲拥有一张某乙签过字的借款单，那么某乙就无法抵赖自己欠账的事实；数字签名也是这样的。

数字签名的应用当然涉及法律问题，幸好，在2000年的《中华人民共和国合同法》中，已有条款首次确认了电子合同、电子签名的法律效力。从2005年4月1日起，中华人民共和国首部《电子签名法》已正式实施。换句话说，数字签名与手写签名一样，也都具有同等的法律效力了。

7.5.2　数字指纹

数字签名与手写签名相比，还有一个重大区别，那就是：无论文件的内容有多大（当然假定它们都写在同一页纸上，哪怕这张纸很大很大），该文件的手写签名工作量都几乎是相同的，即都是简单地写一下自己的名字而已；但是，对数字签名系统来说，待签名的文件越大，其签名的计算量也就越大；特别是，假若待签名的文件是一段视频，那么对它进行签名的速度将会很慢，而且还会消耗大量的计算资源。

如何提升数字签名的速度呢？思路之一是提升签名运算本身的速度，这显然只是在治标，而非治本；因为随着数字化进程的加快，待签名的信息将越来越多，无论签名算法有多快，都很难应付越来越多的计算量需求。思路之二是采集待签名文件的"指纹"，然后，只对指纹信息进行签名就行了；如此一来，无论待签名的信息有多大，它的"指纹"信息几乎都差不多一样大，正如大人的指纹并不比小孩的指纹复杂一样。其实，后一种思路在人们的日常生活中也经常使用。比如，为了验证某人的身份，只需验证他的指纹就行了，几乎不需要对他进行全身三维扫描来做比较。

那么，又如何确定某条信息的"指纹"呢？为此，先归纳出指纹的基本特性：

一是确定性。指纹不同的人，肯定是不同的人；换句话说，每个人的指纹都是确定的，不可能出现两个不同的指纹。对数据来说，就该是："指纹"不同的信息，肯定是不同的信息；换句话说，每条信息的"指纹"都是确定的，不可能出现两个不同的"指纹"；

二是碰撞性。指纹相同的人，很可能是同一个人；注意，这里只用了"很可能"来断言，因为古往今来没准真有某两个人的指纹相同。对数据来说，就该是："指纹"相同的信息，很可能是同一条信息。同样，这里也只用了"很可能"来断言，因为一般来说，信息的"指纹"都较短，比如，只有n比特，那么"指纹"的总数就最多只有2^n个；另外，数据信息的个数显然远远超过2^n，无论n被事先定为多大。所以，从数学角度看，肯定至少有某两个不同的信息，它们拥有相同的"指纹"；这便是数学中的所谓"鸽子洞原理"。但是，从工程实践角度看，如果提取"指纹"的算法设计得足够好，那么任何人都很难找到某两条不同的信息，使得它们具有相同的"指纹"；而事实证明，这一点确实可以做到。

三是不可逆性。即仅根据某条信息的"指纹"，无法反推出那条信息。这一点与人的指纹略有区别，因为全球人数并不多，完全可以将所有人与其指纹的对应表预存进电脑中，因此便可根据指纹，反推出指纹的主人；但是，在数据世界中，"指纹"数量非常大（比如，超过 2^{64}），再加上每个"指纹"对应的信息更是奇大无比，根本无法像对待人那样建立一个数据库，因而就具有不可逆性。

四是混淆性。即使某两个人长得很像，比如，同卵双胞胎，他们的指纹也可能相差很大。对数据来说，就应该是：若某两条信息只有很少的差别，甚至只有一个比特之差，但它们的"指纹"可能千差万别。特别是在所谓的"强混淆"情况下，1比特的信息差，可能导致它们的"指纹"有天壤之别，即有一半以上的"指纹"比特互不相同。

那么，满足以上全部四个特性的数据"指纹"是否存在呢？嘿嘿，还真存在，它们就是密码学家们所称的哈希函数（Hash），又称为散列函数 H。用数学语言来说，理想的哈希函数 H，将满足这样的条件：

对每一条信息 X（通常是长消息），将它作为函数 H 的输入，然后产生一个"指纹"输出 $H(X)$，它通常是短消息（比如，64比特长），并且满足如下条件：

条件（1），对任何信息 X，无论它有多大，$H(X)$ 的计算都能快速完成。

条件（2），如果 $X=Y$，那么必有 $H(X)=H(Y)$；反之，如果 $X\neq Y$，那么，很可能 $H(X)$ 也不等于 $H(Y)$。

条件（3），由 $H(X)$，不能反向推导出 X。

条件（4），即使 X 与 Y 相差很小，$H(X)$ 和 $H(Y)$ 之间也可能相差很大。

条件（5），很难找到两条不同的信息 X 和 Y，使得 $H(X)=H(Y)$；如果真出现了这样的一对 X 和 Y，那就称为出现了一次"碰撞"。这一条要求对数字签名非常重要，如果出现了一次碰撞，那么黑客便可以用某人对消息 X 的签名（其实是对 $H(X)$ 的签名），去替代对消息 Y 的签名，从而成功伪造了一次签名。

其实，早在20世纪50年代，哈希函数的概念就已经出现了；只不过当时并不是为了密码应用，而仅仅是为了数据库管理。直到1974年，密码学家西蒙斯才隐约提出了类似于哈希函数的需求。1981年，马克·韦格曼和拉里·卡特两人终于将哈希函数与现代密码学联系起来，从而解决了数字签名的快速运行问题。

到目前为止，比较著名的哈希函数主要有MD5、HAVAL-128、MD4、RIPEMD、SHA-1、SHA-2、SHA-3、HMAC-MD5、MD5-MAC、SIMON、Keccak-MAC等，此处不打算再做介绍，因为它们实在太复杂。不过，需要特别强调的是，中国学者在寻找哈希函数的碰撞方面的工作，还是相当出色。比如，中国科学院院士王小云和冯登国都在破译国际著名哈希函数方面，取得了重要成就。

除数字签名和数据库管理之外，哈希函数还有许多其他应用，比如，最近国内很火的区块链，它本质上其实就是哈希链。又比如，在微支付等特殊情况下，哈希函数还可代替公钥密码，以节约计算资源。归纳而言，哈希函数既是数字签名的加速器，即不是对长消息本身进行签名，而是对长消息的哈希值进行数字签名；也是现代密码学中的一个重要基础函数；它能将任意长的消息，压缩成固定短的消息，而且还能实现所谓的"无碰撞"。

7.5.3 零知识证明

结束本章之前，再介绍现代密码学中的两个烧脑问题和极其巧妙解决办法，以此显示现代密码学的娱乐性。其实，从古至今，密码学在一定程度上都始终与各种游戏密切相连，这也是为啥许多密码学家都是游戏高手的原因。

第一个烧脑问题，是所谓的零知识证明问题。啥叫零知识证明呢？它指的就是证明者能使验证者相信某个论断，却不向他提供任何有用信息；猛然一听，这好像压根儿就不可能。然而，零知识证明确实可能，而且还在现代密码学中非常有用；它的本质就是一种涉及两方或多方，共同完成某项任务所需的一系列步骤。比如，证明者向验证者证明"自己拥有某一消息"，但在证明过程中，始终不向验证者泄露有关该消息的任何信息，即向对方提供的"知识"为"零"。

零知识证明的案例，早在16世纪文艺复兴时期就出现了。当时，有两位意大利数学家塔尔塔利亚和菲奥，都宣称掌握了一元三次方程的求根公式。于是，为了证明自己才是真正的发现者，他们就采用了零知识证明方法；因为他们不能按常规，把自己掌握的求根公式亮出来，否则，李鬼就只需说"我的公式与他亮出的一样"就行了，而且在场的其他人今后也有机会宣称自己"掌握了一元三次方程的求解公式"。

实际上，他们的做法是：摆开一个擂台，双方各提出30个一元三次方程让对方求解，谁能全部给出正确答案，就意味着谁真正掌握了这个公式。终于，比赛结果显示，塔尔塔利亚解出了菲奥出的全部30

个方程，而菲奥一个也没解出。所以，大家都相信了塔尔塔利亚，并且在场的所有其他人，仍不知这个求解公式到底是啥。

现代密码学中的零知识证明系统，包括两部分：宣称某一命题为真的示证者和确认该命题真伪的验证者。证明过程通过这两部分间的交互来完成。下面通过三个实例来展示零知识证明的全过程。

例 1，甲要向乙证明自己拥有某个房门的钥匙，而且假设该房间没有其他入口。这时，甲有两种证明法：其一，甲把钥匙出示给乙，乙再用这把钥匙打开房间的锁，从而证明甲确实拥有钥匙，这显然不是零知识证明，因为甚至乙可能偷偷复制一把钥匙。其二，乙要求甲把房间中的某个特殊物件拿出来，于是，甲开锁进屋，然后取出那物件送到乙面前就行了；这便是零知识证明，因为在整个证明过程中，乙始终见不到钥匙，从而避免了钥匙信息的泄露。

例 2，甲拥有乙的公钥，但是，甲却没有见过乙，而乙却见过甲的照片。某天，两人偶然见面了，乙认出了甲，但甲不能确定眼前这人是不是乙。这时，乙若想向甲证明自己是乙，他也有两种方法：其一，乙把自己的私钥给甲，甲用乙的公钥，对某个数据加密，然后用乙的私钥进行解密；如果正确，则证明对方确实是乙。这显然不是零知识证明，因为甲得到了乙的私钥。其二，甲给出一个随机信息，并使用乙的公钥对其加密，然后将所得到的密文交给乙，乙再用自己的私钥对密文解密，并将结果展示给甲：如果该结果与甲给出的随机信息相同，则证明对方确实是乙。这也是一种零知识证明，因此，从某种意义上说，数字签名也是一种零知识证明。

例 3，有一个封闭的环形长廊，其出口和入口距离很近，但长廊中间的某处被一扇门隔开，门上有一把锁。甲若要向乙证明自己拥有该门的钥匙，那么甲可以采用以下的零知识证明：让乙看着自己从入口进去，然后再从出口走出就行了。这时，乙未得到任何关于这把钥匙的信息，但却只能完全相信"甲拥有那把钥匙"。

7.5.4 公平协议

第二个烧脑问题，是所谓的公平协议问题。在网络和现代密码的许多活动中，各参与方当然都希望追求绝对的公平，但如何才能实现绝对公平呢？你也许认为压根儿就不存在所谓的"绝对公平"，比如，在日常生活中谁都知道，税收起征点无论怎么确定，都总会有人觉得自己吃亏了，觉得社会不公。情况真的是这样吗？当然不是，其实密码学家们就给出一些绝对公平的解决方案。比如，下面介绍3种"绝对公平"协议。

情况1，当只有两个利益集团紧盯某一"蛋糕"时，"绝对公平"协议很简单：你切，我选！即由一个利益集团来把"蛋糕"分切为两块，而由另一个利益集团来先挑选其中任何一块！

情况2，若有三个利益集团（A、B、C），都同时盯上了某"蛋糕"时，则按下述步骤，便可得到"绝对公平"的协议，使得每一方都坚信自己得到了最大利益，因为每一方都没有理由抗议，否则就是在抗议自己。

第1步，A按自己的标准把蛋糕均分为三块，至于是否真的是"均分"并不重要，只要A自己认可"是均分"就行了，毕竟，是他自己切割的，他肯定坚信自己很公平。

第2步，若B认为A分的最大两块，是一样大的；那么三集团就按C、B、A的顺序，各自选蛋糕块就行了。

第3步，若B认为A分的三块中，某块M最大；他就从M削去一小块R，使之与第二大的那块一样大，并把R放在一边。然后由C先选。

第4步，若C未选M，那么要求B必须选M；若C选走M，那么再按

B、A的顺序各选一块蛋糕。

第5步，B和C中未选M的那位，把R分成三份，让B和C中拿了M的那位先挑一份，然后A选一份，最后一份留给第三个人。结束。

情况3，N个利益集团的情况。如果有N个利益集团都同时盯上了某块"蛋糕"，那么问题就复杂了！此时的"绝对公平"协议由下列几个步骤组成。

第1步，先把N个利益集团排好顺序，比如，抽签排序等。

第2步，第1个利益集团切出它认为的1/N。

第3步，其余的利益集团按顺序，每个都判断一下，这一份是不是太大。若是的话，就削掉一点并进原来的"蛋糕"；若不是的话，就跳过。

第4步，所有N个集团都判断过后，这一块给最后削过"蛋糕"的那个集团；如果没有人削过蛋糕，那么，这块给第1个利益集团。

第5步，重复前面的"第2步"至"第4步"，直至最后只剩两个集团，用我切你选的方式决定（见情况1）就行了。

现代密码学的烧脑问题还有不少，本章就暂且到此了。不过，随着网络化和数字化的发展，加密的需求将越来越大；所以密码编码、解码和破译之间的对抗，将不再限于国家之间，而是会随时随地出现在任何可能的组织之间，甚至是黑客个人与组织之间，或个人与个人之间等。

总之，密码对抗将越来越白热化，甚至还会出现许多新的攻防对抗方法。比如，虽然无法破译信息的具体内容，但可以通过流量分析，推断出"谁在向谁发送消息"等。又比如，键盘等任何电子设备都会发出无线电波，因此，黑客就可以在用户加密前，以明文形式窃听到信息等。

第8章

未来密码

什么是未来密码？现在当然不便下定论，但相关的趋势却早已初露端倪。未来密码至少将有两大主流：算法类密码和非算法类密码。

这里的算法类密码，是现代密码的不断延续，更多更新的数学手段，将被引入密码领域，甚至有人说：第一次世界大战是"化学家的战争"，因为战争中使用了大量化学武器；第二次世界大战是"物理学家的战争"，因为战争中使用了原子弹；第三次世界大战将是"数学家的战争"，因为战争将主要在网上进行，而且攻守双方的"武器"也将主要是以各种密码为代表的数学算法。但是，未来的算法密码，将与今天的现代密码完全不同，它们至少要经受得起以量子计算机和DNA计算机为代表的超级并行运行的攻击；比如，有人已经从理论上证明了：RSA等基于大数分解的密码，将在量子计算面前土崩瓦解；DES和AES等对称密码，在DNA计算机面前，将毫无招架之功；换句话说，待到量子计算机或DNA计算机投入大规模实用之日，便是许多现代密码被淘汰之时。幸好，现在的密码学家们已经未雨绸缪，开始设计"抗量子密码"的算法类密码了；但在"抗DNA计算密码"方面还暂时不知所措。不过，我们坚信，密码领域的博弈，从来都是水涨船高：既不会出现能刺穿所有盾的矛，也不会出现能阻挡所有矛的盾。

以量子密码为代表的非算法类密码，也将成为未来密码的主流之一。它将利用一些神奇的物理现象，比如，量子纠缠和测不准原理等，来设计一些新的密码体系。至于这类密码何时能成为现实，敬请各位拭目以待。但是，有两点必须明确：其一，无论今后的非算法类密码多么先进，它们都不可能"绝对安全"，否则必将为自己的吹牛付出沉重代价，毕竟，黑客是不相信牛皮的；其二，量子时代是社会发展的必然，量子技术的广泛应用将不可避免，因此，必须充分重视量子密码学。其实在历史上，密码学家一直就以开阔的胸怀，接纳所有先进的理论和技术，只要它们对密码的设计和破译有用，他们全都会毫无成见地照单全收。

8.1　密码破译前提

无论未来密码怎么发展，它的研究始终都可分为两个方面：一是守卫，即千方百计设计出一些新型密码，使得对手无法破译；二是攻击，即千方百计攻破对方所设计的密码，从密文中恢复出明文。可见，密码的发展史，就是攻守双方的斗争史。

对密码的攻击可分为两大类：一是主动攻击，即黑客主动窜扰，采用删除、增添、重放、伪造等手段向系统注入虚假消息，达到利己害人的目的，比如，假若某种"量子密码"仅依赖"黑客一旦窃听，将导致被窃信息瞬间变态"这样的事实的话，那么此种密码将根本经受不住"不间断窃听"的主动攻击，最终将鱼死网破，让合法的通信双方也不能交流，这样的保密显然就没意思了，这样的"量子密码"也更谈不上绝对安全了；二是被动攻击，即黑客不窜扰系统，而只是根据其所掌握的信息，来破译密码。甚至有时，把对方的密码破译后，也严格保密，只在最关键时刻才使用。被动攻击显然将主要应用于算法类密码。当然，在实际应用中，常常是"主动"与"被动"攻击同时使用。

虽然在实际（特别是军事和外交）使用中，有关密码机和密码算法的所有细节都是保密的，但是作为学术研究，一定要假定破译者知道一些什么东西，这既是对密码设计者的更严格要求，也是密码领域的共识。所以，某些密码外行，在随便设计了一个什么密码后，一方面决不向外界透露半点信息，另一方面又迫不及待地宣称"绝对安全"；面对这样的自吹自擂，我们只好淡淡一笑而已。

根据破译者知道的信息多少，对密码的学术破译，主要是被动攻击，其可分为四类。

第 1 类，唯密文攻击，即此时破译者只知道加密过程与一些密文，只能利用统计、穷举等方法来识别明文。这对破译者是最不利的情况，而又是最接近实际场景的破译前提，比如，一战和二战中的密码之战，都是这种情况。当然，如果相关密码，连这种攻击都承受不了，那肯定就不算安全。比如，若借助现代计算机去破解古代的恺撒密码或二战中的机械密码等，那就轻而易举了！

第 2 类，已知明文攻击，即破译者知道过去的一些明文和密文对，可以利用已知的"明文密文对"进行攻击，计算出当前密文所对应的明文。形象地说，针对某款加密机，破译者过去已有过成功的破译案例，现在又截获了新的密文，需要破译。这也是很接近实际场景的破译前提，比如，二战中，除美国的 SIGABA 密码之外，所有其他密码机都曾被破译过，因此，都可纳入这类攻击。

第 3 类，选择明文攻击。此时，破译者能够任意选择明文，并得到相应的密文；即破译者可利用密码的结构，充分展开破译攻击！形象地说，破译者已潜入了对方的"加密机房"，并可使用加密机房的所有东西（当然，假设"加密机房"和"解密机房"是完全不同的）。显然，此时对破译者很有利，而在民用密码中，这种有利情况是常见的，因为加密算法的所有细节都是公开的。所以，从纯学术角度看，设计民用密码的难度更大。

第4类，选择密文攻击。此时，破译者能够选择密文并得到对应的明文，他可利用对密码结构的知识进行攻击。形象地说，破译者曾经潜入过对方的"解密机房"并刚刚离开那里后，就得到了新的破译任务！比如，把对方的译码员俘虏过来，为自己破译密码。显然，此时对破译者最有利，如果对手还没来得及更换密钥，那么破译就轻而易举。在学术研究中，假定密钥已被更换。若密码机能够承受得住"选择密文"攻击，那么就认为，这是好的加密机！在民用密码算法设计中，都必须进行"选择密文攻击"的测试。

一种密码算法，到底安不安全，用什么东西去度量呢？

在学术上，主要有两种考虑：其一，称为无条件安全，即由于未泄露足够多的信息，无论计算能力有多大，都无法由密文唯一确定明文；其二，称为计算安全，即在有限的计算资源条件下，密文不能破解，如破解的时间超过地球的年龄等。如今，理论上已经证明，除非在"一次一密"中，随机密钥至少和明文一样长，才能达到无条件安全。否则，再无其他无条件安全的加密算法了。

在实际中的安全测度主要有：（1）破译密文的代价，超过被加密信息的价值；或（2）破译密文所花的时间，超过信息的有效期等。

当然，在实际操作中，密码的破译方法，可以用"不择手段"来形容。比如，对密钥进行穷举，即对所有可能的密钥进行一一测试，看看到底哪个才是真正的密钥。穷举的方法主要有暴力破解和字典攻击。又比如，采用诸如美人计、间谍法等社会工程学方法来获得密钥，因为密钥才是密码系统的核心，寻找密钥是最有效的破译途径，一旦破译了密钥，就能够轻易破解密文。但是，一般很难把密钥连根破译，因此，在实操中，常常借助各种手段，包括但不限于计算、猜测、统计、间谍等，把当前的密文的全部或部分信息破解出来。

总之，聪明人制造了密码，等待更聪明的人去毁灭它。密码战，是没有硝烟的战争，是人类智力的较量，更是密码破译发展史中最重要的一部分。

8.2 量子计算机

对所有算法类密码的最大威胁，将来自各种超强的计算，特别是以量子计算机和DNA计算机为代表的大规模并行计算。比如，用未来的量子计算机，完全可能轻松破译如今的RSA。但是，量子计算机何时才能真正实现呢，何时又才能投入使用呢？也许很快，因为媒体上经常都有爆炸性新闻出现；也许还早着呢，毕竟这可能是计算机世界的一场大革命，是不以人们的意志为转移的。本节将尽可能简单地介绍量子计算机相关知识及其进展，以供大家参考。

量子计算机是一类遵循量子力学规律，进行高速数学和逻辑运算、存储及处理量子信息的物理装置，简单地说，它是一种可以实现量子计算的机器，能存储和处理量子力学变量的信息；它以量子态为记忆单元和信息储存形式，并以量子动力学演化为信息传递与加工基础，同时以量子态的演化为计算结果。在量子计算机中，硬件元器件的尺寸，可达到原子或分子的量级。量子计算机使用的基本量子规律包括：不确定原理、对应原理和波尔理论等。量子计算机的概念源于对可逆计算机的研究，其目的是解决计算机的能耗问题；因为在量子计算中，函数计算不必通过经典循环方法，而是直接通过幺正变换得到，这就大大缩短了功耗，真正实现了可逆计算。

量子计算机的特点主要有：运行速度较快、处置信息能力较强和应用范围广等。与一般计算机相比，若需处理的信息量越多，量子计算机就越有优势，也就越能确保运算的精准性。因为量子计算机对每一个叠加分量实现的变换，相当于一种经典计算；所有这些经典计算同时完成，并按一定的概率振幅叠加起来，给出量子计算机的输出结果。这种计算称为量子并行计算，也是量子计算机的最重要优势，比如，量子计算机以指数形式储存数字，通过将量子比特增至300，就能储存比宇宙中所有原子还多的数字，并能同时进行运算。

传统计算机通过电路的通断来区分0和1，其基本单元为硅晶片；而量子计算机的基本单位叫位子量，又叫"昆比特"（qubit），也叫量子比特；它通过两个量子态来表示0或1，以两个逻辑态的叠加形式存在。比如，光子的两个正交的偏振方向，或磁场中电子的自旋方向，或核自旋的两个方向，或原子中量子所处的两个不同能级，或任何量子系统的空间模式等。

量子计算机也由硬件和软件组成，软件包括量子算法、量子编码等；硬件包括量子晶体管、量子储存器、量子效应器等。

量子晶体管通过电子高速运动来突破物理的能量界限，从而实现晶体管的开关作用。这种晶体管控制开关的速度很快，比普通芯片运算能力强，而且对使用环境的适应能力也很强。

量子储存器的储存效率很高，它能在很短时间里，对任何计算信息进行赋值，是量子计算机最重要的部件之一。

量子效应器是一个大型的控制系统，它能控制各部件的运行。

下面简要介绍量子计算机的里程碑事件。

1981年，美国阿拉贡国家实验室的贝尼奥夫，最早提出了量子计算思想，并设计了一台可执行的、有经典类比的量子图灵机。

1982年，美国著名物理学家费曼发展了贝尼奥夫的设想，在一次公开演讲中，提出了利用量子体系实现通用计算的新奇想法，并坚信：若用量子系统构成的计算机来模拟量子现象，其运算时间将大幅减少。

1985年，英国牛津大学物理学家杜斯，提出了量子图灵机模型。他在一篇论文中证明了：任何物理过程，原则上都能很好地被量子计算机模拟；并提出了基于量子干涉的计算机模拟，即"量子逻辑门"概念；还指出了量子计算机的通用化问题，以及量子计算错误的产生和纠正等问题。

但是，到了20世纪80年代中期，由于多方面的原因，量子计算机却被冷落了。这主要是：首先，当时的模型都把量子计算机看成孤立系统，而非实际模型；其次，遇到了许多实际困难，比如，相干、热噪声等；再次，量子计算机还容易出错，且不易纠正；最后，在解决数学问题方面，人们也不清楚量子计算机是否比经典计算机更快。

1994年，AT&T公司的肖尔博士，发现了因子分解的有效量子算法。1996 年，格罗弗也提出了一种量子算法，它威胁到诸如AES、SHA-1、SHA-2等对称密码算法和哈希函数。正是这些公钥密码、对称密码和哈希函数的潜在被破译风险，开启了量子计算新阶段。从此以后，新的"抗量子密码算法"也被陆续提出；另外，物理学家也开始努力建造真正的量子计算机，以期真正完成这些破译任务。由此可见，密码对量子计算机的发展，也是功不可没的。

1996年，洛伊德证明了费曼的猜想，并指出：模拟量子系统的演化，将成为量子计算机的重要用途，量子计算机也可建立在量子图灵机的基础上。从此，量子计算的理论和实验研究才开始蓬勃发展，各国政府和各大公司也纷纷制定针对量子计算机的一系列研发计划。

密码简史

美国政府先后于2002年12和2004年4月，制定了名为"量子信息科学和技术发展规划"的研究计划：争取在2007年，研制出10量子比特的计算机；到2012年，研制成50量子比特的计算机。2009年11月15日，美国国家标准与技术研究院（NIST），研制了可处理2量子比特的量子计算机。美国陆军也计划到2020年，在武器上装备量子计算机；至少到目前为止，这个计划还没实现或还没有宣布实现。

欧洲在量子计算及量子加密方面，也做了积极研发。已在第五个框架计划中，研究了不同量子系统（原子、离子等）的离散和纠缠问题，还研究了量子算法及信息处理问题。同时，在第六个框架计划中，还着重研究了量子算法和加密技术，并争取到2008年研制成功高可靠、远距离量子数据加密技术。2016年欧盟宣布启动11亿美元的"量子旗舰"计划；德国于2019年8月宣布了6.5亿欧元的国家量子计划。到目前为止，欧洲的计划也仍没实现，至少没有宣称实现。

从2000年10月起，日本开始了为期5年的量子计算机开发计划，重点研究量子计算和量子通信的复杂性。设计新的量子算法，开发健壮的量子电路，找出量子自控的有用特性，以及开发量子计算模拟器等。

2007年，加拿大D-Wave公司，成功研制出一台具有16量子比特的"猎户星座"量子计算机；并于2008年2月13日和2月15日，分别在美国加州和加拿大温哥华进行了展示；还在2011年5月11日，正式发布了一款商用型量子计算机。不过，严格来说，D-Wave的这款机器，还算不上真正意义上的通用量子计算机，因为它只能解决一些特殊问题。至少到目前为止，在通用任务方面，量子计算机还远不是传统电子计算机的对手；而且在编程方面，量子计算机也需要重新学习。此外，该款量子计算机的运算环境，还必须保持在绝对零度附近；这显然也是一个大问题。2015年6月22日，D-Wave宣布，突破了1000量子比特的障碍，开发出了一种新的处理器，其量子比特数

提高一倍左右。2017年1月，D-Wave公司推出了另一款量子计算机
（2000Q），并声称它可用于求解最优化、网络安全、机器学习和采
样等问题。

2017年3月6日，IBM宣布，将于年内推出全球首个商业"通用"
量子计算服务。当时IBM表示，此服务将具备直接通过互联网访问的
能力，在药品开发以及各项科学研究上有着变革性的推动作用。当
时，IBM已开始征集消费用户；但至今好像并不理想。此外，诸如英
特尔、谷歌和微软等，也在实用量子计算机领域进行了大量探索。
2019年10月，谷歌宣布实现了一款专用量子处理器。

从理论上说，量子计算机具有模拟任意自然系统的能力，也有强
大的并行运算能力，所以它能快速完成经典计算机无法完成的许多任
务，从而使它能被广泛应用。比如，天气预报，若使用量子计算机，
可以在同一时间对所有信息进行分析，并得出结果；那么就可知悉天
气变化的精确走向了；药物研制，量子计算机能描绘出数以万亿计的
分子组成，并选择其中最有可能的方法，这将提高新型药物的发明速
度，并能进行更加个性化的药理分析；交通调度，量子计算机可根据
现有交通状况，完成深度分析，进行良好的预测和交通调度和优化；
保密通信，由于量子的不可克隆原理，即任何未知的量子态无法被复
制，所以入侵者无法在不被发现的情况下，进行破译和窃听，虽然他
仍能进行鱼死网破的攻击。

总之，从整体上看，量子计算机还处于"只听楼梯响，未见人下
来"的阶段；但愿真正的通用量子计算机能早日诞生。

8.3　抗量子密码

自从1994年AT&T公司的肖尔证明了"量子计算机将能完成大数

的快速分解"后，包括离散对数和大整数分解等基础数学问题，就变得不再难解了；换句话说，包括RSA和DHM等著名公钥密码的淘汰，就已提上议事日程了；1996年，格罗弗又提出了一种严重威胁对称密码和哈希函数的量子算法。这就逼迫密码学家必须开始考虑相应的对策，并试图设计不受量子计算威胁的新型密码，即抗量子密码或后量子密码，因为只是简单增加密钥长度（比如，把RSA的密钥从1024位增加到2048位，甚至更长），从理论上看，在量子计算机面前，几乎是徒劳的；当然，从经济角度看，还是可以暂时抵挡一阵子的。实际上，据估计，即使在2030年之前，要想用量子计算机来攻破2048位的RSA，其预计开销也会高达10亿美元！

那么，什么是抗量子密码呢？

从理论上来说，抗量子密码是能够抵抗量子计算机攻击的新一代密码算法。为啥能抵抗强大的量子计算呢？虽然量子计算表面上具备指数级的计算能力，似乎可对任何困难问题进行暴力搜索求解；但是，最终计算出的结果也将淹没在指数级的可能选项中，因此，只有设计精巧的量子算法才能得到正确结果。目前国际上的抗量子密码算法研究，主要集中在公钥密码领域；因为量子计算的主要威胁也表现在这方面。

从实用角度来说，"抗量子密码"就是在未来5至10年，逐渐代替RSA、DHM、椭圆曲线等现行公钥密码算法的未来密码。为啥是"5至10年"呢？据估计大型且稳定的量子计算机，将在未来10年诞生；所以目前美国国家标准与技术研究所（NIST），已开始制定抗量子密码的技术标准；而且早在2015年8月，美国国家安全局（NSA）就一反常态，呼吁尽快向抗量子密码方向迁移。

从性能上来说，抗量子密码应该具有以下特性：

（1）安全，不仅在现在的电子计算条件下是安全的，还应该在未来的量子计算机环境下，也是安全的；

（2）运行速度快，根据现有的结果，相同安全强度下，抗量子密码的计算速度将超越现有公钥密码的计算速度，如果今后能够再用上量子计算机来加密，相应的速度也许会更快，毕竟量子计算机本身，对密码的攻守双方来说，其实都是双刃剑；

（3）开销合理，比如，抗量子密码算法的公钥长度，最好在1 KB左右；

（4）可用作现有公钥加密、密钥交换、数字签名等算法和协议的直接代替，甚至还在同态加密、属性加密、函数加密、不可区分混淆等高级密码应用中发挥作用。

其实，全球密码学界很早就在研究抗量子密码算法了，比如，1978年和1979年出现的McEliece加密和Merkle哈希树签名等，就能在一定程度上抵抗并行运算；不过，在那时，量子计算机对密码算法的威胁并不明显，更没有"抗量子"的概念。所以，直到最近十几年，抗量子密码的重要性，才逐渐显现出来。

目前，已有很多政府机构在积极推进抗量子密码的研究了。比如，美国的NIST早在2012年，就启动了抗量子密码的研究；并于2016年2月，仿照DES和AES等的做法，故技重演，启动了全球范围的"抗量子密码标准征集活动"，主要聚焦于加密、密钥交换和数字签名等3类抗量子密码算法的征集。

截至2017年11月30日，NIST共收到来自6大洲、25个国家的密码学家提交的82个候选算法草案；经过初步筛选后，公布了其中的69个"完整且适合"的草案；它们所涉及的数学方法主要有五类：格、编码、多变量、哈希和同源密码等。非常有趣的是，就在NIST公布了初选草案后仅仅数小时，就有一个算法被彻底攻破而被迫撤回；在随后的几天内，同一位密码学家，又发布了一系列针对不同算法的攻击方法，导致另几个算法被淘汰。大约在一年内，就有1/5 的算法已被彻底攻破，1/3的算法已被发现具有严重的缺陷。

2018年4月，NIST在佛罗里达举办了"第一届抗量子密码标准工作会议"，其主题是邀请进入第一轮评估工作的候选算法设计团队，前来介绍自己的应征算法。2019年年初，又发布了进入第二轮评估的26个算法，其中包括12个格密码、7个基于编码的密码、4个多变量密码、2个基于散列（分组码）的密码和1个同源密码。2019年下半年，NIST举行了"第二届抗量子密码标准工作会议"。2020年至2021年，NIST将启动第三轮评审，或选定将被标准化的算法。2022年至2024年，NIST将发布最终的抗量子密码算法标准。

NIST在确定新一代抗量子公钥密码算法标准时的要求是：在安全性方面，算法要能经受得起经典计算机和量子计算机的攻击；算法的参数至少达到AES-128的安全性，当然，最好能达到AES-192甚至AES-256的安全性。在功能方面，与目前的公钥密码算法速度相当。在特性方面，算法应该能与现有互联网协议和应用等兼容；此外，还需要是前向安全的，能抵抗侧信道攻击，具有灵活性等。

当然，在最终选定抗量子密码算法标准时，NIST还面临许多挑战，比如，如何在更广的范围同时确定公钥加密、密钥交换和数字签名算法？如何在经典计算机和量子计算机的攻击下，对算法的安全性进行评估？如何判断理论安全模型和实际攻击之间的差别？如何在安全性、性能、公钥大小、签名长度、侧信道攻击等许多矛盾的决策中，做出适当的折中？如何将抗量子密码用于现有的TLS、IKE、PKI等应用中？

抗量子密码的应用研究，目前也是风生水起。比如，2016年，谷歌在其"金丝雀"系统中，就加入了一种抗量子密钥交换算法；在谷歌的部分服务器上，也搭建了由两种密钥交换算法构造的抗量子密码测试系统。微软研究院也将其抗量子密码Picnic，使用到自己的PKI和HSM集群中，同时还推出了抗量子VPN等。

目前，抗量子密码的技术途径主要有四种：

（1）基于哈希，最早出现于1979年，主要用于构造数字签名，代表算法包括Merkle哈希树签名、XMSS签名、Lamport签名等。

（2）基于编码，最早出现于1978年，主要用于构造加密算法，代表算法是McEliece等。

（3）基于多变量，最早出现于1988年，主要用于构造数字签名、加密、密钥交换等，代表算法包括HFE、Rainbow、HFEv等。

（4）基于格，最早出现于1996年，主要用于构造加密、数字签名、密钥交换等，代表算法包括NTRU系列、NewHope和一系列同态加密算法（BGV、GSW、FV等）。由于基于格的抗量子密码的计算速度快，通信开销小，且能被用于构造各类密码学算法和应用；因此，格技术被认为是最有希望的抗量子密码技术。

只要参数选取适当，到目前为止，已知的所有经典计算机和量子计算机攻击算法，都不能快速破译这些密码问题。除上述四种途径外，构造抗量子密码的途径还有基于超奇异椭圆曲线、量子随机漫步等技术。另外，对称密码算法在密钥长度较大时，也可被认为是抗量子安全的。

8.4 量子密码

前面介绍的所有密码，都是以数学为基础的算法类密码；但是，在未来密码中，可能还将杀出一匹黑马，它就是以量子密码为代表的非算法类密码，或者说基于奇特物理现象的密码；比如，本节下面的BB84量子密码便是一例，当然，量子密码不只这一种。实际上，只要利用任何量子（如单光子）的固有量子属性而开发的不可窃听的密码，都可称为量子密码；在该类密码中，在不干扰系统的情况下，将无法测定系统的量子状态，即无法窃听。

由于量子传输的极不稳定性，当前的量子密码主要聚焦于"以量子为信息载体，经由量子信道传送，在合法用户之间建立共享的密钥的方法"，也称为量子密钥分配，或QKD。此时密钥的不可窃听性，主要奠基于"海森堡不确定原理"，即观察者无法同时准确测定量子的位置与动量；还奠基于"单量子不可复制定理"，它其实是海森堡不确定原理的推论，意指在不知道量子状态的情况下，无法复制单个量子，因为复制前就得先测量，而测量就必然改变量子的状态。

量子密码的发展史也非常有趣。其实，最先将量子技术用于密码的人，是20世纪60年代美国布兰蒂斯大学的一个本科生，名叫史蒂芬·威斯纳。此人与众不同，刚刚听罢量子物理学的课程后，就忽然想到了一个发大财的好点子，并于1969年提出了一种利用"量子不可克隆定理"的"量子钞票"方案，即就像是给纸质钞票打水印一样，给每张电子钞票放入不同的秘密量子态；于是，别人就永远也无法伪造或复制该钞票了。当然，后来威斯纳并没有因此而发财。因为他的设想只在原理上可行，但在技术上却实现不了。

既然发财无望，威斯纳便将自己的量子钞票思路写成了一篇论文，投给IEEE（美国电气和电子工程师协会）的一家IT权威期刊，结果却惨遭拒稿；因为IT领域的审稿人都只熟悉信息科学，根本看不懂这篇写满了量子物理学符号的论文。幸好，威斯纳没有灰心；只要有机会，他就四处宣传其"量子钞票"理论。

若干年后，威斯纳又将他的想法告诉了自己的一个好朋友，当时正在哈佛读研究生的本奈特。后者一听，立马两眼放光，不但大赞"量子钞票"理论，还帮助威斯纳到处寻找识货的伯乐。只可惜，由于该理论实在太超前，始终都没找到知音。就这样一晃十几年就过去了，直到1979年，在波多黎各召开的"信息科学国际会议"上，本奈特主动拜访了一位叫布拉萨德的博士生；因为该博士生将在会议做一篇名叫"相对密码学"的报告，所以本奈特猜测他会对"量子钞票"感兴趣。果然，本奈特猜对了，而且很巧的是，这位博士生还拜读过本奈特的一篇学术文章，并成了本奈特的粉丝。一番交谈后，两人相见恨晚，并很快就把量子理论引入了密码学；特别是，两人还在1982年与"量子钞票"创始人威斯纳一起，合著了一篇论文，提出了一种名叫"量子密码学"的新理论。不过，该新理论也有明显的不切实际之处。原来，他们本想"用量子态来储存关键信息"；可是，当时人们最擅长操纵的量子态，只是在真空中以光速飞行的光子，这当然就无法"把光子储存起来，并在需要时进行存取"。光子本是用来传输信息的，当然不宜用于储存；于是，他们灵机一动：何不干脆就让光子来传递某种"不可伪造""不可复制"的重要信息呢！

就这样，在1983年，布拉萨德和本奈特（以下简称BB）又提出了一个新的理论，即用光子形成的量子态，来传输一组任意长的随机密钥。这个密钥将非常安全，发送者和接收者都可用它来加密或解密信息。不用担心被窃听，不用担心被伪造，因为量子物理学中的"测不准原理"和"不可克隆定律"，保证了信息的完全性。这个理论，就是后来支撑了量子密码学半边天的量子密钥分发。有趣的是，BB在为他们的理论投稿时，只能把自己的想法缩写成寥寥几句话，因为他们中意的"IEEE 1983年度信息论会议ISIT"只接受论文摘要。为此，BB觉得意犹未尽，所以又在1984年，联名向IEEE的一个高端会议投稿；这次他们终于能将其量子密码的思想写成长篇大论，并在会议上做了详细报告，引起了更大的关注。他们设计的量子密码算法，终于被以他们两人姓名的首字母BB命名，即如今著名的BB84协议；其中的"84"是纪念论文发表的年份1984年。

BB84量子密码的工作原理是这样的：假设甲和乙想安全地交换信息。甲先发给乙一个键来初始化信息，该键可能就是加密数据的模式，它是一个随机的比特序列，用某种类型模式发送，可以认为是两个不同的初始值表示一个特定的二进制位（0或1）。

为形象计，可将这个键值看成某个方向上传输的光子流，每个光子微粒表示单个数据位（0或1）。除直线运动外，光子也以某种方式进行振动。这些振动，本可沿任意轴在360度空间中进行，但为了简单计，可把这些振动分为4组特定的状态，即上、下，左、右，左上、右下和右上、左下。振动角度沿光子的两极过滤器，它允许处于某种振动状态的原子毫无改变地通过，令其他的原子改变震动状态后通过。甲有一个偏光器，偏光器允许处于这四种状态的光子通过；实际上，甲可选择沿直线（上、下，左、右）或对角线（左上、右下，右上、左下）进行过滤。

甲在直线和对角线之间转换其振动模式，以此来过滤随意传输的单个光子。此时，将采用两种振动模式中的某一种来表示一个比特1或0。

当乙收到光子时，乙必须用直线或对角线的偏光镜来测量每个光子比特。他可能选择正确的偏光角度，也可能出错，因为甲在选择偏光器时，是非常随意的。那么，当乙选错了偏光器后，光子会如何反应呢？原来，根据"海森堡不确定原理"，人们无法测量单个光子的行为，否则将改变它的属性。然而，我们可以估计一组光子的行为。当乙用直线偏光器测量左上/右下和右上/左下（对角）光子时，这些光子在通过偏光器时状态就会改变：一半转变为上下振动方式，另一半转变为左右方式，虽然无法确定某个单光子会转变为哪种状态。

甲接下来告诉乙，自己到底用的是哪个偏光器发送了光子位。比如，甲可能说某号光子发送时采用直线模式，但不细说是用上、下或左、右。乙这时就可确定他是否正确选用了偏光器来接受每一个光子。然后甲和乙就抛弃那些用错误偏光器测量的所有光子，于是，他们所拥有的，就是原来传输长度一半的比特序列，它可被用作今后双方加密通信时的共同密钥；而所用的对称密码算法，则可以是当时安全的任何算法。

假设有一个监听者丙，他试图窃听信息，他也有一个与乙相同的偏光器，需要选择对光子进行直线或对角线的过滤。然而，他面临着与乙同样的问题，有一半的可能性他会选择错误的偏光器。乙的优势在于，他可以向甲确认所用偏光器的类型；而丙却没办法，因此，丙将有一半的可能性选错检测器，从而错误地解释光子信息，错误地形成最后的键值，致使获得的信息无用。

量子密码还有一个特有的安全关卡，那就是它天生的入侵检测能力，即甲和乙能知道是否有丙在窃听他们。因为丙若在光子线路上窃听的话，他将很容易被发现，其原理是：假设甲采用右上/左下的方式传输某编号的光子给乙时，若丙用了直线偏光器，那么，丙就仅能准确测定上下或左右型的光子。如果乙也用了直线偏光器，那么将无所谓，因为乙将会从最后的键值中抛弃这个光子。但是，如果乙用了对角型偏光器；这时，问题就产生了，他可能做出正确的测量，但根据海森堡不确定性原理，也可能做出错误的测量。丙用错误的偏光器改变了光子的状态，即使乙用正确的偏光器也可能出错。

那么，甲和乙将如何发现窃听行为呢？办法很简单：假设甲和乙的最后键值包含1万位二进制数字，甲和乙只需从这些数字当中随机选出一个子集，比如300位，然后对双方的数字序号和数字状态进行公开比较，若全部匹配，就可以认为没有监听。换句话说，若丙在窃听，那他不被发现的概率将很小很小，或几乎肯定会被发现。当甲和乙发现被窃听后，他们将不再使用这个键值。

必须指出的是，量子密码的这种天然入侵检测功能，从安全角度来看，其实也是一柄双刃剑，也是量子密码的一个先天不足；因为丙虽不能成功窃听，但他却可以轻易破坏甲和乙之间的通信，让他们也不能彼此交流信息；实际上，丙只需不间断地全程窃听就行了。有人可能会建议说，让甲和乙在某个安全信道中进行量子通信，这样丙就无法窃听了；但是，这显然陷入了一个逻辑死结：如果甲和乙拥有某个安全信道让丙无法窃听，那么量子密码不就显得多余了吗？

量子密码已在实验室里得到证明，但仅适合较短的距离；因为距离太长时，信息传输的出错率将很高，无法使系统稳定工作。虽然已能通过空气传输，但在理想天气条件下，传输距离仍然很短。总之，量子密码的实际应用，还需要进一步开发新技术来提高传输距离。

除上述的BB84之外，最近还有一种新的量子密码编码方法，即利用光子的相位进行编码。与偏振编码相比，相位编码的好处是对偏振态要求不那么苛刻。此外，物理学家艾克也找到了另一种可以完成量子密钥分发的方式，它使用的不再是量子极性，而是量子纠缠；相关结果也发表在物理刊物上，从而在物理学界广泛传播了量子密码思想。

当然，量子密码在应用方面，还将遇到很多障碍，比如，量子密码系统的实际安全性问题，即由于器件等的非理想性所导致安全性漏洞；另外，提高密码比特率，研制实用量子中继器等也都不容易。量子密码面临的另一些挑战是，如何在低温状态下加密，如何提高加密速度等。最近，已有人开始用集成光学的方法来制造量子密码芯片，并已取得了初步成果；但愿在未来5到10年内将出现量子密码芯片商品。1992年，BB84的作者之一本奈特，又提出了另一种量子密码方案B92。当然，最为著名的仍是BB84协议。

最后，还有一个有趣的事情也想提一下：有一位名叫威德曼的计算机科学家，在阅读了威斯纳和BB在1982年的那篇论文后，竟然也在1987年独立重新提出了与BB84几乎完全相同的量子密码协议。当然，这绝不是说威德曼涉嫌抄袭，而是想表明：一方面，量子密码在当时确实是少有人问津，即使同行之间，也都在各自埋头拉车，而没有抬头看路；另一方面，这也说明，包括BB84等在内的量子密码协议，其实已经瓜熟蒂落，它们的发明已不可避免了，无论发明者是张三还是李四。

当然，量子密码在今天已成热门研究课题了。比如，据不完全统计，BB84那篇论文的引用量早已成千上万了！

8.5　DNA计算机

影响未来密码走向的还有另一样技术，那就是DNA计算，或DNA计算机。在介绍它们到底是什么之前，先来说说它将如何影响密码学，甚至将如何对现代密码算法造成毁灭性的打击。

伦纳德·阿德曼教授，即RSA密码中的那个"A"，早在20世纪60年代读本科时，就爱上了生物学，并别具一格地用数学眼光，将生物学看成"由4种字符组成的有限串，以及通过酶作用在这些字符串上的函数"。待到20世纪90年代时，他更是全力以赴，试图将计算机科学与生物学结合起来。果然，他发现，DNA可以取代传统计算方法，在很大程度上完成并行运算；比如，他通过一个NP-完全问题的特例，即7个顶点有向图的哈密顿路径问题，很清晰地解释了DNA计算的神奇之处：DNA片段可以迅速连接成哈密顿路径问题的潜在解！对于较大的图，若用电子计算机来计算，则其运算量将成指数级增长，根本不可能完成；但是，DNA计算机所耗费的时间将非常短，虽然目前的准备时间还很长。比如，那个7顶点图的准备时间，竟花费了整整一周；但是，随着技术的不断成熟，相应的准备时间将大幅减少。

若用阿德曼的方法去求解大规模的哈密顿路径，将有一个优势：虽然试管中的每种"寡核苷酸"都需要很多份，但用来表示图形所需的"寡核苷酸"的数量，只与图的大小呈线性增长关系。比如，在上面的7顶点图中，阿德曼使用了大约3×10^{13}份"寡核苷酸"来表示每条边。这远远超过了必要的数量，而且很可能得到多份表示解决方案的DNA链。阿德曼在总结他的DNA计算方法的优势时指出：在连接阶段，每秒执行的操作量，将可能超过当前超级计算机的上千倍；而且，还可给出一些改进思路，既提高效率，又减少存储空间的需求。

从密码破译角度来看，阿德曼的上述成果意味着什么呢？这样说吧，DNA计算将有可能威胁到NP-完全问题的求解，而许多公钥密码的数学基础刚好就是NP-完全问题，比如，基于背包的公钥密码等。更令现代密码学家惊讶的是，1996年，波内、立顿和邓沃斯三人联名发表了一篇论文，介绍了如何利用DNA计算机来攻破DES密码。在他们的攻击中，DNA被用来编码每个可能的密钥，然后同时使用所有的密钥来尝试破译工作；这便是DNA计算的超强并行处理威力。

好了，DNA计算机对密码的可能威胁已经点到为止了，相信随着DNA计算机的不断成熟，现代密码将面临更多的来自DNA计算机的威胁。可惜，到目前为止，与风生水起的抗量子密码不同，在"抗DNA计算密码"方面，人们至今还是一头雾水；这也许因为生物学与密码学之间的鸿沟实在太深太大了吧。但愿在不久的将来，"抗DNA计算密码"的研究，将受到应有重视。不过，下面首先来介绍DNA计算机的一些知识，毕竟它们太神奇了。

DNA计算机，是一种生物形式的计算机，它基于大量DNA分子的自然并行操作及生化处理技术，产生类似于某种数学过程的组合结果，并通过对这些结果的抽取和检测，来完成问题求解的过程。由于最初的DNA计算，需要将DNA溶于试管中；所以这种计算机由一堆盛满有机液体的试管组成，因而它也被称为"试管计算机"。

DNA计算机利用DNA建立一种完整的信息技术形式，以编码的DNA序列（相当于计算机内存）为运算对象，通过分子生物学的运算操作来解决复杂的数学难题。它的"输入"，是细胞质中的RNA、蛋白质及其他化学物质；它的"输出"，则是很容易辨别的分子信号。DNA计算的新颖性不仅在于算法，也不仅在于速度，而是在于它采用了生物技术，而非硬件技术来实现数学计算。目前，DNA计算研究已涉及许多方面，如DNA计算的能力、模型和算法等，人们已开始将DNA计算与遗传算法、神经网络、模糊系统和混沌系统等智能计算方法相结合。

与电子计算机相比，DNA计算机有很多优点，例如：

（1）体积小，小到在一支试管中便可同时容纳1万亿台DNA计算机。

（2）存贮量大，1立方米的DNA溶液，可存贮1万亿亿比特的数据，相当于10^9片CD盘的容量。

（3）运算快，每秒可超过10亿次；十几个小时的DNA计算，便可相当于自计算机问世以来，全球的所有运算总量。

（4）耗能低，仅相当于普通计算机的十亿分之一。若DNA计算机被放置在活体细胞内的话，其能耗还会更低。

（5）并行能力强，数以亿计的DNA计算机，可同时从不同角度处理一个问题；工作一次可以进行10亿次运算，即以并行的方式工作，大大提高了效率。

此外，DNA计算机还有其他一些优势，比如，能使科学观察与化学反应同步；能在逻辑分析、破译密码、基因编程、疑难病症防治以及航空航天等领域，发挥独特作用。特别是，DNA计算机能进入人体或细胞内，能充当监控装置，发现潜在的致病变化，还可在人体内合成所需的药物，治疗癌症、心脏病、动脉硬化等各种疑难病症，甚至在恢复盲人视觉方面，也将大显身手。

今后，一旦DNA计算技术全面成熟，那么真正的"人机结合"就会实现。因为大脑本身就是一台自然的DNA计算机；只要有一个接口，DNA计算机就能通过接口直接接受人脑的指挥，成为人脑的外延或扩充部分；而且它以从人体细胞吸收营养的方式来补充能量，不用外界的能量供应。听起来，这简直就像精彩科幻！今后，向大脑植入以DNA为基础的人造智能芯片，将像接种疫苗一样简单。无疑，DNA计算机的出现，将给人类文明带来质的飞跃，给整个世界带来巨大的变化。

阿德曼于1994年提出DNA计算机概念后，立即引起了世界各国科学家的极大关注：1995年，来自全球的200多位专家，共同探讨了DNA计算机的可行性，认为：DNA分子间在酶的作用下，某基因代码通过生物化学的反应，确实可以转变成为另一种基因代码；转变前的基因代码可以作为输入数据，反应后的基因代码作为运算结果。利用该过程完全可以制造新型的生物计算机，它将是代替电子计算机的主要候选技术之一。于是，全球科学家便展开了接力棒式的研究，其早期主要进展可简要归纳如下：

2001年11月，以色列研制出首台DNA计算机，它的输出、输入和软硬件，完全由"在活体中储存和处理编码信息的DNA分子"组成。该计算机的体积，仅相当于一滴水；它虽较原始，也无任何相关应用，但却是DNA计算机的雏形。次年，研究人员又做了改进，吉尼斯世界纪录称之为"最小的生物计算设备"。

2002年2月，日本开发出了首台能真正投入商业应用的DNA计算机。它包含分子计算组件和电子计算机部件两部分。前者用来计算分子的DNA组合，以实现生化反应，搜索并筛选正确的DNA结果；后者则可以对这些结果进行分析。

2003年，世界首台可玩游戏的互动式DNA计算机在美国问世，它主要以生化酶为计算基础。

2004年，中国首台DNA计算机问世。它其实是以色列2001年DNA计算机的改进版，它用双色荧光标记来同时检测输入与输出分子，用测序仪实时监测自动运行过程；用"磁珠表面反应法固化反应"来提高可控性操作技术等，可在一定程度上模拟电子计算机处理0, 1信号的功能。

2005年，以色列利用DNA计算机，运行了10亿种由DNA软件分子设计的程序。这种DNA计算机，采用了新的溶液处理工艺，有可能发现细胞中与多种癌症有关的异常信使RNA，从而为癌症诊断提供信息。

2006年，美国利用DNA计算机快速准确诊断了禽流感病毒。这种DNA计算机能更快更准地检测西尼罗河病毒、禽流感病毒和其他疾病等。

2007年，美国利用DNA计算机实现了RNA干扰机制。这种DNA计算机可进行基本逻辑运算，能应用于人工培养的肾细胞，还能关闭编译某种荧光蛋白的目标基因。

2009年，美国利用大肠杆菌研制成细菌计算机，它可解决某些复杂数学问题，且速度远快于任何硅基计算机。

密码简史

2011年7月，以色列利用DNA计算机探测了多种不同类型的分子，它们可用于诊断疾病、控制药物释放，实现诊断治疗一体化。9月，美国利用DNA计算机摧毁癌细胞；它们能进入人类细胞，通过对5种肿瘤特异性分子进行逻辑组合分析，识别出特异癌细胞，再触发癌细胞的毁灭过程；这一成果为开发出特异的抗癌治疗奠定了基础。10月，英国利用细菌研制出了生物逻辑门，它是完全模块化的结构，可以被安装在一起，从而为未来建立更复杂的生物处理器铺平了道路。

DNA计算机的数学机理表现在两方面：

其一，生物体所具有的复杂结构，实际上就是编码在DNA序列中的原始信息经过一些简单处理后得到的结果；或者说，经过一系列DNA简单操作，便可得出一个复杂结果。

其二，求一个含变量w的可计算函数的值，也可通过求一系列含变量w的简单函数的复合来实现；即通过对w运用简单的函数关系，就可获得对w的复杂函数$f(w)$的结果。

实际上，DNA计算的原理与数学操作非常类似：单股DNA可看作由4种不同符号A、T、C和G组成的序列串，就像电子计算机中编码"0"和"1"一样，可表示成4字母的集合={A，G，C，T}来译码信息。DNA符号串可作为译码信息，在DNA序列上可执行一些简单操作，这些操作通过大量的、能处理基本任务的酶来完成。也就是说，酶可看作模拟在DNA序列上简单的计算。不同的酶，用于不同的算子；如限制内核酸酶可作为分离算子，它能识别特定的DNA短序列，即限制位。任何一个在其序列中包含限制位的双链DNA，在限制位处被酶切断。DNA连接酶可作为连接算子，将一条DNA链的末端连接到另外一条DNA链。

目前，DNA计算的研究内容，主要集中在以下方面：DNA计算的生物工具和算法实现技术、DNA计算的模型及其计算能力和数学实现、DNA计算机的基本计算（比如，DNA的布尔电路运算、数字DNA、算术运算、分子乘、分子编程和应用）等。

当然，DNA计算机还仅处于探索阶段，主要障碍至少来自两方面：从物理上看，如何处理大规模系统和复制时的误差；从逻辑上看，如何解决计算问题的多用性和有效性。

与成熟的电子计算机相比，虽然目前DNA计算机确实还暂时相形见绌，但是，分子计算的观念拓宽了人们对自然计算现象的理解，尤其是对生物学中的基本算法的理解。同时，分子计算观念向人类提出了众多挑战，比如，在生物学和化学中，如何理解细胞和分子机制，使它们有益于作为分子算法的基础；在计算机科学和数学中，如何寻找适当的问题和有效的分子算法；在物理学和工程学中，如何构建大规模的可信的分子计算机等。

最后，再换个角度来看看基因密码：若将生物体中的基因密码看成计算机软件，即各种指令集；而将每个细胞看成执行这些指令集的若干个并行的硬件，比如，人体有大约40至60万亿个细胞，那就有同等数量的并行硬件；每个细胞，按照预定的程序，在合适的时间和合适的条件下，执行既定的操作，于是，各种复杂的数学问题便迎刃而解了。至少，作为3D打印机，各种生物只需要以多种方式吸收必要的营养，便能精准地"打印"出各种形状的生物体；而且这些生物体还能完成许多复杂得难以想象的事情；形象地说，生物的生长过程，就可看成生物本身这台"3D打印机"的工作过程。不过，遗憾的是，到目前为止，人类对生物这台"大型并行计算机"的软硬件细节还不太了解，基因密码也正在积极破译中；但愿早日取得重大突破，这当然需要多学科的综合交叉。

第9章

汉字密码新破译

古往今来，密码破译经常与相关游戏混为一谈；这也是为啥许多密码学家都产生于文学家和游戏专家的原因。为了让大家体验一下密码的游戏之乐，本书的最后一章就来介绍一些中文破译的密码游戏，它们都是作者的闲暇之作，仅供大家开心而已。实际上，中文作为各位最熟悉的一种文字符号系统，它自然也可当成某种密码符号。关于这种密码的破译问题，过去几千年来，历代文人墨客等都做了大量工作；不过，由于中文实在太博大精深，所以其中隐藏的各种秘密总也无法穷尽。下面就以理工科的视角和思路，揭示中文中若干有趣的，过去不曾为人所知的秘密。

9.1 汉字字趣

上学时，以为只要有老师，就会认字和写字了；毕业后，以为只要有字典，就会认字和写字了。直到学过《易经》后，我们才知道，原来认字很难，写字更难，要想把这种"难"说清楚，绝对是难上加难！但是，再难，本节也想来试试看。

首先，我们来看看，"字"到底是什么？

每见到一个"字"，就会在大脑中形成一个"印象"，或简称

"象"；所以"字"其实就是"象"。"字"可以分为两大类：有物之字和无物之字，它们产生的"象"也分别称为"有物之象"和"无物之象"。前者，能够形成比较清晰、专一的"象"，比如，猫、狗、树、人等，这样的有物之"字"比较容易认；后者，形成的"象"就比较模糊、抽象，比如，大、小、高、低等，这样的无物之"字"就比较难认。而每个"象"又会刺激大脑，产生某种天生的情绪，比如，喜、怒、哀、惧、爱、恶、欲、思、恐、惊等，或者这些情绪的某种"加权组合"。然后，大脑会根据这些情绪，向人体发出指令，导致身体产生各种行为。

所以，"字"有点像"电灯开关"，它能打开每个"字"所对应的"象灯"（或简称"灯"），并进一步激发相应的情绪，指挥相应的动作。如果情况仅是到此为止，那么事情就很简单了，但是，难点在于，这个"字开关"打开的"灯"，不是一盏灯，而是由一群灯所形成的"灯云"。这片"灯云"与天上的白云类似，远看边界很明确，近探时却发现根本就没边界。正是这种"边界模糊性"，使得认字很难，以至于我们过去其实只感受了"字灯云"的主体，根本就没有完全认清一个"字"，几乎是文盲！你若不信，咱们就来梳理一遍。

在婴幼儿阶段，父母和老师，总是千方百计，利用视觉、听觉、嗅觉、味觉和触觉等，试图将每个"字"（符号）与某种"象"尽可能"标准"地对应起来；或者说，试图将每个"字"与其在大脑中的"灯云"对应起来。一旦这种对应关系稳固了，便以为这个"字"就认识了。其实不然：

每个人的个体差异，决定了同一个"字"的"象"，在不同人群中肯定不标准。比如，"辣"字在四川人和北京人头脑中，所形成的"象"就不可能一样；前者的"象"可能是美食，后者的"象"可能是恐怖。即同一个"字开关"，在每个头脑中所打开的"灯云"其实是不同的。

在不同的时间，同一个字在同一个人的头脑中形成的"象"，也是不一样的。比如，幼年、青年和老年时期，"爱"字在头脑中形成的"象"就完全不同。即每个人头脑中本来随时都有某种变化着的"象"或"灯云"（背景灯云），当某个"字开关"打开一片"灯云"（字灯云）时，在头脑中形成的最终"灯云"其实是"背景灯云"和"字灯云"的叠加，当然它是时变的。

在不同的地点，同一个字在同一个人的头脑中形成的"象"，也是不一样的。比如，分别在冰窖里和火灶旁，"冷"字会形成不同的"象"。其实早在明朝，大儒王阳明就已经知道这个秘密了，他为了更加全面、准确地认识"死"字，甚至亲自躺进石棺中去体验生死之"象"。

由于多义性，某些字同时对应着多个"象"，使得在不同的词（或文）中，该"字开关"打开的"灯云"也不一样。

由于字本身的演化，它相应的"象"也在变化，比如，"囧"对应的"象"就在网络的推动下，在短短几年时间内，就从"明亮象"转变成"难堪象"了。

上面从理论上解释了"为什么字难认"，下面再给出几个最难认的字例：

《易经》的64卦，每个卦都有自己的"象"，所以，它们其实就是64个"字"。《易经》有384个爻，每个爻也有自己的"象"，它们其实也是384个"字"。但是，与我们熟悉的其他字的"象"不同，《易经》"字"的"象"更"易"，即更加变幻莫测，以至于虽然它们的含义其实只有两个（吉、凶），但却几乎没有人能够真正认识它们，都觉得《易经》神秘无比。当然，易经字的"象"在大脑中留下的印象，要明显强于其他汉字，因为整个一部《易经》的核心其实就是三个字：易、象、辞。

如果说不认识"易经字"还情有可原的话，那么，我们连最重要和最常用的"字"也不认识，你相信吗？

"道"字可能是中华文化中最重要和最常见的字之一了，但是，你真的认识这个字吗？"道"字在你头脑中所产生的"象"是什么？儒家、道家、墨家的"道"虽然有不少相似之处，但是，无论从内涵还是从外延上看，在各家经典中，"道象"的本质都是不同的。即使是在道家中，老子的道和庄子的道也有很大差别。总之，诸子百家的"道"字之"象"，都不相同。甚至像人类历史上最聪明、最伟大的哲学家之一——老子，用了洋洋五千字，写成《道德经》试图来解释清楚"道"字的"象"，最终的结果却也都只能是："道之为物，唯恍唯惚。惚兮恍兮，其中有象。恍兮惚兮，其中有物。"你看，连老子都不认识"道"，难道你能？！

既然"字"这么难认，当然就别指望每个人都能够把每个字认得清清楚楚，其实，在日常生活中，只需把字典中的常用字认个大概就行了，即了解常用字的"象"的主体，能够打开常用字的"灯云"的大部分"灯"就行了。但是，你若真想有所作为，那么一生就必须精准地认识哪怕只是一个"字"！你看，王阳明躺在棺材中认清了"死"字，从而创立了《心学》，成为与孔、孟、朱比肩的大儒。老子一辈子都在努力认识"道"字，从而奠定了中华文化的坚实基础。孔子、孟子等前赴后继，世世代代都在精研"仁、义、礼、智、信、恕、忠、孝、悌"这九个字，从而打造出了中华民族的主体文化。释迦牟尼也是在努力打开"生、老、病、死"这四个字的全部"灯云"过程中，创立了佛教。

每个人的一生中，都有自己的关键"字"，如果你愿意努力对它进行深入研究，那么认识该"字"的过程，其实就是《大学》所说的"致知"过程，就是王阳明所说的"致良知"过程。通过这个过程的不断推进，最终将达到"知行合一"，从而使自己跃上一个新台阶。

字难认，其实更难写，更难造。当然，不可否认，"认字"越深刻，"写字"或"造字"的难度就会越小，虽然仍然很难。

设想一下，在庞大的文字体系中，如果制造新字很容易，那么诸子百家早就各造自己的"道"字来表述自己哲学体系的精华了，而不需费尽笔墨，用现成的文字体系去试图给自己的"道"画像。当然，如果只是构造"由很少几个字组成的"文字体系，那么，造字、认字和写字都非常容易了，只需要应用巴甫洛夫条件反射原理，就能够轻易制造出，甚至连猪、狗等低级动物，都可不费吹灰之力就认识的"字"。其实，最初教婴儿认字，可能与训练狗差不多，只不过人的智商高一点，可以对更多、更复杂的"条件"产生"反射"而已。

但是，人的智商毕竟也是很有限的，不可能针对头脑中的每个"象"都去单独造一个"字"来与之对应，而是应该在够用的情况下，"字"的总数越少越好，哪怕有时牺牲一些准确性。比如，辣椒的辣、生姜的辣、孜然的辣在头脑中形成的"象"完全不同，但是，为简化起见，都简单地用一个"辣"字来概括了。

与"字"在人脑中会生成一个"象"相同，"词"和"句"等，其实也在大脑中生成一个"象"，言语也对应着"象"，所以，从"象"的角度来看，"词""句""言"都可当作"字"。

人脑大约有N=1000亿个脑细胞，而脑细胞主要包括神经元和神经胶质细胞。神经元负责处理和储存与脑功能相关的信息。神经元之间通过相互连接（称为"突触"），在大脑中形成不同的"象"。由此可见，从理论上看，人脑中可以形成"2的1000亿次方"种不同的神经元连接情况，也就是有"2的1000亿次方"个"象"。

汉字作为世界上总字数最多的文字体系，目前正在使用的字，不超过一万个（常用的字，更只有3000左右），无论这些字怎么组合（形成"词"和"句"等），它们所能形成的"象"的个数，在天文数字"2的1000亿次方"面前，都小得几乎可以忽略不计。

再有，言语（"言"）所形成的"象"，不但与所用到的"字、词、句"有关，而且，还与说话人的肢体动作、声调和当时的语境等诸多因素有关，因此，根据相同的"字、词、句"可能产生出若干种不同的"言之象"。换句话说，"言"所形成的"象"的个数，也远远大于"字、词、句"的"象"的个数，同时也仍然远远小于人脑能够生成的"象"的个数。

至此，我们就可以清楚地解释过去的一些奇怪的语文现象了。比如：

为什么有时"只能意会，不能言传"呢？因为大脑中的每个"象"，都通过刺激人的天然情绪来产生的相应的"意"，即能够被"意会"的"象"的个数也是"2的1000亿次方"，它远远大于"言"所能够"传"的"象"数，而每个可言传的"象"，一定包含在大脑所能够产生的意"象"中。所以，除那些少部分的可言传的"象"之外，大脑中其他绝大部分的"象"都是不可言传之"象"，于是，便出现了"只能意会，不能言传"的现象了。

为什么经常会出现"词不达言，言不达意"的情况呢？理由与前段相似，即"词"所能够表达的"象"，属于并远远小于"言"所能够达到的"象"，这就是"词不达言"；同时，"言"所能达到的"象"，属于并远远小于大脑能够生成的"象"（意象），这就是"言不达意"。

为什么会有诸如"孤舟蓑笠翁，独钓寒江雪"，这类数千年来能让人心头一震的佳句呢？因为人的喜怒哀乐等情绪（或这些情绪的复合情绪）是天生的；情绪所形成的意境，给人的美丑善恶等感觉也是天生的；当某些词句的"象"所打开的"灯云"，刚好大部分重叠于某种意境的"灯云"时，便能够引进共鸣，从而让人产生奇妙的感觉。但是，如何才能写出这样的佳句呢？这好像完全没有章法可循，一方面，并不是大脑中的每种"象"都能够用文字表述出来；另一方面，即使某些美妙的"象"可用现成的文字逼近，也不是每个人都能写出这样的文字来，哪怕是高手，也得反复推敲，才可能偶然获得灵感，抓住这样的佳句。当然，如果"认字"的精准度越高，那么写出绝句的可能性也就越大，这又从另一个方面肯定了"努力认字"的好处。所以诗人"认字"的能力更强，或者说，他们感觉"灯云"边界的能力更强。

为什么不同的语种之间都可以相互翻译？因为语言在大脑中所点亮的"灯云"都属于同一个神经元细胞区域。若A语种的一句话X，打开了大脑中的某片"灯云"；而针对这片"灯云"，也可以找到B语种的另一句话Y，使得Y刚好也能打开这片"灯云"（的主体），于是，X就被成功地翻译成了Y。比如，英文可以翻译成中文，中文也以翻译成英文。

为什么乐谱和文字不能相互翻译？因为语言文字只能点亮大脑左脑的某些"灯云"，而音乐点亮的却是大脑右脑的某些"灯云"，所以，无论你怎么努力，怎么善于文字书写或谱乐，你也很难用左脑中的某片"灯云"去覆盖右脑中的某片"灯云"，从而就不能完成彼此间的翻译。

前面论述了"字是什么"，现在再来研究"什么是字"。伙计，我们可不是在玩文字游戏哟！

那么，什么是"字"呢？能够在大脑中形成"象"的东西都是字！因此，乐谱是字，雕塑是字，绘画是字，它们都是艺术"字"，在大脑中点亮的"灯云"最含糊，以至于能在张三大脑中激发美感的"象"，却在李四大脑中激发出了丑的"象"；图表是字，数学公式是字，化学反应式是字，物理定律是字，它们都是科学的"字"，在大脑中点亮的"灯云"最清晰，特别是数学公式的"灯云"几乎就只有一盏"灯"，或明或暗没有含糊；音视频是字，生物基因是字……，总之，所有事物都是字。只不过这些字，比普通字典中的字更复杂，也只有相关专业人员才会去努力认识和书写这些特殊字而已。

到目前为止，读者可能误以为本章只是文科内容，其实不然！因为人类的活动，主要包括"认字"和"写字"。这里的"认"是指"从物到象"或"从象到象"的过程，而"写"是指"从象到物"或"从物到物"的过程。换句话说，通过"认"的过程，不断逼近"良知"并争取达到"知行合一"，然后，完成"写"。下面就以科研工作为例，来详细阐述。

科研工作主要干两件事：发现和发明。

所谓"发明"就是根据某种"象"，结合已有的物，创造出与那个"象"相对应的新物的过程。这里的"物"既可能是有形之物，也可能是无形之物。当然，"发明"主要属于"写字"和"造字"过程，其中肯定也有各种创造。

在我国，有文字根据（比如，胡适《中国哲学史》上册第60页）的"由象得物"的最早发明可能是：由《易经》中涣卦的"木在水上"之象，发明了船；由小过卦的"上动下静"之象，发明了杵臼；由大过卦的"泽灭木"之象，发明了棺椁；由夬卦的"泽上于天"之象，发明了书契。

现代社会中，"从象到物"的发明更是随处可见，比如，根据嫦娥奔月的"象"，结合已有的火箭等物，发明了登月船；根据小鸟飞翔的"物"，结合飞人的"象"，发明了飞机；根据乌托邦的"象"，结合电子计算机，发明了互联网等。

再举几个根据"象"来发明无形之物的典型例子。比如，古人根据《易经》中蒙卦的"山下出泉"之象，发明了儿童教育；根据随卦的"雷在泽中"之象和复卦的"雷在地下"之象，发明了休假制度；根据姤卦的"天下有风"之象，发明了公告制度；根据观卦的"风行地上"之象，发明了视察制度；根据谦卦的"地中有山"之象，发明了公平制度；根据大畜卦的"天在山中"之象，发明了补救陋识的方法等。根据"羊毛出在狗身上，由猪来付款"之象，互联网大佬们发明了第三方支付的新型商业模式。

所谓"发现"就是找出某种"象"或"物"中隐藏着的"象"或"物"，把它们从隐藏不为人知的状态，变为众人能知的状态的过程。这里的"象"既可以是有物之象，也可以是无物之象。当然，"发现"主要属于"认字"过程，许多"发现"会导致后续的发明。

在数学中，根据"A大于B"和"B大于C"的"象"，便可发现"A大于C"这个新"象"。更一般地，其实整个数学研究，都是在发现已知"象"中的新"象"。当然，数学中的"象"，几乎都是无物之象。

牛顿正是根据"苹果掉地上"这个"物"，找出了隐藏在万物之间的"万有引力"之"象"（无物之象）。然后，天文学家们根据万有引力，对比了天王星与海王星的运行轨道之异常现象（有物之象），发现了冥王星这个有物之"象"。化学家们，根据门捷列夫元素周期表之"象"（无物之象），发现了许多新元素（有物之象）。总之，科学发现无非就是四类：根据有物之象，找无物之象；根据有物之象，找有物之象；根据无物之象，找有物之象；根据无物之象，找无物之象。

最后，再举一个从"发现"到"发明"的例子：通过"用中子轰击铀核"这个"物"，人们发现了隐藏在"原子裂变"中的新能源之"象"。再结合超级炸弹之"象"和核裂变之"物"，人们发明了原子弹这个"物"，使其"象"吻合于超级炸弹之"象"。

总之，希望广大科研工作者，在明白了科研工作的"物象转移"本质之后，能够轻松跨越所谓的"学科鸿沟"，灵活运用他山之石，在自己的科研领域取得更大的研究成就。

在结束本节之前，我们还想说：其实信仰宗教就是在"认字"，创立宗教就是在"写字"或"造字"。因为，几乎所有宗教都是在根据某些有物（或无物）之象，构造复杂的、系统的无物之象。比如，佛教脱离生死轮回的"涅槃"之象，印度教成神的"解脱"之象，犹太教的"耶和华神"之象，基督教的"亚当"和"夏娃"之象，道教的"鬼神"之象，儒教的"天帝"之象，某宗教的"天堂"和"地狱"之象等。

虽然每个宗教的"字系统"都是封闭、完善的系统，但是，由于宗教中的"字象"比普通字典中的"字象"更复杂、更抽象、更无物，所以，既然认识"普通字"都很难，要想认识"宗教字"就更难了。于是，绝大部分老百姓，对自己所信仰的宗教之"字"，就干脆不去努力认识它们，而只是无条件相信罢了，这也许就是有些人迷信的原因吧，如果他们能够很容易就认识"宗教字"，就不会出现迷信了。比如，相对来说，儒教所构造的"字系统"似乎更靠近"有物之象"，它的"宗教字"的认识难度相对要小一些，所以儒教迷信者就少一些，但是，相信儒教的总人口并不少，也许还是全世界最多的。

9.2　中华文化趣谜

本节将借助计算机，利用数学方法，计算出中华文化在成型过程中的（绝对和相对）时间表和成熟度，有些结果确实出人意料，至少比较有趣。比如，早在甲骨文时期，中华文化的成熟度就已达60%以上；西周时，中华文化的成熟度就已达80%以上；中日韩三国，共有的中华文化基因至少高达76%；古代蒙童学完《千字文》《弟子规》《三字经》后，就已经接触了约84%的中华文化；当代人在中华文化熏陶方面有严重缺失，比如，至少在"禅鼎祭伦祀侠"六个方面，还不如古代的蒙童；此外，在"恕""儒"两个方面也有欠缺。从相对时间表来看，中华姓氏成型之日，便是中华文化成熟之时（95%）。当然，以上这些结果都仅仅是理工科角度的一家之言，但下述密码破译过程，即以关键字来破译文化要义，还是比较严谨的。就算你怀疑文化的可计算性，也不妨先看了之后再批判。

确实，当初我们也对"文化的可计算性"持否定态度，毕竟，"文化"作为一种意识流，甚至连定义都没有，咋还能量化计算呢？"文化"虽然是一种非常复杂的社会现象，是人们长期创造形成的产物，同时又是一种历史现象，是社会历史的积淀物。确切地说，"文化"是凝结在物质之中又游离于物质之外的，能够被传承的国家或民族的历史、地理、风土人情、传统习俗、生活方式、文学艺术、行为规范、思维方式、价值观念等；但是，无论"文化"怎么千变万化，"文化"的主要载体（虽非唯一载体）是不变的，那就是"字"！因此，通过计算"字"，就能够计算"文化"，正如，通过计算"车辙深度"，就能够计算"货物重量"一样，而不管你货物的大小、形状或味道是什么。

特别是"中华文化"，它与"汉字"之间的关系更是密不可分：有些字，比如"孝"，就是为中国特定的文化现象而造的；反过来，有些字，比如"鬼"，却又能够进一步促进相关文化的发展。总之，"中华文化"与"汉字"之间的关系，正如同"鸡"与"蛋"之间的关系：若有了相关的概念，就一定会产生相应的字或词，比如，孝顺的概念就催生了"孝"字；反过来，若没有相关概念，就很难产生相关的字或词，比如，西方文化就没有孝的概念，所以至今在英文中也没有"孝"字。

本节的"文化计算"基于以下三个假设前提：

前提（1），我们试图计算的"中华文化"，主要是指中国特色的那部分。

前提（2），"计算"的基准是当代"中华文化"，即假定现在"中华文化"的成熟度为100%（虽然它还会继续发展），然后，以此向远古推移，计算出"文化"不断成熟的程度。

前提（3），假定"文化"是前进的，即现在已有的重要"文化"分支，从其源头流出后，不会再"倒流"或"断流"。

最能代表中华特色文化的100个汉字是下列字集：

$A_1=\{$安禅淡汉年山善贪天田仙元圆院宝北本兵财册茶车春瓷道德帝鼎东法丰凤佛福耕工鬼国禾和化祭家戒井敬九酒乐礼粮令龙伦美民名农人仁日儒社神生食士寿书恕水丝祀堂土王网文武悟侠孝信休羞羊阳一医义易阴玉月真智中忠宗祖$\}$

中华文化成熟度计算的原理：如果某个汉字已经产生，那么根据上述的"蛋鸡关系"，我们有理由相信，该汉字所代表的文化支流也已经（或即将）出现，换句话说，如今中华特色文化的主流，是由集合A_1中的那100个汉字所代表的支流汇集而成的，因此，我们只要找到其中某个汉字诞生的时间，那么便可由此推断出该汉字所代表的文化支流的发源时间，从而根据支流个数除以100，确定出中华文化整体的成熟度。

首先来看看，中华文化成熟度的绝对时间表计算。

中国最早的一批汉字是甲骨文和商朝青铜器上的铭文，它们出现在3300年前，其中，已经破解的甲骨文有787个，将它们记为集合：

C_1={安八巴癹白百败般邦雹宝饱保豹卑北贝狈祊偪鼻匕比必闭畀敝辟濞兵丙秉并驳帛泊亳卜不步才采仓曹册叉昌长鬯朝车中尘臣辰成呈承乘齿赤春虫稠丑臭出初刍楚豖传吹妹此束琮沓大汏带丹单旦宕刀盗得登弟杕帝典奠吊耋丁鼎东冬斗豆剢督杜端对兑多娥儿而耳洱二伐凡杋匚方彷非扉分焚丰风妦封夆缶夫弗伏凫刜孚服福甫斧父妇阜复富腹干甘刚高膏杲槁告戈鬲各更庚工弓公肱宫龚菁遘古谷蛊鼓雇剐官毌盥雚光归龟癸鬼穌果国亥熯蒿好禾合何妹盉龢宏虹后厚乎虍狐壶虎户化淮萑黄熿会昏火鸡姬基箕擠及吉彶即亟疾棘集耤己丮旡季既洎祭夹家豭甲戋艰监见姜降交角教解介戒今尽晋京晶井汫竞九酒旧咎娵爵君麇亢尻可克口叩夸狂困来婪牢老乐雷李豊力立利栎砅栗秝蒿联良林濋霖吝閔麦妗需令柳六龙咙泷卢鲁鹿旅律率泺马霾买麦满汒尨莽卯枚眉湄每美妹门梦麋米宓免黾面蔑民皿敏名明鸣冥沫莫牟母牡木目牧穆内乃艿奈囡男南猱魔逆匿惄年辇廿念娘鸟臬孽宁寍妞牛奴女虐妓庞旁盆朋倗彭品牝巨七凄戚霎齐其祈肵骑棋乞企启杞弃千欠倪羌戕妾秦嫀沁庆磬丘秋裘区曲取龋則泉犬雀冉瀼人壬刃任妊扔日戎肉如汝乳辱入朊若洒塞三桑丧啬森山杉商上少舌设射涉申身娠升生声省圣尸十石祏食史矢豕驶示室奭首受书殳黍术戍束响庶脽顺纟丝司死巳四汜兕宋夙宿岁孙它贪唐天田畋聑亭同童涂梌土兔旽屯豚乇橐鼍妥宛万亡王网往望危微为韦唯尾未文闻问我婐硪巫五午武舞兀勿戊物夕兮西昔析奚嬉熹习洗喜系下先咸苋陷羡献覞乡相襄祥向象小效劦燮心辛欣新炘兴星行杏姓凶兄休羞戌须畜宣旋薛血寻旬讯徇疋亚娅言岩炎畲甗焱燕餍央羊阳徉易恙夭爻尧曣埜页

密码简史

一伊衣依匜夷宜桅乙以义義亦异邑易益翊翌因寅罢尹引饮印庸雍雕永用攸幽尤由犹斿友卤酉又幼圆于余盂叟鱼竽渔馀羽雨玉聿郁毓曶元员爰袁远日月戌岳龠云允孕晕儡栽宰葬责戾曾乍宅瞿占召折叚者贞朕争姬拯正之織执任直馘止只旨址沚祉嵩至陟麂鹰雒宪壹祝铸爪专妆佳追椎坠灈潚兹子自宗奏卒族祖尊左中众舟俯沩周姗肘帚胄昼酎朱竹逐舳贮}

注意，上面集合中已经去掉了甲骨文考古错误字"镉"，理由见9.3节。

另外，还有下列71个汉字组成的集合C_2，它们已经出现在商朝铭文中，但不含在已经被破解的甲骨文中。

C_2={作伥凷併戴彝舢祀嘆彝啢梐俞犀寝篓罩候嗣蝠且啦嘣嗞御拊坍丐圐簰娑从镤鳢偬盟董赏鸫在伽壐埘轨逦琢函图敖偌唇帔孝驭怀凤或茱誉倘扒舣趋盖铃倚孥版埼帘罍}

将上面的集合C_1和C_2合并后，形成的字集记为B_1，即它们就是已经知道的，在商代就诞生了的858个汉字。

结论1，集合A_1中，已经出现在集合B_1中的汉字共有60个："安宝北兵册车帝鼎东丰福工鬼国禾化祭家戒井九酒乐令龙美民名年人日山生食书丝贪天田土王网文武休羞羊阳一义易玉元月宗祖中祀孝凤"，换句话说，早在商朝的甲骨文时代，中华文化的成熟度就至少已经达到惊人的60%了！这其实是一个比较保守的数值，因为还有许多甲骨文和铭文没有出土，或没有被破译。此时，还没有出现的中华特色文化支流最多只有下列40条：

A_2={阴水忠仁礼智信德真善和恕敬儒佛道寿神仙侠士禅粮医堂法院伦春耕农茶瓷圆悟本社汉淡财}

东周的老子写了本《道德经》，该书虽然有5000余字，但是，其中真正互不相同的字却只有下列799个：

$B_2=$｛儇璚颣繟斲皦安辩川淡澹短反泛甘敢关观官矜含寒涣患坚间兼俭
见贱建楗剑鉴廉乱满免难年泮偏千前全犬然三散挺善天田畋恬顽晚万先贤
鲜玄焉燕言俨厌渊远怨战湛专阿嗄哀爱广奥八拔白百伯败邦薄宝保报抱悲
倍被本比彼鄙必闭敝蔽弊臂璧宾并兵病帛泊魄博搏补不财采仓藏草策层察
长常超朝车尺彻臣尘陈称成诚乘骋驰持赤冲虫重宠筹出刍除处畜揣吹春淳
辍疵雌慈辞此次从脆存寸挫达大代贷殆带当盗道得德地登敌涤柢第帝冬动
独毒笃兑敦沌多恶儿而耳饵二发伐法方妨非费废纷粪丰风奉夫弗伏服辐福
父甫负复腹覆富改盖刚高槁割合各根功攻弓公拱共狗垢孤骨古谷毂故固寡
光归鬼刿贵过国果孩海害行号毫好和何阖褐黑恒侯后厚乎惚虎户化华怀荒
恍恢豲讳慧昏浑混活或惑货祸几饥鸡奇积基稽及极吉诘棘己纪济忌伎迹
既寄祭寂稷加家甲江将匠降强交郊骄教角徼皆结竭解介今金筋进经惊荆精
径静九久咎救且居据举惧绝蹶攫军均君峻开抗可克客孔恐口枯夸跨狂旷况
窥来牢老乐累赢离礼里力立莅利梁两寥飂裂猎邻灵凌令流六聋露路珞马盲
没美昧闷门猛弥迷妙灭民名明冥命末莫谋母牡木目乃奈讷能鸟宁怒诺配烹
譬飘朴贫牝平普七其岂起企气弃泣契器巧亲勤清轻穷求曲屈取去缺却攘热
人仁刃扔日戎荣容柔如辱入锐若弱塞丧色啬杀伤上尚少召奢折舍社涉摄歙
身深什甚神慎生胜声绳圣失师施嘘十石时识实食使始士示市式似势事恃视
是室逝释螫熟手守首寿受兽疏孰属数爽谁水税顺私司思斯死祀四驷罳肆俗
素虽随遂孙损所台太泰堂忒听通同偷投图徒土推退托脱橐洼外亡王网枉往
望妄威微为唯惟伪卫未味畏谓遗文闻我握无芜吾五武侮勿物兮希昔溪熙袭
徙细狎瑕下乡相祥享象肖小孝笑歇邪心新信兴形姓凶雄修虚徐学央殃阳养
妖约要窈钥耀也一衣夷宜已以矣倚义亦异抑易益阴音饮隐应婴迎营盈勇用
忧悠尤犹有牖又右于与欤余鱼隅愚渝舆雨玉欲育域豫愈遇御誉曰阅云芸哉
载宰在凿早躁则责贼张章彰丈昭爪兆谪辙者真镇正争政之知执直埴止至致
志制质治智置中忠终众舟周骤主注壮状赘拙浊资滋辎子自字宗走足罪尊作
左佐坐｝

结论2，集合A_2的40个汉字中，出现在《道德经》字集B_2中的汉字共有22个"淡善本财春道德法和礼仁社神士寿水堂信阴真智忠"，根据上面前提（3）的假设（即文化是前进的）和结论1，因此，直至东周老子时期，中华文化的成熟度至少已经达到82%（即60%+22%）。此时，还没有出现的中华特色文化支流最多只有下列18条：

A_3={恕敬儒佛仙侠禅粮医院伦耕农茶瓷圆悟汉}

东周还有一个比老子晚一些的重要人物孔子，他与弟子一起整理了一部《论语》，其中共使用了下列1345个相异的汉字：

B_3={輓軏睢缊閪鑓嗲讱鞢砡薈莅駧躩皦愬安版半笾鞭卞变便辨参残襜产诌川穿传箪惮澹颠点坫殿端短樊反犯饭泛干甘敢绀关观官棺冠矜莞管贯灌寒罕汉憾桓焕鲩患浅坚间肩监兼俭简见贱践荐谏卷倦狷堪侃宽滥连廉琏敛乱蛮慢免勉冕面南难年念畔盼片偏篇骈千迁愆骞前倩权犬劝然冉三散山善算贪坦叹探天完万先闲贤弦鲜宪陷献玄选绚殷焉燕言颜俨偃厌谚晏宴渊原远怨愿占瞻战专颛撰馔钻哀爱馈暮奥八罢霸白百伯柏败拜邦谤薄饱宝保报豹暴阜悲北备倍被奔本崩比彼鄙必裨敝蔽辟表别宾彬摈殡冰并兵秉屏病播帛勃博不布偲才材裁茉蔡藏草侧策曾察柴长尝常裳朝车尺彻撤臣辰晨陈谌称成诚城盛伥承乘逞绨迟持齿耻赤重崇臭出处楚黜畜创春纯辍绰雌兹慈辞次赐聪从卒踧衰崔存磋措错答达大待逮代殆带当党荡刀祷蹈到盗道稻得德地等狄觌弟第帝谛祷棣凋雕吊钓莜定东动侗斗豆读独渎椟笃度对多夺铎惰恶饿而尔迩耳二贰发伐罚法方防放非菲肥悱斐费废分焚忿粪风封冯凤佛否夫肤扶弗浮桴服馼父釜甫辅脯府附负妇复覆富赋改盖刚纲皋高羔告戈歌割格合各给更耕羹工功红攻弓躬公肱宫恭拱共贡沟苟洁孤觚古谷贾鼓瞽故固顾瓜寡怪归圭龟鬼贵过国果椁海害行巷赂好和何河荷盍恒衡薨弘侯后厚乎呼戏忽狐瑚虎互户华画怀坏皇黄回悔毁会绘诲慧惠火或惑货获几饥击鸡期箕及吉即亟急疾棘集踖己济系际季迹既继寄祭稷骥加嘉家驾稼将姜讲降酱交骄教角绞徼觉校节阶皆接揭讦桀洁竭戒借今津尽谨馑锦进近晋浸经

荆精兢井景径胫静敬纠九久酒旧咎疚救厩就且居据鞠矩沮莒举拒具俱惧聚绝谲军均君开康亢科可克客铿空孔恐倥口叩哭脍匡狂窥馈篑喟昆困适来赉劳牢老乐缧雷诔类离犁礼里鲤力历厉立莅利戾栗良粮梁量两谅寮缭列烈邻林临磷吝灵陵令流柳六陋鲁禄辂路戮旅屡履虑率伦论麻马貌没每美袂媚门蒙猛孟梦弥迷苗庙灭民闵敏名明鸣命磨末貊莫默牟谋某母牡亩木沐目穆纳乃讷馁内能尼泥麑逆匿溺鸟涅宁佞牛农耨奴怒女虐傩诺区耦袍匏陪沛佩朋彭皮匹譬瓢贫平仆圃七妻栖戚欺漆齐其俟乞岂杞起启气弃器墙襁巧切窃亲秦禽勤寝清轻倾卿情请磬穷丘求裘曲趋蘧取去缺阙群壤攘让扰人任仁忍荏仞饪衽仍日戎荣容柔肉如儒孺汝辱入润若洒塞丧桑扫色瑟杀伤汤商上赏尚筲韶少召奢舌折舍社射赦摄申绅身深甚神审哂慎升生胜声省圣尸失师诗施十石时识实食史矢使始士仕氏示世市式试弑似事侍饰视是室逝殖熟手守首寿受授兽书叔疏孰暑黍数述束树恕庶帅谁水说顺舜朔私司思斯死四驷兕肆松讼颂宋送诵叟素速宿蹜粟虽绥随遂岁燧孙损所他台太泰唐堂滔陶讨慝滕体悌听廷庭通同童恸偷突图途涂徒土退豚托拖亡王罔枉往望忘危巍威微违为唯帷惟维卫未味位畏谓遗魏温文闻问汶我鸣圬巫诬于无毋吾吴五怃武侮舞勿物务夕兮西希昔惜析晳肸息奚翕酰习席徙喜葸饩细绤狎柙暇下夏乡相襄翔享萧小孝笑叶邪绁亵心新信兴星腥骍刑幸性姓凶兄修羞朽秀嗅须虚洫薛学血恂循迅巽雅亚羊洋阳仰养夭约要尧药也冶野夜一伊衣依医揖噫仪夷沂怡宜移疑已以矣倚弋亿义议艺亦弈异抑邑佚毅绎易佾羿翼益逸意懿因阴淫尹饮隐应盈庸雍永咏勇用优忧尤犹由游友有牖又右幼诱迂于与予余馀臾鱼隅愚逾愉窬虞雩與羽禹语圉庾玉浴欲郁狱域阈喻愈遇御誉曰月悦云耘允愠韫哉宰再在臧葬藻灶造躁则责择贼谮憎诈张章掌丈杖昭赵者贞袗枕朕正征争证政郑之祗知执直植止旨指至致窒志忮质治挚雉中忠钟终冢仲众舟州周纣昼朱诛诸主助祝庄壮追坠棁卓琢咨缁子紫自宗总纵邹緅鄹足族俎罪尊作左阼怍坐}

结论3，集合A_3的18个汉字中，出现在《论语》字集B_3中的汉字共有10个“汉佛耕敬粮伦农儒恕医”，根据上面前提（3）的假设（文化是前进的）和结论2，因此，直至东周孔子时期，中华文化的成熟度至少已经达到92%（即82%+10%）。此时，仅仅通过"字的计算"，还没有出现的中华特色文化支流最多只有下列8条：

$A_4=\{$仙侠禅院茶瓷圆悟$\}$

下面对A_4所代表的8条文化支流"仙侠禅院茶瓷圆悟"进行逐一综合考证。

结论4，关于"瓷"：1955年和1965年在郑州的商代墓中，出土了两件较完整的商代瓷尊，被誉为中国瓷器的鼻祖。因此，有理由相信"瓷"这个中华文化支流，在商朝就发源了。

结论5，关于"茶"：据晋常璩《华阳国志·巴志》记载"周武王伐纣，实得巴蜀之师，茶蜜，皆纳贡之"，这表明在周朝的武王伐纣时，巴国就已经以茶与其他珍贵产品纳贡与周武王了。因此，有理由相信"茶"这个支流，最晚在西周时发源了。

结论6，关于"禅"：禅宗初祖菩提达摩在北魏时期，约1500年前，就已经开始传教了。因此，有理由相信"禅"这个支流，至少诞生于北魏时期。

结论7，关于"仙"：道教追求的目标就是"成仙"，而一般认为道教创建于老子。因此，有理由相信"仙"这个支流，发源于东周老子时期。

结论8，关于"侠"：早在先秦和汉代，就出现了"游侠"；从唐代开始，"武侠"文学便开始逐渐兴盛。那么，我们就冒失一点，选择先秦作为"侠"这个文化支流的发源时间吧。

结论9，关于"悟"：西汉末年，佛教传入中国，而佛很讲究"悟"，因此，如果胆大一点，可以相信早在西汉时期，"悟"这个文化支流就已经发源了。若再保守一点，禅宗便是"顿悟"的结果，因此，最晚在初祖菩提达摩的北魏时期，"悟"这个文化支流就已经发源了。

结论10，关于"院"：早在公元前11世纪，周文王就在筑灵台、灵沼、灵圃，因此，有观点认为这就是最早的"皇家庭院"。那么，我们也就借用该观点，认为"院"这个文化支流，发源于周朝吧。

结论11，关于"圆"："天圆地方"的概念，来源于先天八卦的演化中，它所推演出的天地运行图就是"天圆地方"。另外，"方"字早在甲骨文中就出现了。因此，有理由相信，"圆"这个文化支流发源于甲骨文时期，再保守一点，最晚不过周文王写《易经》的时期。

好了，至此，中华文化长河中，最具代表性的100条支流的发源时间段就已经大致锁定了。综合而言，我们可以说：除"侠"（先秦）与"禅、悟"（北魏）这三个支流之外，其余97条支流均已经在周朝前就成型了；特别是，早在甲骨文时期，中华文化的成熟度就已经高达60%了！这些量化结果，确实出人意料。

前面计算的是"绝对时间"，现在再来看看中华文化成熟度的相对时间表，即根据一些重要的史料，来判断其涉及的中华文化之河的支流个数。计算的原理和方法与前面相同，所以我们下面直接描述结果。

《易经》肯定晚于甲骨文时期，虽然关于周文王、孔子是否注解过《易经》等问题还存在争议，但是，《易经》中使用的不同汉字共有1030个。

$D_1=\{$安班半变辨辩川谥眈颠电蕃藩凡繁反犯干甘敢感关观官贯盥汗含寒翰桓缓涣患戈坚间艰兼渐俭寒见贱建健荐坎宽连涟宁乱满免面男南难年盘偏翻迁牵谦愆前潜泉劝然三山善坦天田象万先闲贤咸嫌显险觅限陷玄旋铉殷焉燕严言掩衍宴渊元园原远愿簪占战衰爱八拔罢白百败邦包苞剥饱保

豹陂卑背北贝悖备惫奔贲本鼻匕比妣彼笔必闭敝辟宾冰并炳帛博跛逋不部
财裁藏草恻察长常裳畅肠巢朝车坼掣臣称成诚城承乘惩迟踟赤敕憧重崇宠
仇畴愁丑臭出初除处畜触垂纯兹辞此次聪从丛摧萃粹存错大待逮代带当道
得德地的登骶故弟娣第帝臺顶鼎定东动栋斗独毒渎笃度对兑敦多掇朵恶而
尔迩耳二贰发伐罚法方防飞非肥腓匪分纷焚忿奋丰风冯奉缶否夫肤弗拂伏
孚服绂绋福父斧辅附鲋负妇复腹覆富夹改盖刚高膏告诰歌革葛个合各艮庚
耕功攻躬公肱宫恭巩媾孤谷股蛊鼓故固梏瓜括寡卦光归圭龟鬼簋贵过国果
害行巷号好和何河曷盍鹤亨恒弘鸿侯后厚乎狐孤虎户化华怀荒隍黄挥辉徽
悔会晦惠婚火或获几机击积期箕跻及汲极吉即疾蒺棘藉己济忌系际既继祭
稷嘉家颊甲假疆讲强交郊骄教角校节阶皆接嗟竭解介戒诫金谨进近晋浸经
惊精井静敬九久酒旧咎疚就且拘居据橘惧聚决桷绝厥爵矍君浚开康亢考可
克客嗑恐口寇枯苦快筐况亏窥逵睽馈坤困腊来劳老乐雷赢类丽离藜礼里理
历厉立莅利良两列冽邻林临吝灵陵留流六陆龙隆漏庐禄鹿旅履律纶马荔茅
茂美妹昧袂闷门蒙迷靡密眇庙灭蔑民名明鸣冥命末莫谋母拇木目牧幕纳乃
囊内能尼泥逆鸟臬宁凝牛女旁沛配朋彭匹频品牝平瓶嶓衰仆普七妻戚齐岐
其杞起气汔弃泣器戕切妾侵亲禽清倾情庆穷丘秋求驱衢取娶去阒确群桡人
仁饪日戎荣容柔肉如茹濡入若弱塞丧桑沙伤汤商上尚畬舌折舍设社射涉赦
申身深神慎升生牲胜声省眚圣尸失师施湿十石时识实食史矢豕使始士世试
弑势事视是室筮噬收守首受狩鼠数束庶帅霜谁水说顺硕思斯死祀四讼苏俗
凤素速虽随遂岁损隼所索琐他它泰嚃忒滕体涕逖惕听庭通同童统突涂徒土
退屯豚臀沱瓦外亡王罔往望妄忘危威违为唯惟维尾卫未位恩谓蔚遗文闻问
瓮我握渥巫屋无吾五武兀勿物误夕西晰息锡嘻习喜遐遌下相祥翔享象消小孝
笑邪偕渫心新信兴刑形性凶兄休修羞盱须虚需徐序恤穴学血熏旬驯巽哑牙
殃扬杨羊阳养约爻药也野业曳夜一依仪夷宜颐疑乙已以矣弋亿义议亦异邑
易翼益意懿劓因阴音黄引饮隐应盈庸墉永用忧攸幽尤犹由友有牖又右佑宥
于与馀鱼渝虞舆羽雨语玉欲裕育狱豫遇御誉曰月刖跃龠云允陨孕愠杂灾哉
载再在臧造早燥则泽戾宅张章丈昭照者贞枕振震正征拯政之支只知执直止

祉趾至桎致室志制治置雉中忠终众舟昼朱株诸逐躅主壮酌咨资子自字宗纵足族祖罪尊樽作左褡牾}

结论12，字集A_1的100个字中，出现在《易经》字集D_1中的字共有67个："安年山善天田元北本财车道德帝鼎东法丰福耕鬼国和化祭家戒井敬九酒乐礼龙美民名人仁日社神生食士水祀土王文武孝信休羞羊阳一义易阴玉月中忠宗祖"，即仅仅是《易经》一书，就已经横跨中华文化67%的重要支流了！字集A_2中，出现在《易经》字集D_1中的字共有18个{善本财道德法耕和敬礼仁社神士水信阴忠}，因此，根据结论1和文化的前进性，可以断定，直到《易经》成书时（甲骨文和铭文当然已经有了），中华文化的成熟度就至少已经高达78%（60%+18%）了！如果承认《易经》在《老子》之前，那么结合此处的结论和前面的结论1和结论2，就可以知道，直到《老子》成书时，中华文化的成熟度已经达到84%：{安淡年山善贪天田元宝北本兵财册车春道德帝鼎东法丰凤福耕工鬼国禾和化祭家戒井敬九酒乐礼令龙美民名人仁日社神生食士寿书水丝堂土王网文武孝信休羞羊阳一义易阴玉月真智中忠宗祖祀}。好巧，据说老子活了84岁！但是，如果说《易经》是孔子注解的，那么此处的84之说，就当演义吧。

众所周知，日韩文化中均有中华文化的基因，但是，比例到底有多大呢？现在就来试图回答这个问题。

至今，中日韩还在共同使用的汉字共有808个。

D_2={安案暗半变便参产川传船单典点电店端短番反饭甘敢感关观官韩寒汉欢患浅坚间减见建卷看连练满眠免勉面男南难年念判片千前钱权全泉犬劝然三散山善算谈探天田团完晚万仙先闲贤鲜现限线选研烟严言眼元园圆原远怨展战广长场常唱窗当方防访放光行皇黄江将讲降强浪良凉量两忙让丧伤商上赏堂亡王往望忘乡相香想向央扬羊洋阳仰养造章壮哀爱败拜才材财采菜待代栽再在外太泰买麦卖保报抱暴招着兆早约要药消小孝笑效

密码简史

少妙毛中忠钟终众永勇用胸兄雄通同童统松送八下夏他杀马白百悲北贝备本鼻比彼笔必闭表别冰兵病波不布步部草册茶察朝车尺臣成诚城盛承乘持齿赤充虫种重崇愁出初除处吹春纯慈次从卒村存寸答打达大刀岛到道得德地的灯登等低敌弟第调顶定东冬动都豆读独度对多恶恩儿耳二发伐法飞非分丰风奉佛否夫扶伏浮服福父妇富改高告歌革个合各给根更耕工功红弓公共句骨古谷故固归贵过国果海害号好和何河贺黑恨后厚呼湖虎户化华花画话回会惠婚混活火货基期及极吉急集己计记技季祭加家假价交教角校节皆结接街洁解界借今金禁尽进近经京惊精井景净静竞敬究九久酒旧救就居局举巨决绝军均君开考科可客课空口苦快困适落来劳老乐冷礼里理力历立利例料列烈林令领留流六陆露绿路旅律论每美妹门米密民名明鸣命末母木目暮内能逆鸟牛农怒女暖区皮贫品平破七妻起气泣桥亲勤青清轻情晴请庆秋球曲取去热人仁忍认日荣容柔肉如入若弱色舌舍设射申身深什神生胜声省圣失师诗施十石时识实拾食史使始士氏示世市式试势事视是室收手守首寿受授书署数树谁水说税顺私思死四寺俗素速宿岁孙所特体题铁听庭停头投图徒土推退脱危咸伟尾未味位遗温文闻问我屋无五午武舞物务误悟夕西昔惜习席洗喜细叶协写谢心辛新信兴星刑形幸性姓休修秀须虚许序续学雪血训野业夜一衣依医移已以亿忆义议艺异易益意因阴音银引饮印应英迎忧由油游友有又右幼与馀鱼渔宇雨语玉浴欲育遇月云运则责增宅者针真正争证政支枝知执直植止指纸至致志制质治宙昼朱诸竹主贮助住注祝著追子姊自字宗走足族祖最罪尊作昨左}

结论13，字集 A_1 的100个字中，出现在中日韩共用汉字集 D_2 中的字共有76个：{安汉年山善天田仙元圆堂王羊阳财孝中忠北本兵册茶车春道德东法丰佛福耕工国和化祭家井敬九酒乐礼令美民名农人仁日神生食士寿书水土文武悟信休一医义易阴玉月真宗祖}。换句话说，中华文化的至少76%都已经被日韩两国吸收，真是出人意料呀！而日韩可能还没有吸收的中华文化支流最多只有以下24条：{禅淡贪院宝瓷帝鼎凤鬼戒粮龙伦儒社恕丝祀网侠羞智}，显然，这还很保守，比如，"儒"字就未共用，但是，韩国有人甚至还声称孔子是他们的祖先嘛。

结论14，字集A_1的100个字中，出现在《诗经》中的字共有80个：{安汉年山善贪天田仙元宝北本兵车春道德帝鼎东丰凤佛福耕工鬼国禾和祭家戒敬九酒乐礼粮令龙伦美民名农人仁日社神生食士寿书水丝堂土王网文武孝信休羊阳一义易阴玉月中宗祖祀}。如果再考虑结论1和文化的前进性，那么，甲骨文与《诗经》一起，共有字集A_1中的84个字出现：{安汉年山善贪天田仙元宝北本兵册车春道德帝鼎东丰凤佛福耕工鬼国禾和化祭家戒井敬九酒乐礼粮令龙伦美民名农人仁日社神生食士寿书水丝堂土王网文武孝信休羞羊阳一义易阴玉月中宗祖祀}。由于《诗经》大约在西周时成书，因此，至此中华文化的成熟度至少达到了84%，它又从另一个角度印证了结论2（82%）的可靠性。

结论15，字集A_1的100个字中，出现在甲骨文（含铭文）、《易经》和《诗经》中的字共有87个：{安汉年山善贪天田仙元宝北本兵财册车春道德帝鼎东法丰凤佛福耕工鬼国禾和化祭家戒井敬九酒乐礼粮令龙伦美民名农人仁日社神生食士寿书水丝祀堂土王网文武孝信休羞羊阳一义易阴玉月中忠宗祖}。换句话说，此时（也许该在西周时期吧），中华文化的重要支流中，至少87%已经出现！

中国还有一个非常稳定的字集，那就是由姓氏组成的字集，某个姓氏一旦产生，基本上都会子子孙孙地传下去。目前，我们收集到的单字姓氏有3292个。

结论16，字集A_1的100个字中，出现在3292个姓氏字集里的字共有95个：{安禅淡汉年山善天田仙元圆院宝北本兵财册茶车春道德帝鼎东法丰凤佛福耕工鬼国禾和化祭家戒井敬九酒乐礼粮令龙伦美民名农人仁日儒神生食士寿书水丝祀堂土王网文武悟侠孝信休羊阳一医义易阴玉月真智中忠宗祖}，仅有5个字（贪瓷社恕羞）没出现在姓氏中，而且这5个字中还有两个字（贪差）已经出现在甲骨文（铭文）中了。因此，中华姓氏体系成型之日，便是中华文化成熟之时（95%），但是，很遗憾，谁也说不清楚中华姓氏体系成型于何时。据说，早在5000多年前的伏羲氏时期，就出现姓氏了。

汉字还有一个非常重要的"源字集"，即所有其他汉字都是经过这些源字，按形声、会意等方法构造出来的。这样的源字共有392个。

结论17，字集A_1的100个字中，出现在392个源字集里的字共有38个：{年山天田本册车帝鼎东丰工鬼禾井九乐龙民农人日生食士书水土王网文羊一义易玉月中}。因此，在中华文化的100条支流中，也许这38条支流演化出来的内容，从字面上看，最丰富。

最后，我们再给出两个古今对比的结论。

结论18，字集A_1的100个字中，出现在《千字文》中的字共有71个：{天日月阳生水玉淡龙帝人文国民道一王凤食化信丝羊德名堂福善宝阴敬孝忠安美令乐礼和仁义神真东仙书侠家兵车汉武士土法九宗禅田本农中易粮圆酒祭祀伦工年}；出现在《三字经》中的字共有56个：{禅汉年山善天元北本春道德帝鼎东国家戒敬九乐礼令伦民名农人仁日社神生食士书水丝祀土王文武悟孝信羊一义易玉月智中忠祖}；出现在《弟子规》中的字共有40个：{安年善天圆财车道德法福工祭家戒井敬酒乐礼名人仁日生食士书堂文孝信羞阳一义易阴真中}；出现在《三字经》或《千字文》或《弟子规》中的字共有84个：{安禅淡汉年山善天田仙元圆宝北本兵财车春道德帝鼎东法凤福工国和化祭家戒井敬九酒乐礼粮令龙伦美民名农人仁日社神生食士书水丝祀堂土王文武悟侠孝信羞羊阳一义易阴玉月真智中忠宗祖}，由此可见，历代启蒙教育把《三字经》、《千字文》和《弟子规》选用为儿童教材是相当正确的，这样蒙童就已经接触到了约84%的中华文化支流。

结论19，字集A_1的100个字中，出现在当代常用2500个汉字集中的字共有91个：{安淡汉年山善贪天田仙元圆院宝北本兵财册茶车春道德帝东法丰凤佛福耕工鬼国禾和化家戒井敬九酒乐礼粮令龙美民名农人仁日社神生食士寿书水丝堂土王网文武悟孝信休羞羊阳一医义易阴玉月真智中忠宗祖}，换句话说，普通国人接触较少的9条中华文化支流是：{禅瓷鼎祭伦儒恕祀侠}，竟然"恕"和"伦"都缺少，这可能有点欠缺。

上面我们纯粹用数学算法，来定量地计算了某些阶段或事件中的"中华文化含量"。其中许多结论与过去通过其他途径获得的结论，高度一致，比如，中华文化源于《易经》（78%），成于《老子》（82%），当然，实际上，根据结论1和结论14，还可以将时间表再提前到：中华文化源于商朝的甲骨文时期（60%），成于更早的西周《诗经》成书时（82%）。另外，中日韩三国的文化是相近的，共同点高达76%等。

本节的计算之所以可行，一方面，我们发明了一种有效的"机器文学算法"，否则文中的许多运算根本无法进行下去；另一方面，更主要的是，汉字包含的信息非常丰富，而且汉字与其相关的概念和意识几乎是同时诞生的，保守地说，相关概念和意识肯定不晚于相应汉字的诞生，所以我们只要能够找到相关汉字的诞生时间，就可以知道相关文化（概念或意识）的发源时间。相信，本节的思路一定还可以用于训诂学的其他方面，因此，理工融合真的大有作为。

比如，利用该机器文学算法，我们在《机器文学》中，验证了"单音文猜想"，即针对当代汉字的全部400余个音，每个音都能够产生一篇单音文。那么何为单音文呢？如果一篇文章中的所有"字"都发同一个"音"，则这样的文章就称为"单音文"。历史上，最著名的单音文作者可能要数"中国现代语言学之父"赵元任（1892年11月

密码简史

3日—1982年2月24日）老先生了！他一生创作了五篇单音文，比如，最具代表性的单音文之一便是《施氏食狮史》："石室诗士施氏，嗜狮，誓食十狮。施氏时时适市视狮。十时，适十狮适市。是时，适施氏适市。氏视是十狮，恃矢势，使是十狮逝世。氏拾是十狮尸，适石室。石室湿，氏使侍拭石室。石室拭，氏始试食是十狮。食时，始识是十狮，实十石狮尸。试释是事。"而利用我们的机器算法，却可以轻松产生更多的单音文，比如，根据北京堵车的事实，就可写出以下《堵都》："嘟，…，嘟，嘟…！堵，毒堵，都堵，堵都，渎都，黩都。独堵，独都堵，都督堵，妒堵督，睹都堵，读堵都。都督笃堵，毒渎独都；都堵肚堵，肚妒都督；独犊杜堵，赌椟杜堵；堵堵都督，督督堵度。杜堵赌杜牍，都督黩堵都；笃犊督堵都，堵都堵堵堵！嘟，嘟，……。"

此外，根据该机器文学算法，还可以产生若干"同音文"；此处两篇文章称为同音文，如果它们的发音完全相同，但是，内容和含义又完全不同！虽然对同音文的研究不多，但是，同音字和同音词绝对是现在网上的潮语，比如，"同学"与"童鞋"、"有才华"与"油菜花"等。同音短句的例子是"分久必合，合久必分"与"汾酒必喝，喝酒必汾"等。关于一般的同音文，《机器文学》也有一个有趣的"影文猜想"，即对任何一篇文章，都存在另一篇文章，使得这两篇文章的读音完全相同，但含义却完全不同。

总之，汉字的密码趣事实在太多，作为本节的结尾，最后再举两个例子。

例1，单字文。它是由单独一个字的不同读音写成的文章。至今，最著名的"单字文"可能要算下述三副对联了。

（1）上联：长长长长长长长（读法：chang zhang chang zhang chang chang zhang）；下联：长长长长长长长（读法：zhang chang zhang chang zhang zhang chang）；横批：长长长长（读法：chang zhang zhang chang）。

（2）上联：朝（zhao）朝（chao）朝（zhao）朝（chao）朝（zhao）朝（zhao）朝（chao）；下联：朝（chao）朝（zhao）朝（chao）朝（zhao）朝（chao）朝（chao）朝（zhao）；横批：朝（zhao）朝（chao）朝（chao）朝（zhao）。

（3）上联：行（hang）行（xing）行（hang）行（xing）行（hang）行（hang）行（xing）；下联：行（xing）行（hang）行（xing）行（hang）行（xing）行（xing）行（hang）；横批：行（xing）行（hang）行（hang）行（xing）。

例2，单字单音文。它由单独一个同音字的不同音调写成。至今，最著名的"单字单音文"也是这样两副对联。

（1）上联：好（hào）好（hǎo）好（hào）好（hǎo）好（hào）好（hào）好（hǎo）；下联：好（hǎo）好（hào）好（hǎo）好（hào）好（hǎo）好（hǎo）；横批：好（hào）好（hǎo）好（hào）好（hào）。

（2）上联：种（zhǒng）种（zhòng）种（zhǒng）种（zhòng）种（zhǒng）种（zhǒng）种（zhòng）；下联：种（zhòng）种（zhǒng）种（zhòng）种（zhǒng）种（zhòng）种（zhòng）种（zhǒng）；横批：种（zhǒng）种（zhòng）种（zhòng）种（zhǒng）。

9.3 甲骨文预测表

本节又是理工科的跨界之作，它将仿照门捷列夫元素周期表，给出一个预测甲骨文单字存在性的表格，希望它有助于更多甲骨文图的破译，因为根据该表，专家们便可有的放矢地破译甲骨文图，从而将其难度大幅度减少。按照可能性的大小排队，表中预测的甲骨文单字分为四个档次："几乎肯定存在""很可能存在""可能存在""可能存在，但是，可能性不大"等。另外，根据此表的预测思路，我们还否定了过去权威专家的至少一个甲骨文图（鍝）的破译结果。

从1899年甲骨文首次被发现至今，人们已经挖掘出约15万片甲骨，含4500多个单字，并且已经识别出约2000个单字（还有一大半甲骨文单字未被破译，因此本节的预测表将大有用武之地）。如果去掉异体重复字，那么至今宣称被破解的甲骨文单字，其实只有表9-1中的788个。

表9-1　至今已被宣称破解的甲骨文单字

安八巴癸白百败般邦雹宝饱保豹卑北贝狈祊偪鼻匕比必闭畀敝辟濞兵丙秉并驳帛泊亳卜不步才
采仓曹册叉昌长鬯朝车中尘臣辰成呈承乘齿赤春虫稠丑臭出初刍楚豕传吹娕此朿琮沓大汏带丹
单旦宕刀盗得登弟杕帝典奠吊耋丁鼎东冬斗豆剢督杜端对兑多娥儿而耳洱二伐凡杋匚方彷非扉
分焚丰风妦封夆缶夫弗伏凫刜孚服福甫斧父妇阜复富腹干甘刚高膏杲槁告戈鬲各更庚工弓公肱
宫龚冓遘古谷蛊鼓雇剐官毌盥雚光归龟癸鬼鲧果国亥熯蒿好禾合何妹盉龢宏虹后厚乎虍狐壶虎
户化淮萑黄熿会昏火鸡姬基箕擠及吉彶即亟疾棘集耤己丮旡季既洎祭夹家猳甲戋艰监见姜降交
角教解介戒今尽晋京晶井汫竞九酒旧咎娵爵君麇亢尻可克口叩夸狂困来婪牢老乐雷李豊力立利
栎砾栗秝蒿联良林潾霖吝闵夌妗霝令柳六龙咙泷卢鲁鹿旅律率泺马鍝霾买麦满汒龙莽卯枚眉
湄每美妹门梦麋米宓免黾面蔑民皿敏名明鸣冥沬莫牟母牡木目牧穆内乃艿奈囡男南猱麑逆匿惄
年辇廿念娘鸟枭孽宁寍妞牛奴女虐妓庞旁盆朋倗彭品牝叵七凄戚寠齐其祈肵骑棋乞企启杞弃千
欠俔羌戕妾秦嫀沁庆磬丘秋袭区曲取龋则泉犬雀冉瀼人壬刃任妊扔日戎肉如汝乳辱入朊若洒塞
三桑丧啬森山杉商上少舌设射涉申身娠升生声省圣尸十石祏食史矢豕驶示室奭首受书殳黍术戍
束响庶脽顺纟丝司死巳四汜兕宋夙宿岁孙它贪唐天田畋聑亭同童涂梌土兔吨屯豚乇橐鼍妥宛万
亡王网往望危微为韦唯尾未文闻问我婐硪巫五午武舞兀勿戊物夕兮西昔析奚嬉熹习洗喜系下先
咸苋陷羡献粯乡相襄祥向象小效劦燮心辛欣新炘兴星行杏姓凶兄休羞戌须畜宣旋薛血寻旬讯徇
疋亚娅言岩炎畬甗焱燕餍央羊阳徉易恙夭爻尧曣埜页一伊衣依匜夷宜椸乙以乂义亦异邑易益翊
翌因寅嚚尹引饮印庸雍雝永用攸幽尤由犹斿友卣酉又幼囿于余盂臾鱼竽渔艅羽雨玉聿郁毓智元
员爰袁远曰月戉岳龠云允孕晕齉栽宰葬责昃曾乍宅翟占召折砓者贞朕争姃拯正之織执侄直戠止
只旨址沚祉萧至陟彘鹰雉疐壴祝铸爪专妆隹追椎坠濯溺兹子自宗奏卒族祖尊左中众舟侜洀周婤
肘帚胄昼酎朱竹逐舳贮

甲骨文诞生于三千年以前的商朝！从已经破解的单字来看，那时，汉字的主要构造方法（象形、会意、形声、指事、转注、假借等）都已经成熟，汉字体系也初具规模。

从完整性体系角度来看，甲骨文应该是最早的了。但是，从理论上来看，从局部上看，比甲骨文还早的是以"象形文"和"独体字"等为代表的"源字"，因为，所有其他的汉字（包括甲骨文），都是由这些"源字"中的某些字经象形、会意、形声等方法制造出来的。

全部象形文共有244个，见表9-2。

表9-2　全部244个象形文

丫丰乌丹册乐了丁不丑丏业丙乙乞也主八勹勿匕卜卤卣刀龟兔儿兆兕兢于互井云亚兽几凡卯卵冉网同力出函人仓介以侯入升午克亢亥交亨京亭又反若襄彳巢川大夭夫奠飞干工巨巫弓弗弟己已虢巾帚带帝口吕向周龟马门它宫寅女山尸居壶才巴土堆凶舜小禺禹弋子孑孔贝焉燕长车歹斗方戈戌户火斤毛木未朵来果某牛气欠犬日昔易星晓氏手水永泉瓦文心牙爻月肩朋胃能爵爪白皇癸登瓜禾秃秋秫龙矛皿母目盾眉鸟石磬矢甲田畎番玄率穴窗甫玉臣蜀而耳缶虎臼耒糸齐肉舍西要行羽至舟竹自辰豆角身豕象辛酉齿阜鱼雨雷隹革鬼韭面首邕高鬲黄鹿鼎鼠页衣羊

全部独体字共有280个，见表9-3。

表9-3　全部280个独体字

一乙二十丁厂七卜八人入乂儿九匕几刁了乃刀力又彐三亍干于士土工才下寸丈大兀与万弋上小口山巾千川彳么久丸夕及广亡门丫义之尸已巳弓己卫子孑予也女飞刃习叉马乡幺丰王井开夫天无韦专丏廿木五卅不太犬歹尤车巨牙屯戈互瓦止少曰日中贝内水见手午牛毛气壬升夭长片币斤爪父氏勿欠丹乌卜文方火为斗户心尹尺夬丑爿巴办予书毋玉末未示戋正甘世本术石龙戊平东凸业且且甲申电田由史史冉皿凹民弗出皮矛母生失矢乍禾丘白斥瓜爯甩氐乐匆册鸟主立半头必永耒耳亚臣吏再西而页夹夷曳虫曲肉年朱缶乒乓臼自血角舟兆产亥羊米州农聿艮严求甫更束两酉豕来芈里串我身豸系羌良事雨果垂秉臾肃隶承柬面韭禺鬼禹食彖象

不难发现，表9-2和表9-3中的许多字是重叠的，因此，将这两张表整合（去重）后，我们就得到了汉字的所有392个"源字"见表9-4，即其他汉字都是由这些"源字"所造的。

表9-4　392个源字

丫丰乌丹册乐了丁不丑丏业丙乙乞也主八勺勿匕卜卤卣刀龟兔儿兆兕兢于互井云亚兽几凡卵卯
冉网冏力出函人仓介幺侯入升午克亢亥交亨京亭又反若褰彳巢川大夭夫奠飞干工巨巫弓弗弟己
已巺巾帚带帝口吕向周龟马门它官宫寅女山尸居壶才巴土堆凶舜小禺禹禽弋子孔贝焉燕长车
歹斗方戈戉户火斤毛木耒朵来果某牛气欠犬日昔易星晓氏手水永泉瓦文心牙炎月肩朋胃能爵爪
白皇癸登瓜禾禿秋秫龙矛皿母目盾眉鸟石磬矢甲田畎番玄率穴窗甫玉臣蜀而耳缶虎臼耒糸
齐肉舍西要行羽至舟竹自辰豆角身豕象辛酉齿阜鱼雨雷隹革鬼韭面首鼀高高黄鹿鼎鼠页衣羊
一二十厂七乂九刁乃乜三丁士下寸丈兀与万上千个么久丸夕及广亡义之卫予习习叉乡幺王开天
无韦专亏廿五卅太尤屯止少日中内见壬片币父卞为尹尺夬爿办予书册末示戈正甘世本术戊平东
凸且申电由央史凹民皮生失乍丘斥乎甩氏匆立半头必吏再百夹夷曳虫曲年朱乒乓血产米州农聿
艮严求更束两芈里串我豕系羌良事垂秉叟肃隶承束重食彖

好了，下面就可以利用表9-1和表9-4，来构造"甲骨文破解预测表"了。

首先，很抱歉，在预测甲骨文新字之前，我们不得不首先否定前人宣称的一个所谓甲骨文单字："鎷"！（在表9-1中，我们特别用框将它标明。）

如果不借助我们发明的"机器文学算法"，那么将很难发现这个错误！因为仅仅从外形上看，"鎷"与其对应的甲骨文图几乎一模一样。因此，若不仔细分析，那么，所有已被破解的甲骨文单字中，也许最不应该被怀疑的就是这个"鎷"字了！

但是，事实就是事实，下面论述"鎷"绝不是甲骨文单字的主要理由。

1869年门捷列夫发明元素周期表后，每当再有一个新元素被发现，那么人们就会造一个新汉字来命名该新元素，而且其造字规则很统一：所有金属类元素都用一个金字旁，配一个形声部分；少数的例外只有"金、铅、铁"等元素，因为它们早在元素周期表被画出来前，就已经有名称了。于是，1925年，当德国化学家诺达克宣布他发现了周期表中第43号元素（发音为"Ma"）时，自然地，人们就按传统造了一个"钅旁配马"的字——"鎷"，来为该新元素命名。12年后的1937年，美国人伯利埃等以人工蜕变钼原子的方法，真正发现了第43号元素（发音为"D"），于是，人们又改用"锝"来命名该元素。

德国化学家诺达克的错误虽然被纠正了，但是，"鎷"字却在1925年后，被留下来了。就是这个因科学错误几乎被废弃的"鎷"字，竟然又引发了一场甲骨文考古的乌龙事件！

如果人们在1899年甲骨文刚刚被发现时，就开始对它们进行文字考古，那么，"鎷"字的乌龙事件肯定不会发生，因为，1716年成书的《康熙字典》中并无"鎷"字，当时所有字典中也都没有"鎷"字，因此甲骨文"专家"就无法"考古"出"鎷"字。

但遗憾的是，甲骨文真正被官方学术机关进行独立田野考古的时间是1928年，即从当时的"中央研究院历史语言研究所考古组"对殷墟的首次发掘开始的。大规模的甲骨文"文字考古"时间就更晚了，也许那时"专家"们就已经从字典中找到了貌似古字的"鎷"，而且它又与某片甲骨上的图文十分相像，于是，"专家"就想当然地宣布了一个甲骨文考古的"重大成果"。

你看，甲骨文研究史上的一个笑话，就这样被国内外的科学家和文学家们，阴差阳错地排练出来了！至此，合并异体字后，至今人们已经破译的甲骨文单字只有787个（而不是表9-1中的788个）。但愿甲骨文考古成果中，不再有类似于"鎷"的乌龙事件出现。

接下来，我们就正式开始努力研制"甲骨文存在性预测表"。众所周知，"门捷列夫元素周期表"仅仅用半页纸，就成功地预测了许多化学新元素的存在性，并催生了若干位诺贝尔奖获得者。下面，我们也来构造一张半页纸的预测表，希望它也能够催生一批甲骨文考古的重要成果。

推测1：从相对时间来看，"源字"应该早于甲骨文，因此，从理论上推断，表9-4中的"源字"都有可能出现在某片甲骨文龟壳上。所以，那些已经出现在表9-4中，但还没有出现在表9-1中的如下144个字（见表9-5），都可能藏在某个甲骨片中。（提醒：这里特别强调的是"相对时间"而非"绝对时间"，即每个"源字"仅仅在其自身的"地盘"上是最早的。）

表9-5　可能存在的甲骨文单字表

丫乌了丏业也主勺卤兆兢互兽几卵囘函侯亨反襄彳巢川飞巨已巾吕居堆凶舜禺禹禽弋孑孔焉歹斤毛朵某气晓氏手水瓦牙肩胃能皇瓜秃籴矛盾畎番玄穴窗蜀臼耒糸幺要革韭鼠厂刁乇亍士寸丈与个么久丸广卫孓幺开无丏卅太片帀卞尺夬爿爿办予毋末世本平凸且电凹皮失斥甩氏匆半头吏再曳兵乓产州农艮严求两芈里串豸事垂肃隶柬重象

推测2：表9-5中的那些绝对时间不晚于甲骨文时期（公元前1300年至公元前1000年）的字，很可能隐藏在某片甲骨文龟壳上。比如，表9-5中的"豸"是表9-1中"豹"字的母字，因此，就应该先有"豸"，后才有"豹"，所以，甲骨文"豸"字就"很可能存在"！类似地，表9-5中的"彳、厂、几、寸、广、巾、士、幺、歹、斤、氏、瓦、玄、耒、艮、臼、糸"字，分别是表9-1中"徉、厚、凡、对、庞、帛、壶、幼、死、斧、民、甄、率、耤、艰、舂、系"字的母字，它们也都很可能存在。

推测3：表9-5中的那些可能出现在周朝（或周朝之后）的字，就属于"可能存在，但是，可能性不大"的甲骨文单字。这样的字到底有哪些，我们也没有确切的证据，只是觉得下面这些"源字"既比较抽象又与甲骨文时期的生活不十分密切：乒乓兢凸凹囘毋韭了丏也亨巨凶孑予蜀刁乇与个么久卞夬办予世且失斥甩氏匆半再产严两串垂肃重象籴。所以，我把它们列入"可能存在，但是，可能性不大"一栏。特别是其中的"象、夬"等字，应该是周文王创立64卦之后才诞生的专用字，几乎肯定不会出现在甲骨文中！

推测4：下面几个甲骨文单字"几乎肯定存在"，其理由分别是：

"水"字存在的理由：表9-5中的"水"是表9-1中"沓、砅、泉"的母字，而且还与表9-1中的多个字密切相关，比如，濛（水面动荡）、洎（往锅里添水）、姜（水名）、井、洴（细流蜿蜒的样子）、酒、泷（急流的水）、泺（水名）、沁、汝、洒、涉、汜（水名）、涂、洗、匜（盥洗时舀水用的器具）、益（水漫出）、雍（水被壅塞而成的池沼）、永（水流长）、攸（水流的样子）、渔、沚（水中的小洲）、潚（雨声或水声）等。

"金"字存在的理由：该字虽然不在表9-1和表9-5中，但是，与那个乌龙"鎷"相对的甲骨文图的左边部分就很像"金"；另外，远古五行的"金木水火土"，在表9-1中已经出现了"火、木、土"，若前面的"水"几乎肯定存在，那么，"五缺一"的可能性就更小了；还有，甲骨文时期正处于青铜时代，有"金"之物（而且还是重要之物），当然也该有"金"之字；最后，表9-1中的"铸"字也与"金"密切相关。

"手"字存在的理由：表9-5中的"手"是表9-1中"承"的母字，而且还与表9-1中的许多字密切相关，比如，盥（洗手）、刍（割草）、汏（淘洗）、伐（砍杀）、丰（古代盛酒器的托盘）、肱（手臂由肘到肩的部分）、剐（割肉离骨）、及（抓住)、廾（握持）、取（割下左耳）、扔（拉）、束（捆绑）、析（劈木头）、洗（用水洗脚）、新（用斧子砍伐木材）、乂（割草或收割谷类植物）、引（拉开弓）、又（右手）、臾（捆住拖拉）、戉（大斧）。

"舜、禹"两字存在的理由：祭祀是甲骨文的主要内容之一，而祭祖先又是重中之重。"尧、舜、禹"是最重要的祖先，而且还经常被放在一起来提及。既然表9-1中已经有"尧"了，所以，有"舜、禹"的可能性就更大了。另外，"舜、禹"两字都在表9-5中，这又增加了存在的可能性。当然，"舜、禹"这两个字可能很难考古，因为，它们太抽象。

"兆"字存在的理由：甲骨文的核心行为是卜卦，而其结果就叫"兆"，而该字又处于表9-5中。

"弋、盾、矛、农"四字存在的理由：甲骨文卜卦的主要目的是问"战争"和"农事"，因此，表9-5中的"弋、盾、矛、农"四字也是应该存在的。

"右"字存在的理由：已经有右手的概念（其实"又"即右手），同时，在"上下左右"四个方位中，"上下左"全都已经出现在表9-1中了，独缺"右"几乎没可能，而且"右"手还是最重要的一只手呢。

推测5：除甲骨文之外，在商朝还肯定存在过的文字就是各类出土文物上的铭文字了。这些文字，也同时出现在甲骨龟片上的可能性也很大。据我们所知，目前已知的商代铭文有："併戜父辛卣，子蝠何不且癸，文父丁觚，耳鼎，嘞祖庚父辛鼎，啦父己鬲，好鬴，史鬲，祖丁甗，子父辛鼎，嘞祖庚父辛鼎，子父乙甗，父丁彝爵，母彝卣，併戜父辛卣，大丂簋，妇嗌卣，戈御作父丁盉，中父丁盉，黾作父辛甗，册拊祖癸方彝，圤日戊鼎，风作祖癸簋，作彝鬲，商妇甗，作父辛鼎，作父乙凷鼎，大丂簋，作囦从彝觯，癹母鼎，盟彝，从彝，凷彝镂，鑊，俭子作鼎盟彝鼎，小子㐁卣，乙巳，子令小子㐁先以人于堇，子光赏㐁贝二朋，子曰，贝唯蔑汝鵾，㐁用作母辛彝，在十月二，隹子曰，令望人方䢔，四祀嗖其卣，小子省卣壶，小子㐁卣，作册般，唧鬲，亚唧父乙簋，作册般甗，作册豐鼎，豐作父丁鼎，般觥，龏方鼎，龏觚，戊寅作父丁方鼎，小子垦鼎，小臣缶方鼎，戌壐鼎，戌瓹鼎，遍方鼎，寝堫鼎，作父己簋，小子咙簋，函图作兄癸卣，寝敉簋，倘作父乙簋，昴卣，帔作母乙卣，孝卣，小臣候卣，小臣候卣，驭卣，小子省卣壶，宰甫卣，毓祖丁卣，二祀嗅其卣，四祀嗅其卣，六祀嗅其卣，小子伥卣，子启尊，小子夫父己尊，执尊，执卣，小臣俞犀尊，怀妇觚，风作祖癸簋盖，戈爵，或作父癸角，紊卣，亚鱼鼎，寝鱼爵，寝鱼簋，誉亚倘角，宰椸角，小臣邑斝，文扒己觥，趋作父癸方彝盖，戌铃方彝，倚挈方鼎，版方鼎，子黄尊，靖方鼎，女鬲，寝鱼爵，蓳觚，作父己簋，小臣邑斝，小臣候卣，戌嗣子鼎，唧鬲，宰椸角，宰甫卣，小子伥卣，小臣俞犀尊，大兄日乙戈，大祖日己戈，祖日乙戈，子作妇帘卣，乃孙罍。"这些铭文中的许多字已经出现在表9-1里了，但是，下面71个字"作伥凷併巤彝觚祀嗅蓳唧椸俞犀寝簋斝候嗣蝠且啦唰嗞御拊圤丙冏觯斖从镬鑊倗盟蓳赏鹯在伽垫壐瓹遍堫函图敉倘昴帔孝驭怀风或紊誉倘扒觥趋盖铃倚挈版靖帘罍"还没有出现在被破解的甲骨文中。从这71个字中，去掉推测1～推测4中已经出现的"丙且"两字，便得到另外69个可能出现的甲骨文单字，即"作伥凷併巤彝觚祀嗅蓳唧椸俞犀寝簋斝候嗣蝠啦唰嗞御拊圤冏觯斖从镬鑊倗盟蓳赏鹯在伽垫壐瓹遍堫函图敉倘昴帔孝驭怀风或紊誉倘扒觥趋盖铃倚挈版靖帘罍"。

推测6：在表9-1中，有关"春夏秋冬"四季，已有"冬秋"，但无"春夏"。有两种可能，其一，当时确实还没有区分出春、夏；其二，已经分出了四季，但是，甲骨文破译还没找到。由于，春、夏两字也不在表9-4中，所以，我们把它们放入预测表中的"可能存在，但是，可能性不大"的甲骨文单字一栏。在表9-1中，关于家庭成员名称，已经可区分"妹孙兄父母夫弟子女儿"，因此，存在"妻姐爷婆媳"等字的可能性也是有的，但是，可能性不很大，况且这几个字也没有出现在表9-4中。

综上所述，从推测1～推测6中，可以整理出"甲骨文预测表"

见表9-6，特别说明，由于"用铭文推导甲骨文"的思路不是本文重点，所以我们把相应的预测字（推测5）单独排列在表9-6的最后一行，以示区别。

表9-6　甲骨文预测表

几乎肯定存在的甲骨文单字	右弋盾矛农兆舜禹手金水
很可能存在的甲骨文单字	豸彳厂几寸广巾士幺歹斤氏瓦玄耒艮白糸
可能存在的甲骨文单字	丫鸟业主勺卤互兽卵函侯反蔓巢川飞已吕居堆禺禽孔焉毛朵某气晓牙肩胃能皇瓜秃畎番穴窗舍要革鼠丁丈丸卫开无丏卅太片币尺爿耒本平电皮头吏曳州求芈里事隶柬
可能存在，但是，可能性不大的甲骨文单字	乓乒兢凸凹同毋韭丁丐也亨巨囡孑矛蜀刁也与幺么久卞央办予世且失斥甩氏匆半再产严两串垂肃重豪秫春夏妻姐爷婆媳
商朝铭文中已经出现过的、可能存在的甲骨文单字	作佧凷併戝彝觚祀嗅葬喞桄俞犀寝箆琴候祠蝠啦唰嗞御拊圦阋觯斐从镶鳞俭盟堇赏鹑在伽堲珊軷逦塚凾图矜俗甭帔孝驭怀凤或崇誉倘抌觥趋盖铃倚挙版堉帘蟲

当然必须承认，我们并不懂甲骨文，因此，不敢保证结果的正确性，但我们相信，本节的推理思路是正确的。

锁定表9-6中的字（特别是前三行的字），有的放矢地寻找其对应的甲骨文图，将远比漫无目的地考古更加有效和容易。

过去的甲骨文专家主要是纵向考古（即很深入地细究每个单字），而本节则是横向考古（即通过分析已被破解的甲骨文单字之间的关系，来推测并引导寻找新的未知甲骨文单字）。当年，门捷列夫的化学元素周期表就是用这种"横向考古"方法画出来的。其实，"横向"与"纵向"是相辅相成的，大量"纵向"的成果，肯定有助于发现更多规律，从而，有助于"横向"的研究；反过来，"横向"的成果又可以去引导"纵向"研究，使其成功的可能性更大。

过去甲骨文专家是用"人脑+知识"来考古，此处则是用密码破译和"电脑+算法"的思路来进行"考古"。如果与某些真正的甲骨文专家合作，那么，"文理结合"的效果会更理想。虽然不知道专家们现在是如何进行甲骨文考古的，但是，直观感觉是：甲骨文考古的难度不应该大于通信密码破译的难度，毕竟甲骨文的冗余度较大，如果充分借鉴现代手段（比如，密码分析、拓扑识别、计算机算法等），那么 IT 人士应该可以在这方面有所作为。

实际上，心里最没底的素材是表 9-1，它是我们从网上下载的号称"甲骨文字典大全"的东西。而且表 9-1 还特别重要，因为所有后续推理都以表 9-1 为基础，如果表 9-1 错了（或表 9-1 不完整），那么后面的许多结果都会受到影响。但是即使表 9-1 错了，只要甲骨文专家能够提供代替表 9-1 的正确素材，那么与表 9-6 相对应的推理预测表也可以很快重新做出来，没准还能够做得更好。

本节的预测表思路还有一个重要应用，即无论何时（只要甲骨文还未被全部破译），那么，就可以根据已知的甲骨文单字去预测其他甲骨文单字！

9.4　汉字时光机

据说，若能造出超光速火箭，那么人类就可以回到过去。但是，很遗憾，根据爱因斯坦的理论，速度无法超过光速！不过，别失望，因为我们可以另辟蹊径，制造一种"文字时光机"，即利用存封在汉字中的原始信息，带你去远古旅游，见识先人们的生活和起居等，实现穿越梦。

原理：人类的"言"与"行"始终是一致的，而且"言"与"行"是相互影响和相互促进的。文字是"言"的主要载体。"行"虽然无法独立传承，但是，却可以通过记录"行"的成果，通过文字，将"行"转化为"言"；另一方面，每个人，每时每刻的"行"，又在很大程度上，受到过去（他人或自己）的"言"的影响。所以，可以通过分析古人的"言"，便能够大致了解他们的生活起居等"言"与"行"。

思路：当某种"言行"特别重要时，人们总要千方百计地去研究它，而且需要先用一个字、词或术语去定义它。因此，人类刚刚发明"字"时，"字"所能够表达的东西，一定是当时最重要（或给人们印象最深刻）的东西；而"字"所没有涉及的东西，或者不是很重要，或者根本没有被注意到。因此，只要我们能够精确判断某些"字"诞生的时间，那么，就可以在一定程度上，推断出这些"字"之前和之后，人们生存方式的差异。

虽然没有任何办法知道每个汉字诞生的精确时间，但是，目前已知人类最早的汉字是象形文（共有下面244个），它们是本文"时光机"的主体：丫丰乌丹册乐了丁不丑丏业丙乙乞也主八勹勿匕卜卤卣刀龟兔儿兆兕兓于互井云亚兽几凡卯卵冉网同力出函人仓介以侯入升午克亢亥交亨京亭又反若襄彳巢川大天夫奠飞干工巨巫弓弗弟己已兾巾帛带帝口吕向周黾马门它宫寅女山尸居壺才巴巴土堆囪舜小禺禹禽弋子孑孔贝焉燕长车歹斗方戈戌户火斤毛木末朵来果某牛气欠犬日昔易星晓氏手水永泉瓦文心牙爻月肩朋胃能爵爪白皇癸登瓜禾秃秋秭龙矛皿母目盾眉鸟石磬矢甲田畎番玄率穴窗用甫玉臣蜀而耳缶虎白耒糸齐肉舍西要行羽至舟竹自辰豆角身豖象辛酉齿阜鱼雨雷隹革鬼韭面首邕高鬲黄鹿鼎鼠页衣羊。

人类早期（此处的"早期"是相对的，即在该字所表达的领域内是最早，而非绝对时间的最早）发明的还有下面280个独体字：一乙二十丁厂七卜八人入乂儿九匕几习了乃刀力又乜三于干于士土工才下寸丈大兀与万弋上小口山巾千川彳个么久丸夕及广亡门丫义之尸已巴弓己卫子孑予也女飞刃习叉马乡幺丰王井开夫天无韦专丏廿木五卅不太犬歹尤车巨牙屯戈互瓦止少日日中贝内水见手午牛毛气壬升夭长片币斤爪父月氏勿欠丹乌下文方火为斗户心尹尺夬丑爿巴办予书册玉末未示戋正甘世本术石龙戊平东凸业目且甲申电田由央史冉皿凹民弗出皮矛母生失矢乍禾丘白斥瓜乎用甩氏乐匆册鸟主立半头必永耒耳亚臣吏再西百而页夹夷曳虫曲肉年朱缶乒乓臼自血角舟兆产亥羊米州农聿艮严求甫更束两酉豕来芈里串我豸系羌良事雨果垂秉臾肃隶承柬面韭禺重鬼禹食象象。

显然，"象形文"与"独体字"有许多重叠，当去掉这些重叠后，我们就获得了人类"最早"发明的下面392个汉字，见表9-7。现在就用这些字来制造"文字时光穿越机"（为清楚计，今后，当用作"时光机"时，它们将被标为单下画线（象形字）或双下画线（独体字）。再次提醒：这里的"最早"是相对最早，即在其所指领域是最早出现）：

表9-7 "最早"发明的392个汉字

丫丰鸟丹册乐了丁不丑丏业丙乙乞也主八勺勿匕卜卤卣刀龟兔儿兆皃兢于互井云亚兽几凡卵卯冉网同力出函人仓介以侯入升午克亢亥交亨京亭又及若襄彳巢川大天夫奠飞干工巨巫弓弗弟己巳畿巾帚带帝口吕向周龟马门它宫寅女山尸居壶才巳巴土堆囟舜小禺禹禽弋孑孓孔贝焉燕车歺斗方戈戊户火斥毛术未朵来果某牛气欠犬日昔易星晓氏手水永泉瓦文心牙爻月肩朋胃能爵爪白皇癸登瓜禾秃秋秝龙矛皿母目盾眉鸟石磬矢甲田畎番玄率穴窗用甫玉臣蜀而耳缶虎臼耒糸齐肉舍西要行羽至舟竹自辰豆角身豕象辛酉齿阜鱼雨雷隹革鬼韭面首邑高鬲黄鹿鼎鼠页衣羊一二十厂七乂九刁乃匕三亍士下寸丈兀与万上千个么久丸夕及广亡义之卫孓刁习叉乡幺王开天无韦专丐廿五卅太尤屯止少曰中内见壬片帀父卜为尹尺夬卂办予书冊末示戋正甘世本术戊平东凸且申电由央史凹民皮生失矢乍丘斥乎氏匆立半头必吏再百夹夷曳虫曲年朱乒乓血产米州农聿艮严求更束两芈里串我豸系羌良事垂秉臾肃隶承柬重食豖。

好了，现在就可以开始穿越之旅了。好了，各位读者朋友，远古已经到了，请走下"时光机"，下面由我们来当导游，给大家进行解说。

问题1，远古时代，都有些什么人？

家人有"<u>父</u>、<u>母</u>、<u>夫</u>、<u>弟</u>、<u>子</u>、<u>女</u>、<u>儿</u>"，那时他们还不区分"兄、妻、姐、妹、爷、婆、孙、媳"等家庭成员哟，对此，虽然可以猜测许多原因，比如，或者没有必要区分这些关系（比如，至今在许多西方国家中，也还不区分"堂"和"表"的关系呢）；或者太复杂，用当时已有的字，还无法做出区分；或者寿命不长，很少出现三世同堂等（比如，现在四代以上，都统称"祖先"了）。但是，这些猜测都没有根据，所以，本文下面就只陈述事实，不再探究原因了。

已知的重要人物有"舜、禹、皇、帝、臣、侯、王"（很奇怪，为啥没有"尧"呢！）；已有官"吏"和普通平"民"之分；既有文官"尹"，也有武官"士"；社会关系包括自"己"和他"人"，不区分"敌、伴"等；对自己的种族已经有了一定的优越感，已有"夷"的概念了，至少已可区分"羌、氐"等民族。他们虽然还没有姓名，但是，已经可以区分"氏"了。已经有人专门负责记录历"史"和重要"事"情了。

问题2，家里都养了哪些动物，或者都见过哪些动物？

他们已经能够区分"禽"和"兽"了。家畜中最重要的可能是猪，因为，竟然用了两个字"彘、豕"来描述这种东西；其他家畜可能还有"羊、犬、牛、马"，但是，还没有"驴、骡、猫"等家畜。这时家禽（比如，鸡、鸭、鹅等）也还没有被驯服，它们还在大自然中独立地生存着，与人们的生活关系不大。不过，耗子"鼠"和蚊虫"孑、孓"已经把祖先们折腾得够呛了！

他们经常看见在地上跑着的动物有"鹿、象、虎、兔"和熊"能"，还传说有一种神猴"禺"；他们看见在水中游的东西，主要有"鱼、龟"和一种蛙"黾"等；他们好像还没见过"狮、豹、蛇、骆驼"等，或者说，这些东西与他们的关系并不密切，不值得专门发明相关字眼去描述它们。他们将蛇等没足的虫子都统称为"豸"。那时，各种虫子，在他们心目中，是一类比较宽泛的动物，因此，他们至少用了"它、虫、豸"等字眼来记录虫子。他们看见在天上飞的动物有"鸟、隹、燕"等，但是，却没有区分（或没见过）"鸡、雁、鹰、麻雀、乌鸦"等鸟类，但是，已经知道鸟蛋"卵"和鸟窝"巢"了。

他们已经知道害怕"鬼"，同时懂得敬畏"龙"，而这些理念都是由专业人士"巫"，通过"易 卜 兆 文"和易经中的"爻 彖 艮 夬"等手段，传递给他们的。出乎意料的是，"乞 丐"也是出现较早的一类专业人士！

问题3，他们吃什么，做什么，用什么，有哪些家具或工具，用什么东西打仗？

他们已经开始从事"农"业活动，不过，渔业和牧业等活动还没有出现（至少未成规模）。

已经有商业，并开始用"贝 毌"来交换东西，对钱的多少也有意识了，钱的基本单位"朋"已经出现。他们对等价交换物的大小重量等已经有了明确的概念，知道"大 小 巨 少 戋"；对"少"好像特别在乎，用了"小 少 戋"等多个字来表示，但是，还不知道更小的"微"。已有"重"量的概念，衡量单位已经出现"斤 两 尺 寸 丈"等，但还没有"吨、米"等公制单位。

他们喝"水"和"泉"，烧"火"，点火把"主"，穿"衣"。他们的"食"物主要有"米 豆 肉 瓜 果"，没吃过"奶、糖、糕、粥"等，也不细分"大米"与"小米"、"豌豆"与"胡豆"、"肥肉"与"瘦肉"（但是，已经有干肉"昔"出现了）、"甜瓜"与"苦瓜"、"干果"与"水果"等，甚至，可能这些东西都还没有出现。他们已经记录了甜味"甘"。

特别注意，他们已经有"卤"了，这也许是因为人体需要盐分，但当时还不会造盐，所以就用卤来替代。

他们虽然没有专门发明一个字来描述酒（这很奇怪！也许"酒"

与"水"不分？），但是相当重视酒，因为与酒器相关的字有好几个："兕 卣 鬯 鼎 爵。"

酸酸的梅子可能给他们留下了深刻的印象，虽然不可能常吃，但还是发明了一个字"某"来描述它。

他们使用的农具或工具已经不少了，包括容器"缶 皿 仓 屯"、加工或度量粮食的工具"臼 斗"、通用家具"耒 帚 叉 夹"、网状或织网的东西"网 互"、曲尺"工"等，但是，不区分锄头和犁耙等带把的农具，把它们统称为"耒"。他们已经习惯于把禾秆束在一起，绑成"秉"。已经意识到做农活要花"力"气。

他们的厨房用具有"壶 勺"，已有纺锤"专"，会用腰"带"和毛"巾"，能够对兽"皮"加工，制造出"革"和"韦"。已经会从"井"中取水，能够将"木"头劈成片，做出"爿"。文化活动也不少了，已经有"柬 册 书"等文学成果了。

众多植物"竹 韭 秝 蕒 甫 禾 本"已与他们的生活密切相关。他们已经会乘坐"舟 车"等交通工具了；已经会建造有"瓦"和带"门窗"的各类房子"亭 宫 皇 舍"等，而且已经有双开门"户"了；他们还会修建短墙"丏"、房屋"向"、没围墙的房子"厂"等建筑物，还知道修路"术"，已经知道用小木桩来标注"必"。

他们已经有音"乐"，出现乐器了（但不知道都有些什么乐器，难道只有"磬"一种乐器？），并把乐器放在"业"上。他们已经有凳子，坐在"几"上。已经能够用模具"凡"来生产东西了。

他们把武器都统称为"我"，具体地说，用"戈 矢 矛 戍 弋 盾弓 刀 匕 刃"等武器来打仗或狩猎，还穿着铠甲"介"。

在一年四季中，他们最关注的是"秋"，也许秋天给他们的印象最深，比如，粮食丰收、山火频发等。他们对春夏冬这三个季节好像不感兴趣，可见，农业还不够发达。

东南西北四个方向，他们更重视"东 西"，可能因为那是太阳和月亮出没的方向吧；而对南北两个方向不重视，更没有左右之分了。

左撇子不多，而且右手很重要，所以专门用"又"来表示右手。

问题4，他们如何使用历法、计数、观察天象？

他们已经能够用"二 三 五 七 八 九 十 百 千 万 半 廿 卅 无 再"等来计数了（注意：没有"四"，在甲骨文中，用两个"二"重叠成的"四个横杠"来表示四。也没有"六"，我们就不知道原因了）。当然，不可能有"亿"的概念，这对他们来说太大了。

他们的历法体系已经比较健全了，包括天干和地支"甲 乙 丙 丁 辛 癸 丑 寅 卯 巳 午 未 酉 亥 戊 壬 申"等。但是，不知为何，天干和地支中各缺少一个："庚、戌"。

他们也已经有"旦 月 天 年 奂 世"等时间概念。

汉字的特色词，量词（与英文相比，因为英文没有或很少有量词）已经出现了不少，包括"朵 堆 升 行 页 束 串 个"等。很明显，这些量词都与农业生产密切相关，比如，"朵堆束串"等都与禾秆的收集和整理相关，"升"与粮食计量有关，"行"与农田相关，"页"与书册相关，"个"就很通用了。也很显然，这些量词还远远不够，所以，后人又发明了许多其他量词。

他们很重视天象观察，已经知道了"日 月 星 辰"等星体，但还不知道"彗星"等。已经知道"天"，但为什么没区分"地"，也许是用"土"来表示吧。已经注意到"云 雨 雷 电 气"等自然现象，但还不知道区分"雾霾雪"等。已经知道区分每天的开始"晓"和结束"夕"。

他们已能把石头细分为普通的"石"头、能发声的石头"磬"，以及贵重的石头"玉"。对土地也有细分，包括"土 田"等，而且还把田分成了块状，用"畎"来分隔。

问题5，关于自身，他们知道些什么？

关于人或动物的躯体，他们知道的东西也不少，包括一目了然的"口 眉 睸 且 耳 角 身 牙 齿 毛 羽 手 爪 首 头"和舌头"函"、受伤后流出的"血"、死后的身体"尸"、婴儿头顶骨未合缝"囟"脑门儿（可见，其观察已经很细了）、脊骨"吕"等。动物的爪子给他们留下的印象可能更深，他们甚至用了两个字"爪 番"来记录。男人的胡子也专门记录为"而"。对鼻子也用"自"来记录。对死者已经懂得尊重，有了"奠"和"亡"。

特别奇怪的是，他们甚至知道两种内脏"心 胃"，但是，不知道其他更多的内脏，比如，肝、肠、肺等。其原因也许是：猛跑后，心脏跳动很快，他们能够直接感觉得到；经常吃不饱，因此，能够感觉到肚子里有个食物"容器"。

问题6，他们还知道些什么？

关于外部环境，他们已经在区分大"山"和小"丘"，也有河"川"的概念。他们知道"上 下 屮 央"，对平面有"凹 凸 平 兀"的认识，能描述"丫 孔 穴"等形状。在两物相比较方面，已有"正 长 齐"等认识。

他们已经记录许多比较复杂的动作了，比如，"出 入 亨 交 以 反 夭 飞 王 居 来 欠 登 率 用 克 要 至 于 若 已 予 之 系 求 产 曳 立 甩 厇 生 失 示 办 见 止 旦 开 卫 习 乂 承 与 垂 乜 及 为 由 隶"等。

"黄 乌 丹 朱 白 玄"是他们认为重要的，需要记录的颜色。他们能够区分的声音，包括牛羊的叫声"坐"和"乓 乓"之声。

他们掌握的形容词也不少了，包括"<u>丰 兢 冉 囵 彳 焉 歹 秃 系</u> <u>亢 才 永 严 更 亚 刁 广 久 太 曲 良 聿 聿 幺 尤 匆</u>"等。

他们对位置的描述主要有"<u>周 方 高 面 内 里 末</u>"。已经有 "<u>乡</u>"野的概念，而且还区分"<u>京 州 丁</u>"，已经产生了一些地名"<u>蜀</u> <u>巴 鬲 卞</u>"。

关于否定和拒绝的字也出现了"<u>不 勿 弗 毋</u>"等，对东西的形状 描述已经有"<u>丸 片</u>"等字眼。

已经出现了一些比较抽象的虚词，包括"<u>了 也 乃 么 且 怎 乎</u>"。

也有一定的道德价值观，有了"<u>义</u>"的概念，由此可知，"义" 在中华文化的"五常"中是首先出现的，随后才完善为"仁、义、 礼、智、信"。

当然，请各位读者朋友原谅，由于我们的业余导游水平有限，上 述"穿越"的解说词可能不严谨。不过，我相信，这种穿越的方法是 行得通的。如果再借助其他训诂知识，完全可以使"穿越之旅"更加 丰富和精确。

在这里，汉字诞生时间的"早"与"晚"，只是相对的。比如， 虽然可以断定：狗比猫更早进入人家，因为，先有"犬"，后有 "猫"字；同样，人们先发现鸟，后才驯化鸡，因为先有"鸟"字， 后有"鸡"字。但是，我们无法断定狮和猴到底哪个先被记录，鸡与 鸭到底哪个先被驯化（也许是鸡，因为它进入了十二生肖嘛）。

在这里，我们主要从面上来分析和综合相关汉字中隐藏的信息，并 把不同字眼中的信息整合起来考虑（过去，专家们研究甲骨文和象形文 时，重点关注对每个字的研究，但是，对这些字的联合研究不够）。其 实，除面上外，还可以对它们进行点上的分析和综合。

从绝对时间来看，汉人发明的第一个字，很可能是"一"，它其实是八卦的阳爻；紧接着，被发明的字是"二"，它其实是变形的阴爻"二"。因为，它们书写很简单，含义又很重要。

先人最早注意到的星球是太阳和月亮。太阳是圆的，并且很热（属阳），所以，就把一个阳爻放进圆圈中来表示太阳，这就是"日"字。月亮经常是弯的，而且不热（属阴），所以，就把一个阴爻放进弯形中来表示月亮，这就是"月"字。

有些字，很可能是在同一段时间（甚至可能由同一批人）发明的，比如，动物身体以肉为主，而"月"也有"肉"的意思，所以，人和动物的躯体部件的描述字眼都很有规律，几乎都是月字旁：肌肋肠肚肝肛肓肘肪肥肺肤肱股肩肮肾肽胀肢肿肫胞背胆胡胛胫脉胖胚胎胃胱脊胯脑脓胸胼胸脩胰脂脚脸脲腌腚腓腱腈腔腕腋腹腮腿腰膀膑膏膈膜膘膛膝臂臀臁。另外，由于躯体是软的，属阴，所以其他部件，如"骨目耳身面血"等，也都含有变形的阴爻"二"。

总之，我们坚信，"文字时光机"才刚刚启程。如果有更好的导游，那么穿越远古之旅将会更加精彩！

9.5　汉字的魅力

汉字实在太有魅力了，绝对无法穷尽。本节仅述其三，即字距猜想、字典猜想和《千字文》纠错。

首先来看看字距猜想，它也许将是"语言动力学"的起点。其实，人类的全部内涵可概括为两个要素："言"与"行"。并且成立以下四个定律：

定律1，"言"与"行"其实是基本一致的。虽然确有"言行不一"的情况，但是，从整体统计规律来看，长期生活在谎言中的人不多，而且也很痛苦。因此，可通过对"言社会"的分析，来了解"行社会"。

定律2，"言"与"行"是相互影响的。人类通过各种"行"，获得若干经验，然后，以文字、图表、音视频、物品等"言"（或可以转化为"言"）的方式，把"经验"记录下来并（异地）传承给后人，以此影响后人的"行"。

定律3，"言"是可以继承的。"行"却不能继承，至少说"行"无法异地直接继承，即必须以"言"为媒介。因此，人与动物的根本区别在"言"而不在"行"。

定律4，"言"的稳定性远远好于"行"。甚至几千年前的经文、遗物等"言"，至今都还在（对"行"和"言"）发挥着重要的影响作用，当然，也在不断地产生新"言"。特别是在当今"大数据时代"，每天产生的新"言"量，大大地超过了人类早期数百年的"言"量总和。

关于"行社会"，过去人们认为完全杂乱无章，但是，现在发现，"行社会"其实是一个紧凑的"小世界"，即成立所谓的六度社交空间猜想：任何两个人，都可以经过至多六次引荐，便能够相互认识。

虽然作为一个数学猜想，"六度社交空间猜想"的表述非常不严谨，但是，事实证明该猜想在指导诸如Facebook、微博、Twitter等社交网络的建设和发展过程中扮演着非常重要的角色。而且该猜想表明，至少在"相互认识"这一点上，"行社会"确实是小尺度社会。

互联网是"言社会"中的第一大"国"，此外，诸如档案、影视、文艺等也都是"言社会"中的不同"国"。既然，根据上述定律1，

密码简史

"言社会"与"行社会"基本一致，那么在"言社会"中也应该有类似的"六度社交空间猜想"，即字距二度猜想：任何两个字A、B，要么它们在同一个词中（此时称为A与B的距离为1）；要么可以找到第三个字C，使得A与C在同一个词中，同时B与C也在一个词中（此时，称为A与B的距离为2）。

与"六度社交空间猜想"相比，此处的"字距猜想"显然更加清晰。虽然至今仍然未能证明其正确性，但是也没能找到反例；即没能找到某两个字，使得它们之间的距离既非1，也非2！

在研究上述"字距二度猜想"时，作为工科人员，我们惊奇地发现，原来在汉语语法研究中没有"字"的概念，代之的却是所谓的"语素""词""短语""句子"等"似曾相识而又非"的概念。虽然直观含义最清楚的是"字距二度猜想"，但是为吸引语言研究者们的注意，我们把上述猜想分解为以下几种情况。

语素级二度猜想：任意两个语素A、B，要么它们在同一个词中（此时称为A与B的距离为1）；要么可以找到第三个语素C，使得A与C在同一个词中，同时B与C也在一个词中（此时，称为A与B的距离为2）。

词级二度猜想：任意两个词A、B，要么它们在同一个短语中（此时称为A与B的距离为1）；要么可以找到第三个短语C，使得A与C在同一个短语中，同时B与C也在一个短语中（此时，称为A与B的距离为2）。

短语级二度猜想：任意两个短语A、B，要么它们在同一个句子中（此时称为A与B的距离为1）；要么可以找到第三个短语C，使得A与C在同一个句子中，同时B与C也在一个句子中（此时，称为A与B的距离为2）。

如果上述"二度猜想"正确，那么就有下面的结论。

（1）"言社会"将比"行社会"更紧凑。而且，在"言社会"中各种概念更确定，相关数学工具和建模理论将更有用武之地，当然，必须承认，至今对"言社会"的动力学理论几乎是一无所知，但是只要有足够强大的需求驱动，"语言动力学复杂性理论"的诞生一定不会太遥远了。

（2）由于"言"的继承性和"言"对"行"的影响性，将导致"行"的可预测性。换句话说，虽然"个人命运"不一定能"算"出来，但是，从统计学观点来看，人群的命运是"可算"的。

（3）直接改变"行社会"的难度较大，甚至基本上不可能；但是相比而言，"言社会"的改变就容易多了。对"言社会"的篡改，其影响肯定会漫延到"行社会"中，并最终改变"行社会"，虽然有一定的时滞；同样，如果融入全人类的统一"言社会"之中，那么，若干年后，全世界的"行社会"也就更融洽了。

（4）人们对"行社会"的"六度社交空间猜想"已经做了多年研究，并取得了不少成果，相信其中某些成果可以应用于研究"言社会"的"字距二度猜想"；同时，由于"言社会"的确定性更好，相信今后在"言社会"中的成果将更加深刻，而这些"更深刻"的成果，又将有助于"行社会"的研究。

关于上述字距猜想，我们还想做几点说明。

第一，虽然前面是以中文为例来表述"字距二度猜想"的，但是，其实该猜想与语种无关，因为各语种之间是可以翻译的，即用数学术语来说，它们是"同构的"，所以，只需考虑一种语言的"言社会"就行了。当然，最好不用那些已经被长期严重篡改过的"言社会"为研究样本。

第二，"字距二度猜想"还处于相当幼稚的阶段，理论基础、模型等都是空白，但是，随着大数据时代的来临，对它的研究将越来越必要。相信在"语言动力学"研究方面，在不远的将来，一定会有一批高水平的学术成果出现。

第三，证明"字距二度猜想"的可能思路有以下几种：其一，语言方法，比如，找反例来否定该猜想。其二，数学方法，仿照"六度社交空间猜想"的数理统计法。其三，生物学方法，从人类的智能水平来考虑，比如，众所周知的"言不达意，词不达言"这个事实就表明：当今人类"言"的表述水平还不高，也许再经过若干世纪的进化后，人类的"言"水平将大幅度提高，"言社会"将更加复杂，到那个时候，"言社会"的维度数将有所增加；同理，反推，也许人类早期（比如，甲骨文或更早的时期）的"言社会"是一个很简单的0度孤立空间，这时只有"语素"，压根儿就还没有"词"。

另外，来看看字典猜想。该猜想的内容是：对任何一个自然字库，即没有人工有意干扰的字库（比如，《新华字典》中的所有汉字或其中某些汉字组成的字库等），都可以撰写出至少一篇满足"字不重叠"且"有含义"两个条件的文章。其实，早在两千多年前的《千字文》和经典的《百家姓》就是字典猜想的典型案例。为突出要点，本书中将满足"字不重复"和"有含义"这两个条件的文章也称为"千字文"，虽然它们的字数其实不是一千字。

其实从前面的字距猜想，我们可以看出：字与字之间的关系非常紧密。而此处的字典猜想，又使得我们从另一个角度体会了"字与字之间的紧密程度"。同样，本书不去努力证明该猜想，而是要揭示它给我们带来的若干惊奇。

现以大家喜闻乐见的《百家姓》为例，来说明字典猜想。

提起《百家姓》，大家立即就会想起那篇家喻户晓的童谣："赵钱孙李，周吴郑王；冯陈褚卫，蒋沈韩杨；朱秦尤许，何吕施张；……"，但是，这类文章不是本文要研究的"千字文"，虽然在此文中每个字也只出现一次（并未重复），但是，每句话都没有含义，仅仅是简单的堆叠，内容是"死的"。实际上，我们研究的"千字文"必须满足两个条件：其一，每个字都不重复出现；其二，文章是"活的"，即每句话都是"有内容"的。

若取字典猜想的"字库"为最新《百家姓》中的前100个汉字，即"王 李 张 刘 陈 杨 黄 孙 周 吴 徐 赵 朱 马 胡 郭 林 何 高 梁 郑 罗 宋 谢 唐 韩 曹 许 邓 萧 冯 曾 程 蔡 彭 潘 袁 于 董 余 苏 叶 吕 魏 蒋 田 杜 丁 沈 姜 范 江 傅 钟 卢 汪 戴 崔 任 陆 廖 姚 方 金 邱 夏 谭 韦 贾 邹 石 熊 孟 秦 阎 薛 侯 雷 白 龙 段 郝 孔 邵 史 毛 常 万 顾 赖 武 康 贺 严 尹 钱 施 牛 洪 龚"。

那么，利用该字库，便可写出如下多种"有含义"的"百家姓"：

例1，四言版"连续韵"的"活百家姓"："侯谢秦王，邱董洪江，傅宋韦蒋，周顾吴姜，武郑戴方，罗陈于梁，牛高吕黄，马冯石常，钟魏郭唐，李萧杜康，崔龙徐江，白叶胡杨，熊毛孔张，施何林段，夏蔡陆田，任刘龚韩，许金余万，郝赖邵钱，贾史赵谭，雷邓贺袁，邹丁程严，沈姚薛范，朱苏卢潘，彭曹廖阎，孟尹曾孙。"

此例1的逐句白话解释是：各地诸侯感谢秦王；邱先生管理洪涝事务；辅导宋先生，违背蒋先生；十分周全地照顾吴地的生姜；继承严谨，尊重规矩；把渔网放在房梁上；牛很高大，其背脊是黄色的；马跑得很快，石头很坚硬，长久；城郭很宏大，钟楼很威严；李子树虽然很萧条，但是，杜仲树却很健康；猛龙在江中慢慢游动；胡杨林的叶子是白色的；熊毛的毛孔张开着；施种的是哪个路段的林木？夏天的野草长在陆地的田地中；委任刘先生来供养韩先生；承诺黄金万两；郝先生要赖掉邵先生的钱；赵先生在谈论贾家的历史；打击邓先生，祝贺袁先生；邹先生很壮实，而且规规矩矩；沈女士很好，是薛先生的榜样；红色的苏子林，黑色的淘米水；官府热热闹闹，但是，里巷却冷冷清清；尹府官员的第四代曾孙。

由此可见，例1中的"百家姓"确实是"活的"，虽然，中途被迫两次"转韵"（由ang转为an，再转为un），但是，只要认真阅读，人类是能够读懂其意的。

例2，四言版"间隙韵"的"活百家姓"："刘杜史段，赵宋李唐；魏尹顾侯，吕韦秦王；洪武许金，施钱谢康；邹曹万钟，曾贺何方；郑戴吴傅，姚郝雷姜；朱石苏林，白叶胡杨；廖熊毛卢，马冯牛黄；孟夏潘谭，袁余彭汪；沈董薛田，崔龙徐江；贾郭阎高，丁孔周张；蔡萧邵邱，罗陈于梁；邓孙严程，龚韩赖蒋；陆任范常。"

此例2的逐句白话解释是：刘先生杜撰历史片段，包括，赵家的宋朝，李家的唐朝；魏国官员如何照顾诸侯，吕不韦如何违逆秦王；洪武大帝如何许下重金，施舍钱财，感谢健康；邹地官府曾经如何敲响一万个钟，祝贺何方神圣；郝姓美女如何慎重地拥戴吴师傅，研磨生姜；红石头紫苏林中怎样长出白叶子的胡杨林；病愈后狗熊的毛是多么黑，马有多快，牛有多黄；初夏的淘米水太多，流水长长，形成很大的一个水塘；沈先生如何管理薛先生的田地，巨龙如何在江河中慢慢游荡；贾家的围城内门有多高，钉子孔眼如何向四周扩张；野草在邵地的山丘中枯萎，渔网陈放在房梁上；邓家的子孙严格按规程行事，供养韩先生，依赖蒋先生；连续六届长久担任先进模范。

细细品味例1和例2之后，不难发现，在"活内容"的情况下，"间隙韵"更适合人类的阅读习惯（因为它们与熟知的"绝句诗"相近的原因吧），而且，还不需要中途"转韵"，即一个韵（ang）就贯穿全文。在"死内容"的情况下，结论刚好相反，即死内容的"连续韵"比"间隔韵"更易让人接受。

由于上述"字库"的字数为100个，因此，四言版天生就有残缺，即最后一句被切掉了一半。因此，下面再给出一个五言版"间隙韵"例子。

例3，五言版"间隙韵"的"活百家姓"："刘常杜史段，赵宋范李唐；魏傅顾吴侯，吕何韦秦王；洪武许万金，施钱谢龙康；孟孙贺邹曹，曾任尹彭江；夏雷潘谭田，沈董崔周汪；邵邱萧薛蔡，蒋罗陈于梁；熊廖毛徐卢，马冯邓牛黄；朱石戴苏林，白叶袁胡杨；严郑龚韩姜，陆丁余孔方；贾郭赖阎高，姚郝钟程张。"

此例3的韵律始终未变，即一个韵（ang）贯穿全文，而且它也是"活的"，其逐句白话解释是：刘先生经常杜撰历史片段，比如，宋朝的赵家如何垂范唐朝的李家；魏国的太傅怎么照顾吴国的诸侯，吕不韦如何违逆秦王；洪武大帝如何许诺万两黄金，施舍钱财感谢龙体健康；长孙去邹家官府庆贺，祝贺曾经担任管理汹涌澎湃的江河的官员；夏天打雷，淘米水都淤积成浩瀚的水田了，沈先生负责管理周边很长的大水塘；邵家的丘陵地上"赖蒿"的草苗都萧条了，蒋家的渔网存放在房梁上；刚刚病愈的熊的毛发正在慢慢变黑，马很快，邓家的牛很黄；红色的石头像项链一样戴在"紫苏"林上，白色的叶子像长衣袖一样罩在胡杨林上；郑重严肃地奉献韩国出产的生姜，六个家丁都获得了富余的金钱（孔方兄）；贾家的城郭仰仗其高大的内城门，郝美女广泛收集各种规程和主张。

比较上面的三个例子后，我们认为，在"字库"容量为100字的情况下，采用五言绝句诗来写"百家姓"既是可行的，其结果也是比较满意的。

如果上面三个例子纯粹是用蛮力编排出来的，那么其价值就大打折扣了。现在来认真分析它们的数学原理，并用概率结果来说明"千字文"存在的必然性。

由姓氏字组成的"字库"可能很不适合撰写"千字文"，因为其中"字"之间的关联度很少，各"字"很独立，彼此很松散，从而很难形成紧密的大众化语句！当然，姓氏"字库"也有好处，即库中每个字均为"名词"，有利于组成"人话"。

仔细分析上面"百家姓字库"中的这100个汉字后，可以发现：

（1）共有56个动词，即从"库"中抽出任何一个字为动词的概率大于0.5；

（2）共有46个形容词，即从"库"中抽出任何一个字为形容词的概率约为0.5；

（3）共有24个字同时是名词、动词和形容词，其概率也不低，大约为0.25。

在继续分析之前，我们先把"人话"的含义特别解释如下：这里的"人话"是指人类能够读懂的话，哪怕需要认真研读才能读懂的话，也都算"人话"。虽然并非汉字随意排列都能成"人话"（否则，"千字文"的撰写就没有任何难度了！），但是，"人话"的密集程度可能会出乎大多数人，甚至包括语言学家的意料！比如，许多人都不会相信"谭谭谭"这三个字排成一句"人话"！实际上，这三个字不但是"人话"，而且，还是具有多重含义的人话，因为，作为名词，"谭"可作为一个姓氏；作为动词，"谭"同"谈"；作为形容词，"谭"意指"伟大"，所以"谭谭谭"至少可以解释为：一是谭先生在谈论谭先生；二是伟大的谭先生正在谈话；等等。其实像这种"名动名""形名动""动形名"等的"人话"还有很多，甚至随意从本文的"字库"中选三个字排成一行后，它形成"人话"的概率远远超过0.5！虽然一般人很难判断某句话是否是"人话"，但是，普通人却可以很轻松地判断某些字的排列是否形成"大众话"（对计算机来说，它不用，也没那个智力，区分"人话"和"大众话"）。

为便于分析，下面我们锁定用"百家姓字库"来撰写五言绝句型的韵文，其实，此处的分析思路完全适用于任何给定"字库"的"千字文"存在性分析。首先回答几个问题：

（1）为什么选用"诗"来做载体？

文章好不好，取决于两个方面：其一，作者是否"写得好"；其二，读者是否"读得好"！如果给某篇文章冠上"诗"的头衔，那么读者便会无意识地努力去读懂它，哪怕这首"诗"完全是颠三倒四，逻辑混乱！比如，谁会嘲笑"举杯邀明月"的荒唐呢？谁又会说"白天不懂夜的黑"是在胡言乱语呢？因此，如果没本事把文章写好，那么就可用暗示的办法，努力让读者把文章读好！

（2）为什么选五言绝句诗？

原因有两个：其一，100能被10整除，所以，不会出现像例2中那样的"残句"；其二，这100个姓氏中，有13个字同为"ang"韵，所以，足以保证5言20句的"诗"不转韵，其实只需要10个同韵字就够了。当然，如果韵字不够，中途转韵也是可以接受的。

（3）为什么一定能够成功？

如果五个字排成一行，那么在许多情况下，仅仅根据它们的词性顺序就能够以很大的概率判定这一行字为"人话"，比如，"形名形动名""形名动形名""名形动形名"等。而且，这些词性顺序出现的概率不小于0.5×0.5×0.5=0.125＞10%（这里，概率0.5的依据是：这100个汉字中有56个动词和46个形容词）。对于密码破译者来说，10%已经是相当大的概率了，通常密码破译概率能够达到万分之一的数量级，就基本能够保证破译成功了！所以，从密码破译角度，我们已经可以肯定：即使锁定每段五言绝句诗中的最后一个字，也能够以很大的概率排列出由10个字（分两句）组成的"人话"。当然，从计算机排列出来的众多"人话"中，挑选出满意的"大众话"，就完成了五言绝句诗中"一段"（两句）的构造！然后，从"字库"中去掉这"一段"中的10个字，得到由90个字组成的新"字库"，再仿照上述过程，构造出另"一段"，以此类推，直到所有100个字都被用完为止。实际上，例1、例2和例3正是在这种数学理论的指导下，才有信心撰写出来的！

增加"千字文"存在性的另一个原因是中文的模糊性，即歧义性。从精确描述角度来看，中文的这种歧义性是一大缺点，法文在精确性方面就有明显的优势，但是从写"千字文"角度来看，这又刚好是中文的优点！因为每个汉字的含义太多，千丝万缕，很可能就有一根"线"把松散的汉字串成一句"人话"，甚至是"大众话"。

上面的思路不但适合《百家姓》中前100个汉字的"库"，而且也适合其他库。至此，我们清理一下"字典猜想"的依据：

考虑一个事先选定的"字库"D，比如，D可能是《新华字典》中的全体汉字组成的"库"，也可能是《新华字典》中的某部分字组成的"库"。

第1步，定"言"：如果D中汉字个数能够被10（相应地14、12、8或6）整除，那么，基于该"库"的"绝诗型千字文"就可以选择为五言（相应地七言、六言、四言或三言）。当然，根据人类的阅读习惯，也许五言和七言更好。如果实在字数不整齐，那么，宁愿保全大局，不惜遗留一个残句（可以适当补缺）。

第2步，定"韵"：如果*D*中某个韵的字数超过总数的1/10（相应地1/14、1/12、1/8或1/6），那么，就把该韵定为"千字文"全文的"韵"，同时，把这些"韵字"放在一起，形成一个"字库"*Y*，并把*Y*中的字锁定在每段"诗"的最后一个字的位置上。如果同韵字不够，那么可以转韵。但是，由于汉字一共只有23个韵，而且这些韵字的分配极不均匀（明显集中于"ang""an""eng""u""a""i""ao""en""ou""ai"等十个韵上），因此，根据数学中的"鸽子洞原理"，基于*D*的"千字文"能够"一韵到底"的可能性非常大。为避免描述过程太零乱，下面假定"一韵到底"已可行。

第3步，词性分类：从*D*中去掉第2步选定的那些"韵字"（这些"韵字"已被锁定在"绝句诗"中每段的最后位置上了），得到一个新"字库"*E*。按"名词""动词""形容词""副词""介词""数词"等把*E*中的汉字进行分类。注意：（1）如果某个字同时具有多个"词性"，那么优先将它放入"名词"、"动词"或"形容词"的类中；（2）如果某个字还可同时在"名词"、"动词"或"形容词"三类中有多个选择，那么尽量使得"名词"和"形容词"类中汉字个数大约相同，而"动词"类中的汉字个数为前者的一半；（3）与第1步和第2步不同的是，第3步的词性分类在整个拼接"千字文"的过程中是可以随时调整的。

第4步，计算机造"人话"：把第2步中的韵字锁定在"诗"的段尾处，根据第3步中的词性分类，按常见的"人话"词性顺序（比如，"形名形动名""形名动形名""名形动形名"等）让计算机自动排列出若干"人话"候选句子，然后，真人再从这些候选句中挑选出满意的"诗句"，至少应该是"大众话"吧。注意：真人在挑选"诗句"时，还要特别留心，要通过微调，尽可能多，尽可能早地用掉E中的那些非主流词性字（比如，副词、介词等），虽然这些字不会出现在计算机造出的"句子"中，以避免最终留下一些"边角废料"。

第5步，裁减"字库"：把第4步中，真人挑选出的"诗句"中的那些字，分别从E和Y中去掉，形成规模更小的新"字库"F和Z。然后，对这两个新"库"重复第4步的"造诗"过程。如此反复，直到最初的"字库"D中的所有字都被用掉为止。

在《机器文学》中，我们确实已把《新华字典》等作为字库写出了相应的"千字文"。惊悉郑州大学郭保华教授耗时三年多，把四千个汉字写成了四文绝诗版的"千字文"——《中华字经》！佩服，佩服！不知郭教授当初选择这四千个汉字时，是否进行过人工干预，如果不曾干预（即随意选择而得），那么郭教授的壮举就从另一个侧面验证了本节"字典猜想"的正确性。如果郭教授当初的四千"字库"是精挑细选的，那么，郭教授的研究就与本文不是一回事了。虽然我不知道郭教授是如何完成《中华字经》的，但是，至少可以肯定，他主要不是用计算机完成的，因为《中华字经》在"顶层设计"方面明显不足，比如，一方面进行了"转韵"（开始音韵本是ang），另一方面，却又浪费了不少本来可用的"ang韵字"（从第二部、第三部和第四部分中能够找出许多"ang韵字"，也可从第一部分的"非尾"位置找出"ang韵字"等）。如果郭教授拥有这四千字的电子版完整"字库"（至少包括韵、词性等），那么也许能够重写《中华字经》，使它"一韵到底"，或写成"五言、七言绝句诗"（这时，"一韵到底"就更有保障了）。

此处只写了最新《百家姓》中的前100个字，如果读者有兴趣，借助此处的五步算法，可以试着用前200或前300个字，甚至更多的字来写出5言绝诗版的、有内容的《百家姓》。当然，有特殊兴趣的读者，也可以干脆把传统《百家姓》的全部400余个单字姓氏重新撰写成一首"一韵到底"的五言绝句诗哦！

最后，作为本章的结尾，我们来对千年经典古文《千字文》进行纠错。

众所周知，除诗词外，在中国能够经久不衰，传承千年（实际上是1500多年）的文章还真不多，而《千字文》就要算其中的经典了！比如，2014年央视春晚还把《千字文》的诵读作为一个核心节目呢！

《千字文》宣称将1000个汉字编写成一篇韵文，其基本要求就是：全文不出现重复字，即文中的每个汉字只能出现一次！

但是，由于依靠人工编排，所以，《千字文》中很遗憾地出现了一个重要错误，即其中有10个字（云昆发洁诚义盘实并戚）重复出现了两次！当然，其中某些重复字的出现，其实是汉字的演化结果，比如，简体字的推广等。

发现这个错误并不难，其实几十年来，全世界都已经知道这个错误的存在，但是就是没有人能够把这个错误给以纠正！为什么呢？因为《千字文》这种文体就好像用鸡蛋垒成的一座宝塔，其中任何一个"鸡蛋"都不能挪动，否则，就会"牵一发，而动全身"使得整个宝塔瞬间崩溃！仅仅依靠人工，几乎是不可能对这个错误进行修正的。

幸好我们最近发明了一种机器算法，它可以把这种"垒卵文"的整体架构"固定"下来，然后，对其进行任意的局部手术和挖补，虽然也会出现可控的"坍塌"。这个算法的效果到底如何，那就请看下面对《千字文》的挖补结果吧，看看是不是"修旧如旧"！

下节的黑色字及其位置是古典《千字文》本身的字和位置；加框（字符加框□）字及其位置是把重复字中的一个挖掉后，填补上的新字；加底色的字及其位置是由于挖掉重复字后，为避免局部"坍塌"

而打的补丁。（注：虽然《千字文》有多个版本，但是，若采用我们的机器算法，任何版本中的重字错误，都可以轻松搞定）

"修旧如旧"且绝无一字重复的《千字文》[①]为：

天地玄黄，宇宙洪荒。日月盈昃，辰宿列张。寒来暑往，秋收冬藏。
闰余成岁，律吕调阳。云腾致雨，露结为霜。金生丽水，玉出昆冈。
剑号巨阙，珠称夜光。果珍李奈，菜重芥姜。海咸河淡，鳞潜羽翔。
龙师火帝，鸟官人皇。始制文字，乃服衣裳。推位让国，有虞陶唐。
吊民伐罪，周戡殷汤。坐朝问道，垂拱平章。爱育黎首，臣伏戎羌。
遐迩一体，率宾归王。鸣凤在竹，白驹食场。化被草木，赖及万方。
盖此身发，四大五常。恭惟鞠养，岂敢毁伤。女慕贞洁，男效才良。
知过必改，得能莫忘。罔谈彼短，靡恃己长。信使可覆，器欲难量。
墨悲丝染，诗赞羔羊。景行维贤，克念作圣。德建名立，形端表正。
空谷传声，虚堂习听。祸因恶积，福缘善庆。尺璧非宝，寸阴是竞。
资父事君，曰严与敬。孝当竭力，忠则尽命。临深履薄，夙兴温凊。
似兰斯馨，如松之盛。川流不息，渊澄取映。容止若思，言辞安定。
笃初诚美，慎终宜令。荣业所基，籍甚无竟。学优登仕，摄职从政。
存以甘棠，去而益咏。乐殊贵贱，礼别尊卑。上和下睦，夫唱妇随。
外受傅训，入奉母仪。诸姑伯叔，犹子比儿。孔怀兄弟，同气连枝。
交友投分，切磨箴规。仁慈隐恻，造次弗离。节义廉退，颠沛匪亏。
性静情逸，心动神疲。守真志满，逐物意移。坚持雅操，好爵自縻。
都邑华夏，东西二京。背邙面洛，浮渭据泾。宫殿盘郁，楼观飞惊。
图写禽兽，画彩仙灵。丙舍旁启，甲帐对楹。肆筵设席，鼓瑟吹笙。
升阶纳陛，弁转疑星。右通广内，左达承明。既集坟典，亦聚群英。
杜稿钟隶，漆书壁经。府罗将相，路侠槐卿。户封八县，家给千兵。

[①] 特别说明，下面以周兴嗣的《千字文》为基础进行修补，而我们修补后的版本在网上已广为流传。

高冠陪辇，驱毂振缨。世禄侈富，车驾肥轻。策功茂实，勒碑刻铭。
泃溪伊尹，佐时阿衡。奄宅曲阜，微旦孰营。桓公匡合，济弱扶倾。
绮回汉惠，说感武丁。娖俊密勿，多士恳宁。晋楚更霸，赵魏困横。
假途灭虢，践土会盟。何遵约法，韩弊烦刑。起翦颇牧，用军最精。
宣威沙漠，驰誉丹青。九州禹迹，百郡秦并。岳宗泰岱，禅主楠亭。
雁门紫塞，鸡田赤城。洱池碣石，钜野洞庭。旷远绵邈，岩岫杳冥。
治本于农，务兹稼穑。俶载南亩，我艺黍稷。税熟贡新，劝赏黜陟。
孟轲敦素，史鱼秉直。庶几中庸，劳谦谨敕。聆音察理，鉴貌辨色。
贻厥嘉猷，勉其祗植。省躬讥诫，宠增抗极。殆辱近耻，林皋幸即。
两疏见机，解组谁逼。索居闲处，沉默寂寥。求古寻论，散虑逍遥。
欣奏累遣，喧谢欢招。渠荷的历，园莽抽条。枇杷晚翠，梧桐蚤凋。
陈根委翳，落叶飘摇。游鹍独运，凌摩绛霄。耽读玩市，寓目囊箱。
易輶攸畏，属耳垣墙。具膳餐饭，适口充肠。饱饫烹宰，饥厌糟糠。
亲戚故旧，老少异粮。妾御绩纺，侍巾帷房。纨扇椭圆，银烛炜煌。
昼眠夕寐，蓝笋象床。弦歌酒宴，接杯举殇。矫手顿足，悦豫且康。
嫡后嗣续，祭祀烝尝。稽颡再拜，悚惧恐惶。笺牒简要，顾答审详。
骸垢想浴，执热愿凉。驴骡犊特，骇跃超骧。诛斩贼盗，捕获叛亡。
布射僚丸，嵇琴阮啸。恬笔伦纸，钧巧任钓。释纷利俗，伉俪佳妙。
毛施淑姿，工颦妍笑。年矢每催，曦晖朗曜。璇玑悬斡，晦魄环照。
指薪修祜，永绥吉劭。矩步引领，俯仰廊庙。束带矜庄，徘徊瞻眺。
孤陋寡闻，愚蒙等诮。谓语助者，焉哉乎也。

▶▶ 结　语

　　曾有禅师说禅的境界有三个层次，即初级时，见山是山，见水是水；中级时，见山不是山，见水不是水；高级时，见山仍是山，见水仍是水。套用这种模式来观察密码的修炼境界，也可分为三个层次：初级时，见密码是密码，见符号是符号。中级时，见密码不是密码，而是符号；见符号不是符号，而是密码。高级时，见密码仍是密码，见符号仍是符号。当前，全球密码学界的层次，都还主要处于"见山是山"的阶段；若想尽早进入"见山不是山"的境界，就必须对符号系统有更深入的了解，以便从更高的视角去考察密码，去参透密码破译的本质。因此，作为本书的结语，先来介绍一下密码符号的第二项重要功能，即认知功能。关于密码符号的第一项重要功能（交际功能），可见前言中的介绍。

密码符号的认知功能

　　所谓认知，就是"生物体理解有关客体"的心理过程，或"获取世界知识"的过程；或者说，认知是"心理上的符号运算"，是一种符号行为，是人们获取知识的符号操作。为了生存，人类必须认知客观世界，并找出其运行的规律；而这个寻找过程，刚好就是相关符号系统的形成过程。人类认知的结果，也就是符号发挥认知功能的结果。认知作为符号的首要功能，是符号产生的最充足理由；若没有认知的需要，就不会有符号产生。甚至可以说："符号学的另一名称，就叫认知科学。"

认知作为一种符号行为，是人类的专利。认知以符号为素材，架起了从认知主体通向认知客体的桥梁。每个人都活在符号世界中，一切客体都以符号化的形式存在，当你把一个客体从其他客体中区别并表达出来时，你就在以符号化的形式，对这个客体进行认知。认知的过程，其实就是客体被符号化的过程。所以说，世界是物理的，也是符号的，人类通过符号来观察世界。符号是人类认知世界的工具，借助该工具，人类才能看到一个相互关联的、整体的、统一的世界。

认知的符号行为一般分为两个步骤：第一，把认知客体符号化。认知客体是主体认知的对象，主体将无限接近客体；但是，"认知客体"绝非最终目标，因为真正的最终目标其实是：建立客体的符号化表征，并将它贮存于头脑中，使认知客体形成符号化的内在表达。第二，产生符号的外显行为，即以语言文字等符号形式表达出来；当然，符号化的外在表达，将力求与内在表达相匹配。

生活中通常有两种符号行为：一种为具体符号行为，另一种为抽象符号行为。前者把某一具体事物符号化，一般以静态方式存在，结构简单。比如，婴儿说话时，妈妈指着爸爸这一客体，反复通过语音符号"爸爸"，来使婴儿将认知客体符号化为声音"爸爸"。待到这一声音符号存进婴儿记忆后，婴儿见到客体爸爸时，就可能产生符号行为，也发出"爸爸"的发音。后者是对某一具体事物的抽象化，一般以动态系列方式存在，结构较复杂；它其实是为那些频繁出现的事物序列而构思的知识结构，又称为脚本，比如，驾驶汽车的一系列操作规范。当然，认知作为一种符号行为，其最终目的还是为了获取知识，探求客观事物的相关信息。符号行为的完成过程，也就是探求信息，获取知识的过程。

认知为啥离不开符号呢？因为认知意在获取知识，而知识却是抽象概念，看不见摸不着；所以知识必须借助某种载体，通过某种中介才能被认知。而这种中介，便是符号的形体；即知识附着于载体上，也就是符号的内容附着于符号的形体上。人们通过载体来把握知识，通过形式来把握内容；既没有"无形式的内容"，也没有"无内容的形式"。形式与内容之间的相互关系，就相当于皮与毛之间的关系；皮之不存，毛将焉附。人们通过符号形体，来获取符号对象的有关知识，这个过程便是认知。

事物自身为何不能充当知识载体，而必须另寻符号形体呢？因为知识不是感觉，它是一种观念和意义，是被赋予符号形体并在使用中被传达的内容，它在很大程度上是理性化思维的结果；而人们对事物的直接感受，通常只是稍纵即逝的、停留于外形的模糊感觉，还不是一种观念或意义。符号之所以能成为符号，在于其形体在使用中被赋予了意义。比如，当幼儿第一次被水杯烫过后，只能获得一种本能反应，一种纯粹的感觉，还不知烫的观念与意义。当大人用语言告诉他"烫"时，语音"烫"便向他传达了一种和他感觉相关的知识；若下次父母再说出"烫"的声音时，幼儿便会从这个声音符号的形体中，获得有关"烫"的知识；换句话说，声音"烫"充当了知识"烫"的载体，使幼儿获得了对"烫"的认知。

人们不仅需要获取与事物相关的具体知识，有时更需要认知事物的抽象知识，比如，和平、友谊、爱情等抽象事物，或者美丽、伟大、丑恶等事物属性。人们通常借助各种符号载体来获得相关知识，比如，图像符号，利用符形和对象之间的相似性，来获得相关符号对象的知识；最常见的图像符号包括图腾符号、象形文字、各种徽标等。指索符号，从符形推断出有关对象的一些知识，例如，所谓"叶落知秋"，就是从落叶这一符号形式，获得有关秋天来临的知识。象征符号，从中认知有关事物的某些属性，例如，从洁白的婚纱中，认知爱情的神圣等。

　　人类对世界的认知，并非一蹴而就，而是一个渐进过程。原始人虽对客观世界充满好奇，但由于认知能力低下，且受到生理和心理的限制，他们对客观世界知之甚少；因此，在千变万化、威力巨大的自然现象面前无能为力，只好相信某种超自然力量的存在，于是就采用诸如图腾、巫术、祭祀等符号来认知世界、解释世界和适应世界。这样，原始人便生活在一个自以为是的符号世界中；比如，以图腾来认知祖先，以图腾来区分族群，以图腾来将客观世界转化为一个有秩序的符号世界等。图腾符号促进了人类思维能力的发展，图腾是人类认知发展的重要成果。其实，即使是现在，人类也仍然生活在自己创造的各种符号系统中，只是比图腾系统更加丰富多彩而已。

　　一个行之有效的符号体系，都是通过多年的实践积累，反复改进后才基本定型的。认知不是一次性的符号行为，而是连续不断的积累过程：个体的积累形成个人经验，群体的积累形成民族文化。人类的每次认知，都以记忆（包括大脑记忆和文字记载等）的方式把知识储存起来，并为下次认知奠定基础。储存的知识越多，认知的基础就越厚，认知能力也就越强。每个人都可以通过自己的符号行为，进行独立认知，并因此获得直接经验；人们还可在交际中进行认知，即人际间的认知，获得间接经验。其实，人类的绝大部分经验，都来自间接经验。认知既然是一个连续过程，那就会受到过去经验的影响，特别是在学习过程中更是如此。知识的获取，充分反映了人类认知的积累。由于认知参与了较多的个人因素，因此，认知的结果可能会出错，因而还存在认知的自我修正过程。在符号行为实践中，人们会经常修正自己的错误认知，使个人经验不断优化成熟。个人认知如此，科学上的认知也是如此；比如，从地心说，到日心说，再到如今的宇宙观，就是人类不断修正认知的结果。

　　人类通过神话、宗教、语言、艺术、科学、历史等符号形式来认知客观世界，反过来，客观世界也是通过这些符号的形体，而为人类所认知。这些符号形体是一些相对固定的系统；它们作为人类认知的结果被储存起来，形成了民族的历史和文化积淀，使人类获得了一个符号世界。符号能超越时空，将生活中获得的知识和经验等记录下来传给后代，这就形成了群体记忆。

其实，这里介绍的认知，与本书前言中介绍的交际，这两种基本的符号功能，根本就是彼此依赖、相辅相成的，它们共同完成了人类的符号行为，创造了人类文明。首先，交际依赖于认知。交际的目的是想有所得，为此必须认知相关对象。比如，若想通过语言来实现交际，就必须懂得每个语言符号的意义，就必须掌握相关语言；否则就是鸡同鸭讲，彼此完全无法沟通，更谈不上交际了。其次，认知也依赖于交际，一是因为认知所使用的符号，都是在交际中约定俗成的，否则认知就无处着手；二是因为认知通常也是在交际中进行的，人们总是在交际中丰富自己的知识库，毕竟依靠个人冥思苦想所得的认知非常少，却非常重要，比如，科学史上的许多重大突破，都是科学家突发灵感的杰作。交流中最常见的认知活动，就是学校教育，因为教学也是一种交际。其实，在人类的符号活动中，交际和认知也是密切相关的：交际双方既在交际，也在认知；在交际中获得了信息，也就是获得了认知，又在认知中进行交际。

由于制造和使用工具（当然也包括符号系统这种工具），人类的身体和大脑结构也日益发生变化，这就使符号功能的发展获得了生理、心理和智力基础，更加速了人类自身的演化进程。人类与其创造的符号系统，始终都在彼此促进，共同演化。如今，各种新的符号系统在不断涌现，另外，利用这些新符号，人类也揭示了越来越多的大自然奥秘，同时使得人际交往也越来越密切，甚至把整个世界都变成了"地球村"。

人类的符号系统可以大致分为三类：语言符号系统、艺术符号系统和自然符号系统。下面分别予以简介。

语言符号系统

对语言符号系统的研究，早在2300多年前就开始了。比如，亚里士多德的经典名言就说："语言是内心经验的符号，文字是语言的符号"；他还把词分为名词和动词两大类，认为"名词是因约定俗成而具有意义的、与时间无关的声音。名词的任何部分一旦与整体分离，便不再表示什么意义。"他认为，本无天然的名词，只是通过约定才有了名词；不连贯的声音，比如野兽发出的声音虽然具有意义，但却不构成名词。他还说："动词是这样的词，它不仅具有某种特殊意义，还与时间有关。"动词与名词的意义有两点不同：第一，动词带有时间观念；第二，动词所表示的对象，或依附于某一事物，或表现在某事物之中。关于句子，亚里士多德说：句子是一连串有意义的声音；并非任何句子都是命题，只有那些涉及真假判断的句子才是命题。在亚里士多德看来，语言只是思想的符号，它通过思想指示存在，通过声音来感应心中的事物。

大约1800年前，奥古斯丁，又进一步研究了语言符号系统，他将语言问题与时间问题相连。他认为，声音与意义是两回事；比如，声音方面有希腊语、拉丁语等差别，但意义却没有希腊语、拉丁语或其他语种的差别。声音因人而异，因时而异；意义却是同一的，比如，"幸福"一词在各语种的写法不同，不懂相关语言的人，即使听到这个词的发音，也会无动于衷；但对幸福本身的追求，却是全人类的共识。意义的这种同一性，是怎么获得的呢？奥古斯丁用记忆给予了解释：他把意义称作内在的语词，即无须通过声音的表达而存在；外在的语词却总依赖于内在语词的预先存在而存在；当然，从内在语词到表达的过程中，也会发生一些变化。思维在最终的表达中，成为清楚的东西。

除语言符号系统之外，奥古斯丁还研究了一般的符号系统；他认为，符号是这样一种东西，它使我们想到在这个东西加诸感觉的印象之外的某种东西。符号是代表某一事物的另一事物，它既是物质对象，也是心理效果。换句话说，符号是这样一种东西，它使其他东西作为其后果，并在心中出现。例如，我们看见兽类走过的足迹，便知有某种兽类曾从此经过。他认为，符号既是物质对象，也是心理效果。一个符号就是这样一种东西，它除了本义外，还可在思想中表示其他东西。奥古斯丁把符号分为两种：一种是自然符号，例如烟是火的符号；另一种是给予的或产生的符号，例如生物界为了交流情感和思想等而使用的符号，其中以语词最为重要。

如今，大家已公认，语言符号是由声音和思想构成的双面体，是语言符号区别于其他符号的本质特征；在交际过程中，只要不发生某种障碍，比如，说话人的发音准确，那么听者的注意力将总会集中在对方所表达的思想上，而不会去注意声音的物理性质，这便是所谓的语言透义性。同时，其他符号的形体和内容之间，就没有这种透义性，因此，通常就必须将其他符号先翻译成语言符号后，才能在交际中被理解。比如，旗语、交通信号、礼仪符号等，都要经过语言符号解释后，才能沟通双方的思想而实现交际。但对语言符号来说，由于其透义性，它不仅不需要翻译为其他符号就能被理解，也不像其他符号那样会受到材料的限制；语言具有无可比拟的抽象能力，从而达到了高度精确化的水平。所以，语言符号是人类有史以来"最先进和最令人震惊"的伟大创造，并在符号大系统中居于核心地位。

在语言符号中，声音和含义之间，并不存在"先验"或必然联系。在语言符号系统内，符号的含义由语言符号之间的关系而决定，而与声音没多少关系；也就是说，声音和含义之间具有一定的任意性。这也是人类会出现许多发音完全不同的语种的主要原因，比如，面对同一条"狗"，不同语种的发音就各不相同。此外，同一种声音，往往会有若干种缺乏必须联系的含义，这便是一音多字；反过来，一个语言符号的含义，也可为其语言赋予多种不同的声音。到底哪种声音代表哪个含义，或某个含义用什么声音来代表，完全取决于所在群体的社会约定。当然，语言符号的任意性，只是相对的而非绝对的。比如，许多动物名词的发音，在不同语种中都大同小异，原来，这些语言符号的声音，都是由拟音而获得的；例如，"杜杜鸟"在各语种里的发音都相近，因为"杜杜"刚好就是这种鸟的叫声。又比如，在许多语种里，"妈妈"的发音也很类似，而这是由人类生理器官的发音部位相同所决定的；当然，还可找到其他一些"非任意性"的依据。

语言符号系统拥有自己固有的秩序，其内部和外部的区别很明显，甚至可将它看成由声音和内容构成的一种函数。在语言系统中，各项之间的关系主要有两种：组合关系和聚合关系。

组合关系是指，由不同位置的符号在言语中形成的关系，它是语言各部分的组合模式。组合是符号的一种排列，具有空间的延展性；在语言符号系统中，这种延展性是线性且不可逆的。例如，"我爱你"是线性的，三个字的发音不能同时进行，只能按先后次序读出；另外，如果这三个字的顺序被改变或颠倒，相应符号的含义也将被改变，所以，它是不可逆的。

聚合关系是指，语言中具有共同特征的成分，在心理联想中形成的关系。它存在于记忆中，且彼此间有一定的相似性，所以可在同一位置上彼此替代。比如，"我读书"的"读"，可以替换为买、卖、借、抄、写等，而构成"我买书""我借书"等组合关系。这就是聚合关系。当然，"我"和"书"也有各自的"聚合"。由于聚合关系通过心理联想在言语活动中起作用，所以，聚合关系又可称为联想关系。

组合关系和聚合关系，是语言符号理论中最重要的组成部分，是打开语言符号系统的两把钥匙；因为语言符号中所有的组成部分和规则，都离不开这两种关系。组合和聚合揭示了语言符号的系统性，它把分布在言语活动中的各种成分，毫无遗漏地编织起来，形成一个多层次的关系网络，从而带动整个语言符号系统的正常运转。

此外，语言符号系统还有一种双层分节机制，即话语连续体的两次切分：第一次切分出意义单元，即单词和词素；第二次切分出无意义的区别单元，即音位。音位是语言中能区别意义的最简单的语音形式，例如，汉字包（bao）、抛（pao）、刀（dao）、涛（tao）中，开头的音b、p、d、t就是用来区别意义的，它们各为一个音位。汉语共有10个元音音位和22个辅音音位。音位本身与意义无关，直接与有意义的词相联系，因此，成为体现意义的不可或缺的物质实体。语言符号的双层分节机制，产生了极强的分离组合作用，它说明：人类语言其实只需为数不多的音位，就可以构成无数有意义的话语。例如，西班牙语，只用21个音位，却产生出10万个单词或词素；至于由词而组成的句子数目，那就更多了。

在意义层次上看，语言符号又可分为词素（或词）、句子和文本等层次。其中，词素是语言符号系统中，最小的音义结合体；它们是意义单位，因而有别于音位；所谓"最小"，就是不能再分解。比如，词就是最小的能独立运用的语言单位。句子，是表达完整意思的言语单位；句子的意义，是由组成句子的词和词与词结合的语法意义共同体现的。每个句子都按一定的语法结构规则组成。句子作为组合关系的完整单位，它是语言符号系统中的核心层次。文本，是由句子组成的话语单位，它可以是一首短诗，也可以是一本书。文本成立的基本条件只是信息的连续性，而在形式方面却没有什么规定。

一个符号系统，由符号和符号串组成；然而，符号串的切分，可长可短。在语言符号系统中，特别是在意义层次上的切分，可粗略分为三个层次：词、句、文本；再细一点，还可在词与句之间区分出短语层次，在句子和文本之间区分出句群（句段）层次。词素也可看成音位与词的中间层次。

至今，全人类还有3000多种语言和450余种文字。对于这些语言符号系统，可以有不同的类。比如，若着眼于词的各种语法形态变化，则所有语言就可分为三类：孤立语、黏着语和屈折语。其中，孤立语又称为词根语，它的特点是词内没专门表示语法意义的附加成分，缺少形态变化，词与词的语法关系依靠词序和虚词来表示。大多数孤立语都是单音节的，它们在句子中没有变化，是孤零零的；比如，汉语就是典型的孤立语。黏着语的词内，有表示语法意义的附加成分。一个附加成分表示一种语法意义，且一种语法意义只用一种附加成分来表示。词根或词干同附加成分的结合，不太紧密。比如，韩语就是典型的黏着语，它的语法关系只依靠附着在单词后面的助词或词尾的变化来表示。这些助词和词尾没有独立的附加成分，只表示语法关系，或只带来某种意义和语感；在这一点上，它与孤立语完全不同。黏着语是介于孤立语和屈折语之间的语言符号系统。屈折语，是指它们的形态会"屈折变化"。在屈折语的词内，有专门表示语法意义的附加成分，一个附加成分可表示几种语法意义。词根和词干同附加意义的结合非常紧密，难以截然分开。词的语法意义，除通过附加成分表示外，还可通过词根音变来表示。例如，英语的附加成分"s"，若附加在名词后面，就表示复数；若附加在动词后面，就表示第三人称单数等。

语言符号系统还有另一种常用的分类法，名叫亲属分类法，即根据各个语言符号系统在历史渊源中的亲疏关系，把全球的语言进行不同层次的系统分类。因为每一种语言符号系统，彼此间都有一定的亲疏远近关系，亲属分类法把它们分为语系、语族、语支三个子系统，再根据系统内的差异程度，分为不同级别的方言。例如，汉语属于汉藏语系汉语语族，包括官方方言、吴方言、赣方言、粤方言、客家方言、闽方言、湘方言等七大方言。

此处，为啥要花这么多篇幅来介绍语言符号系统呢？原来，密码的加密对象，其实主要是语言；而且每一段明文与其密文还是相互唯一确定的，形象地说，无论是何种语言，它的明文符号系统，与其密文的符号系统其实是一回事；对明文符号系统的了解越深入，当然也就越有助于破译相应的密文符号系统。特别是，若要更加细分的话，对每台加密机的每个用户而言，他的明文符号系统的规律性将更强，比如，破译某台股票行情加密机的难度，肯定小于破译普通加密机，因为股票信息的明文符号结构更简单。

艺术符号系统

艺术符号系统，又称为美学符号系统；它们的编码化程度较差，很难准确翻译成语言符号系统。因为艺术意味着人们面对自然所产生的情绪；因此，艺术符号与语言符号的差别非常大，以至面对艺术品那一目了然的形体，人类竟然对它们的含义"只能意会，不能言传"。当然，艺术符号的这种难解释性，并不妨碍它们在特殊情况下，仍可以当作通信密码来使用。从符号系统的角度来看，语言与艺术相距很远；但是，语言符号与文字符号和逻辑符号等之间，存在着密切的对应关系，甚至语言和文字干脆就彼此等价。

艺术符号的特殊性在于，它们具有独特的形体和含义；在形体上，艺术符号包含"有意味的形体"，离开了这种形体，艺术品就不能作为艺术符号而存在了。而"有意味的形体"包含两个要素：形式和意味。其中的"形式"，为艺术符号的形体；意味则是艺术符号的含义。形式和意味不可分割："形式"是意味的形式，"意味"则是形式的意味。

艺术符号的"形式"便是常说的"艺术形象"，它是艺术反映社会生活的可感性形式，以其光、色、声、形等作用于欣赏者的感官，给人以栩栩如生的感觉效果；例如，文学形象、音乐形象、戏剧形象等。艺术符号的"意味"，也称"意蕴"，是指艺术品所传达的审美情感。它在很多情况下，是不能用语言来表达的，即不能准确地翻译成语言符号。

那么，又怎样来创造艺术品的"有意味的形体"呢？答案就两个字：简化。因为没有简化，就没有艺术；只有简化，才能把有意味的东西，从大量无意味的东西中提取出来。所谓"简化"，就是砍掉不相干的细节。

该如何简化呢？简化的准则就是：在一件艺术品中，除为形体意味做贡献的东西外，其他的都可以简化掉。因此，艺术家也得像逻辑学家一样，非常关心抽象，关心对纯粹形式的认识；因为"抽象"对理解任何关系都不可缺少。当然，艺术抽象与逻辑抽象也有区别：在艺术中，仅仅是对其中的一个范例（而不是一组事物）进行天才的构造，并赋予它某种符号的特征和性能；而这种符号性能，又来自于对它的真实构成加以压制或消除。这里所说的"压制"和"消除"等，也就是"简化"。

艺术品是将情感呈现出来供人观赏的东西，它是某种由情感转化成的、可见的或可听的形式；因此，艺术符号系统可分为视觉艺术符号、听觉艺术符号和视听艺术符号三个子系统。其中，视觉艺术符号，也称为"空间艺术符号"，是用一定的材料塑造直观形象的艺术符号的总称，它们通过能被人的视觉直接感知的艺术形象来传达审美信息，具有客观存在的、静态的审美特性。视觉艺术符号系统包括绘画、雕塑、建筑、摄影和书法等。

听觉艺术符号，也称为"时间艺术符号"，是指通过欣赏者的听觉，引起审美感受的艺术符号。其特点是：运用音响或语言符号塑造艺术形象，主要的审美信息输入通道是听觉器官；欣赏者随着时间的流动，体验到作品的思想情感内容。听觉艺术符号，一般包括音乐符号和文学符号等。

视听艺术符号，也称为"时空艺术符号"或"综合艺术符号"，包括舞蹈、戏剧和影视等艺术门类。

自然符号系统

自然符号系统，是相对于人工符号系统而言的。人工符号是为了特定的认知或交际目的而创造的符号产品；它们是一些"专职"的符号，主要的功能就是认知和交际。而自然符号则不同，它们不是"专职"的符号，只是"兼职"而已。

自然符号本来不是符号，是在人们赋予它符号意义后，它才成了符号的。例如，莲花本来只是一种植物，只有在人们赋予它"纯洁无瑕"的含义后，它才成了象征"君子"的符号。

自然符号并不局限于自然物，包括自然现象和社会现象等一切现成事物，都可以成为自然符号。例如，"电闪雷鸣"属于自然现象，但却可以把闪电看成"雷声即将响起"的符号。又比如，人们说"用电量是生产繁荣的晴雨表"：经济发展迅速则用电量高，经济萧条则用电量低。这里的"晴雨表"，就是自然符号的意思。

作为"兼职"的自然符号，拥有独特的形体和含义。它们的形体可以是一切现成的事物，包括从物到象；它们的含义是人们赋予这个特殊形体的任何东西，比如，莲花象征君子等。当然，这并不意味着任何事物都是自然符号；现成事物成为自然符号的关键，在于它是否被赋予了具体意义。例如，路口的一棵树，本来不是符号；但若有人把它当作路标时，它就成了自然符号；发烧本来是一种生理现象，在人们意识到可能感冒时，发烧就成了自然符号等。

自然符号的"符号化"进程，就是从它获得符号功能时开始的；此前，它只是自在之物，只具有实用功能。现成事物能否成为自然符号，取决于符号情境，特别是其文化情境。比如，筷子常常是中国人使用的餐具，但在西方却成了东方文化的符号。作为"兼职"的自然符号，有时也会失去其本来的"第一职业"，而成为"专职"的符号；比如，博物馆中的展品，就失去了它们原本的实用功能，只剩下本来是"兼职"的符号功能了。然而，即使是"专职"的自然符号，它也是自然符号，而不是人工符号，因为它是以现成事物为形体的。

自然符号在获得其"第二职业"前，只具有潜在的，而非现实的符号功能。当它们失去了实用功能而成为"专职"自然符号后，便可称为纯符号；然而它们仍属于自然符号。自然符号可分为指索的自然符号、象征的自然符号和图像的自然符号三个子系统。

其中，指索的自然符号，是自然符号的最突出表现，因为人们在长期的经验积累中，熟悉了事物间的因果或邻近关系，并在此基础上形成了自然指索符号，包括征兆、标示、踪迹等。这里的征兆，是指一事物为另一事物发生的先兆，它总是表现为事物间的某种因果邻近关系，比如，瑞雪兆丰年等。标示，可以是人工符号，如商标、路牌等，此处主要指自然标示符号，比如，敲门声是有人来访的标示等。

标示与征兆的主要区别在于，征兆发生在目标事件之前，而标示则是与目标事件同时发生的；比如，眼角出现鱼尾纹，是衰老的征兆；而满脸皱纹，则是衰老的标示。踪迹也能表明事物间的某种因果邻近关系，比如，猎人通过足迹等就能追踪相关动物；警探通过现场留下的某些踪迹，就能帮助破案。其实，踪迹也是一种标示，它们都是与目标事件同时发生的；但是，踪迹对于观察者来说是相对滞后的，踪迹是观察者对目标事件的回溯。

象征的自然符号，也常常表现为象征符号，它包括自然象征、物品象征和人物象征等符号门类。这里的自然象征符号，可以是自然界的一切事物和现象，比如，太阳象征男性，月亮象征女性，鸽子象征和平，玫瑰象征爱情等；物品象征，是指被赋予了符号功能的人工制品，比如，天平象征公正，犁象征和平等，本来用于搔痒的"如意"象征吉祥等；人物象征中的人物，既可以是传说和艺术作品中的人物，也可以是真实的人物，比如，武大郎象征小个子，诸葛亮象征足智多谋等。

图像的自然符号，就是利用"含义与符号对象之间的相似"而创造的符号。自然图像符号可以分为视觉相似的象形符号和听觉相似的象声符号两类。象形的例子在各旅游景点中数不胜数，比如，许多溶洞中的"观音打坐"等。象声的例子包括，利用清泉声音与琴声的相似性，人们便赋予清泉"优雅"的含义；此外，像狗叫"汪汪"等象声词，以及音乐作品中对自然声音的模仿，也可看成是象声的自然图像符号。

上面为啥要罗列那么多符号系统例子呢？我们的目的在于让大家明白：无论是明文还是密文，密码的载体可以多种多样，绝不限于文字和语音。因为任何符号系统，都可看成是一种密码。

最后，作为全书的结束，我们提出一个基于符号理论的"通用密码破译"想法，仅供密码专家们参考。既然AI专家已基于符号系统理论，解决了"通用语种"的翻译问题，即哪怕机器从未见过的某种外语，也能在积累了其他类似语种（即亲属关系很近的语种）的翻译经验后，完成新语种的翻译；而任何密码其实也可看成一种某种语法更简单（当然词汇量更大）的"外语"，那么外语翻译与密码破译之间，真的是天壤之别吗？

况且，在特殊场景下，任何密码所涉及的信息范围其实都是相当有限的。比如，在战场上的密文内容，很少会谈情说爱等；换句话说，虽然可能的密文数量达到天文数量级，但是在特定场景下，可能的话语数目并不多，完全可以通过长期的积累，获得相关的"语料库"，然后，再采用AI思路，这就不排除"在一定程度上，在已知密文攻击的条件下，破译所有密码"的可能性；而且这种破译会越来越智慧，可以独立于具体的密码机制。

一种极端的情况是，假如这种"通用密码破译系统"盯上了某一个具体的人，比如，此人通过其键盘所敲击的所有可能的信息都已被存入特殊数据库，那么在已知密文攻击的条件下，无论此人如何更换其密钥，他的密文将受到来自该"通用破译系统"的严重威胁。当然，这种"通用破译系统"离实用还有很远的路要走；不过，确实值得相关专家警惕，毕竟有备无患嘛，毕竟每个人的语言习惯都相当稳定。比如，若考虑128比特的分组密码，那么每个人的明文词汇量不过就是8个汉字的"半词组"，再加上普通人的用字量很少（也就一千个左右，作家除外），所以，锁定特殊个人后，无论它采用何种密码，它的密码总词汇量都远远小于理论值，这当然就给破译者提供了比较靠谱的可乘之机。

参 考 文 献

[1]　杨义先，钮心忻. 安全简史——从隐私保护到量子密码[M]. 北京：电子工业出版社，2017.

[2]　杨义先，钮心忻. 安全通论——刷新网络空间安全观[M]. 北京：电子工业出版社，2018.

[3]　杨义先，钮心忻. 黑客心理学——社会工程学原理[M]. 北京：电子工业出版社，2019.

[4]　杨义先，钮心忻. 博弈系统论——黑客行为预测与管理[M]. 北京：电子工业出版社，2019.

[5]　Ai Cimino. The Story of Codebreaking, London, ARCTURUS Holdings Limited, 2017.

[6]　保罗·伦德. 密码的奥秘[M]. 刘建伟，王琼，等译. 北京：电子工业出版社，2015.

[7]　杨义先. 机器文学[M]. 北京：北京邮电大学出版社，2016年.

[8]　克雷格·鲍尔. 密码历史与传奇[M]. 徐秋亮，蒋瀚，译. 北京：人民邮电出版社，2019.

[9]　黄华新，陈宗明. 符号学导论[M]. 郑州：河南人民出版社，2004.

[10]　尤瓦尔·赫拉利. 人类简史[M]. 林俊宏，译. 北京：中信出版社，2014年.

[11]　杨义先，钮心忻. 科学家列传（1）[M]. 北京：人民邮电出版社，2020.

[12]　理查德·道金斯. 自私的基因[M]. 卢允中，张岱云，陈复加，等译. 北京：中信出版社，1976.